绿色建筑功能材料

——从系统设计到专业交付

段少华　苗　露◎主编

中国建材工业出版社

北　京

图书在版编目（CIP）数据

绿色建筑功能材料：从系统设计到专业交付 / 段少华，苗露主编 . -- 北京：中国建材工业出版社，2024.6

ISBN 978-7-5160-4126-0

Ⅰ . ①绿⋯ Ⅱ . ①段⋯ ②苗⋯ Ⅲ . ①生态建筑－建筑材料－功能材料 Ⅳ . ① TU5

中国国家版本馆 CIP 数据核字（2024）第 078584 号

绿色建筑功能材料——从系统设计到专业交付

LÜSE JIANZHU GONGNENG CAI LIAO——CONGXITONG SHEJI DAO ZHUANYE JIAOFU

段少华　苗　露　主编

出版发行：中国建材工业出版社

地　　址：北京市西城区白纸坊东街 2 号院 6 号楼

邮政编码：100054

经　　销：全国各地新华书店

印　　刷：北京印刷集团有限责任公司

开　　本：787mm×1092mm　1/16

印　　张：18.5

字　　数：330 千字

版　　次：2024 年 6 月第 1 版

印　　次：2024 年 6 月第 1 次

定　　价：86.00 元

本书编委会

主　审

张永明　丁文胜　张方飞

主　编

段少华　苗　露

副 主 编

罗　鹏　李学志

参　编

孔丁峰　郑龙辉　易昊寰　薛毅鹏
陈永全　易贵斌　谭柱湘　钟青山
牛明伟　谭伟健　李保君

参编单位

三棵树涂料股份有限公司
福建三棵树建筑材料有限公司
三棵树（上海）新材料研究有限公司
同济大学
上海应用技术大学城市建设与安全工程学院
中国科学院福建物质结构研究所
科建高分子材料（上海）股份有限公司
佶俪环境科技（上海）有限公司
上海欧瓷新型材料有限公司
西安长住久安物资有限公司
深圳市油漆堡实业有限公司
江西宝莱新材料有限公司
湖南美邻美佳建材有限公司

PREFACE 1
序1

当文明的晨曦初照大地，人类便开始了与自然之间的对话，以土木为笔，以岁月为纸，书写着人类居住的历史。然而，随着工业化进程席卷全球，在钢筋混凝土的丛林中，人们似乎渐渐忘记了与自然之间的和谐共鸣。直至今日，当能源、资源和环境的警钟在耳畔回响，我们才恍然觉醒，建筑不仅仅是人类居住的庇护所，更是人与自然和谐共生的桥梁。于是绿色建筑与建筑功能材料应运而生，它们就如同一曲交响乐，奏响了人类对于生态文明的向往与追求。

绿色建筑是以节约能源、保护环境、减少污染为核心理念，为人类提供健康、舒适、便利活动空间的建筑。它不仅仅是一种建筑形式，更是一种生产和生活态度，是一种对未来美好世界的无尽期许。从设计之初，绿色建筑就充分考虑了与周围环境的融合，利用自然的光照、通风、地热等能源，减少对非可再生资源的依赖。它的每一个细节，都体现了对自然的尊重与敬畏，仿佛是大自然与人类智慧的完美结合。

而建筑功能材料，则是绿色建筑的得力助手。它们或具有独特的物理、化学或生物特性，或可以在建筑的设计、安装和使用环节发挥出意想不到的效果。有的建筑功能材料能够抵抗风雨、隔绝潮湿，为居住者打造一个干爽舒适的生活空间；有的建筑功能材料则可抵挡严寒、隔绝酷热，为居住者提供一个温暖舒适的室内环境；有的建筑功能材料符合节约能源、净零排放的原则，为保护自然环境做出应有的贡献。这些建筑功能材料的应用，不仅提高了建筑的使用效率，更为我们的生活带来了前所未有的快捷与便利。

绿色建筑和建筑功能材料都不算是新生事物，但绿色建筑和建筑功能材料的结合，则是一场革命性的创新，给予了当代建筑全新的生命。它颠覆了非绿色建筑与自然环境之间的相互消耗模式，将建筑从自然的消耗者转变为自然的合作者和保卫者。在这个转变的过程中，不仅看到了人类对于自然的敬畏之心，也看到了科技对于未来的无限可能。这不仅仅是一场建筑领域的革命，更是一场全人类生活方式的革命。人类与自然是可以和谐共生的，只要用心去倾听自然的声音，用智慧去创造美好的生活。

当然，绿色建筑与建筑功能材料的发展之路还很漫长。现代社会发展的共同目标，不仅要满足人们日益增长的生产生活需求，还要节能减排、保护环境，早日实现全世界的净零排放。而这都需要不断地完善相关法律、法规及标准，不断地提高公众的环保意识、节能意识，形成全社会的共识和行动。特别是需要时代先锋不断地探索新的建筑功能材料、新的建造技术和新的建筑理念，做全新时代的"碳"路者。

本书的编写单位三棵树涂料股份有限公司，就是全新时代"碳"路者的先进代表之一。不仅在绿色建筑功能材料的研发工作上成绩显著，其研发的纳米气凝胶保温材料、水性聚氨酯防水材料、生物防霉腐环保材料等获得了多项国家、部委和省市科技创新发明一等奖，还积极参与多项绿色建筑建造技术规范和标准的编制工作，如《绿色建筑湿法装饰装修标准》。公司总部菁英大楼因传播环保、低碳、健康、安全的消费观，践行绿色环保、节能减排的低碳行为，而光荣入选"碳路者2023可持续发展绿色创新计划优秀案例"。本书也是三棵树涂料股份有限公司为解决绿色建筑功能材料在实际项目上专业交付进行的积极探索行动之一。

绿色建筑与建筑功能材料发展，是时代的动人诗篇。它们以无声的形式诉说着人类对于美好生活的向往与追求，也以实实在在的行动改变着我们的世界。让我们一起走进这个充满魅力的领域，感受那份来自建筑与材料的温暖与美好。

同济大学　张永明

2024 年 1 月

PREFACE 2
序 2

当现代文明与自然环境在发展的十字路口相遇，绿色建筑与建筑功能材料应运而生，成为人类生活与自然环境对话的关键窗口。它们象征着建筑科技的不断进步，同时也体现了人类对未来生活方式的深刻思考。

绿色建筑是指在设计、建造和运营过程中，以最大限度减少对环境不良影响为目标，并提供健康、便利、资源节约和可持续发展的建筑物。其将环境友好设计、能源效率、水资源管理、材料选择、室内环境质量和建筑周围生态系统的保护整合到一起。其中，建筑功能材料的正确选取和应用是实现绿色建筑的核心路径之一。

绿色建筑与建筑功能材料的结合，即绿色建筑功能材料，为建筑高质量和可持续发展提供了一种全新的思路。它们的结合无疑成为一个重要的里程碑，承载着人类对于环保、节能和高效生活的期盼。然而，人们一方面要看到绿色功能建材在发展上的巨大空间，另一方面也要看到在实际应用和交付中面临的重重困难。

以建筑防水工程为例，防水作为确保建筑物结构安全和使用功能的关键构造，重要性不言而喻。然而，在实际的建筑防水工程交付中，从设计到施工的每一个环节都可能隐藏着潜在的困难和挑战。这些困难不仅可能影响工程的进度和质量，还可能对建筑物的长期安全使用构成严重威胁。例如，发现漏点的困难性与施工环境的复杂性、材料产品的匹配性与交付质量的稳定性、前期设计的周全性与施工环节的脱节性、队伍组织的专业性和施工人员的随意性、现场条件的随机性与应对策略的正确性。在实际交付过程中，遇到的困难多种多样且相互交织。只有合理选择绿色功能性防水材料，按照规范的工艺施工，才能高效解决建筑防水这一传统难题，为建筑物的长期安全使用提供有力保障。

本书列举多个项目案例，通过现场考察，分析出现问题的背后原因，分享治理修缮、交付过程的实战经验，深入剖析了绿色功能建材在不同项目中的应用效果和经验教训。案例涵盖了住宅、商业、工业等多个建筑领域，涉及了屋面、外墙、室内、地下和水池等多个区域，展示了绿色功能建材在提升建筑性能、保障使用安全以及促进环保方面的显著成效，为读者提供了经验借鉴和参考。

　　随着科技的不断进步和环保理念的深入人心，绿色功能建材的发展前景广阔且充满挑战。未来，期待更加环保、高效、智能的绿色功能建材出现，以满足日益严格的建筑标准和市场需求。同时，随着行业标准的不断完善和监管力度的加强，绿色建筑防水材料的应用将更加广泛且规范，为推动建筑行业的可持续发展贡献更大力量。

上海应用技术大学　丁文胜

2024 年 1 月

PREFACE 3
序3

随着全球气候变暖和自然资源紧缺问题的日益严峻，大力推广绿色建筑以及相应功能材料，已成为当代建筑产业可持续发展的必经途径。

绿色建筑的全生命周期管理理念和相应功能材料的环保、低碳、节能等特性，为传统建筑行业带来了一场颠覆性的变革。

然而一场正向的产业变革，绝非朝夕之间一蹴而就。它一定需要大批掌握绿色建筑背景知识的从业人员，进行正确的方向引领和密切的实施配合。遗憾的是，目前这类人才在市场上极为稀缺。这就需要我们通过专业书籍和产业培训来迅速弥补这一人才缺口。

产业培训作为提升专业技术人员知识和技能的重要途径，其重要性不言而喻。通过系统化和专业化的培训，可以快速培养出一批既懂技术又懂管理的绿色建筑专业人才。这些人才将成为推动绿色建筑迅速发展和建筑功能材料正确使用的中坚力量。他们不仅能够在实践中正确地贯彻绿色建筑理念，熟练地使用先进的建筑功能材料，还能在理论研究中不断创新，为绿色建筑行业的发展注入源源不断的活力。

而专业书籍则是产业培训最为重要的理论基石。它们为从业人员提供了丰富的理论知识和实践经验。通过阅读专业书籍，从业人员可以更加深入了解绿色建筑的核心理念和建筑功能材料的技术要点，从而更好地应用于实际工作中。同时，专业书籍还是建筑产业进行理念交流和传承知识的重要载体。它们完整记录了行业发展的历史轨迹，精确呈现了产业进步曾面临的发展困境，为后来的研究者提供了宝贵的文献资料和精彩的智慧启示。

书籍是人类进步的阶梯，而培训是产业升级的保障。完善专业书籍和加强产业培训，不仅为从业人员提供宝贵的专业知识与交付技能，更为我国绿色建筑的整体发展和快速进步注入了强大的动力。

在此，要特别感谢本书的主审、主编和各参编单位及业界同仁。同济大学张永明教授、上海应用技术大学丁文胜教授承担了本书的主审工作，对本书的编写方向和技术高度予以关键性的把关和指导，确保了本书内容的准确性和前瞻性。本书主编苗露先生从理论着笔、段少华先生从实战入手，以各自在建材行业丰富的从业经验和深厚的技术功底，分别从理论和实践两方面系统地梳理了绿色建筑功能材料发展的来龙去脉，肯定了绿色建筑功能材料是绿色建筑理念的物质载体和必要手段，更从专业交付的角度探讨了绿色建筑"创造、构造、制造、打造、建造和再造"的全过程管理，为建筑从业者提供了一种全新的工作流和方法论，有助于推动绿色建筑功能材料在绿色建筑中的发展应用。以专业成就产业，用将心引领匠心，齐心协力，著书立说，迎接绿色建筑的美好时代。

三棵树涂料股份有限公司　张方飞

2024 年 1 月

CONTENTS
目 录

理论篇

实战篇

理论篇

1 建筑功能材料

1.1 重新理解建筑材料

1.1.1 重新理解建筑

1. 建筑起源与建筑本质

远古时期，人们为挡风遮雨、纳凉取暖、躲避潮湿、抵御野兽、储存食物和保护赖以生存的文明火种，模仿洞穴和鸟巢，建构和筑造了最初的房屋，这就是建筑的由来。

建筑如同人们发明、生产、组装和使用机器一样，都是为了满足人类的两大基本需求：物质需求和精神需求。满足人物质需求的，叫造物；满足人精神需求的，叫造艺。

其本质，都是人利用其掌握的"建构上的认知"和"筑造上的技艺"，消耗和维持一定的资源和能源，营造出可满足人们各类需求的、具有一定生命周期的生态环境。

生态环境，这个词的语境包含了两个概念，一个是"生态"，另一个是"环境"。

——"生态"概念，指满足人的"生存需求、生产需求和生活需求"。

生存，即满足人们保护生命安全和财产安全的需求，如城墙、堡垒、避难所。

生产，即满足人们矿业、农业、工业和商业的需求，如水坝、工厂、设计院。

生活，即满足人们衣食住行玩和学问思辨行的需求，如酒店、学校、电影院。

——"环境"概念，则包含了"时间之境、空间之境和人间之境"。

建筑是时间之境，缅怀前人或传承后世，缅怀前人如纪念碑，传承后世如图书馆。

建筑是空间之境，向外辐射或向内包围，向外辐射如纪念碑，向内包围如图书馆。

建筑是人间之境，热烈澎湃或悠缓舒宁，热烈澎湃如纪念碑，悠缓舒宁如图书馆。

万物皆有周期，建筑也不例外。一个完整的建筑生命周期至少包含六个阶段：智慧创造、系统构造、产品制造、认证打造、项目建造和功能再造。每个阶段都是建筑不可或缺的部分，不仅体现了建筑的物质形态从产生到消亡的过程，也反映了人对自然资源的利用和资源回归自然的循环。

2.建筑历史与人类文明

建筑是人造的产物。人造的产物想要获得突破性的发展与进步，离不开人类整体文明的重大革新与更替，并且与人类文明发展的三大基石有密切关联，分别是：

——能量来源：食物与能源，指人们如何获取食物和利用能源的效率。

——物质技术：材料与工具，指人们使用何种工具和改造材料的技术。

——认知协作：信息与组织，指人们如何沟通信息和组织协作的方式。

表1-1 人类文明发展阶段

人类文明时段	人类文明1.0 采猎时期	人类文明2.0 农牧时期	人类文明3.0 科技时期
食物来源	采集、狩猎	农耕、畜牧、捕捞	农林渔牧副的机电化大生产
能源形式	女人、男人和狗	木炭、牛马、河流	烧开水（煤、油、核能）、超临界
生产工具	旧石器、骨器	新石器、青铜器、铁器	机器、电子计算机、人工智能
物质材料	土、木、皮	砖瓦陶、油漆灰、棉麻纸	金属、石油、硅墨、稀土、生物
信息交流	语言、符号	文字、书籍、报刊	电报、广播、电视、互联网、大数据
组织协作	种群、氏族、部落	民族、宗教、国家	产业协作、商业联盟、地缘政治
建筑文明时段	建筑文明1.0 土木时代	建筑文明2.0 营造时代	建筑文明3.0 绿建时代
构造形式	穴居、巢居、篷居	泥作、木作、石作	钢结构、砌体结构、混凝土结构
主要工具	人手	人手、工具、机械	人手、工具、机电、电子计算机
重要理论	口口相传	《建筑十书》《营造法式》	《走向新建筑》《BIM手册》
材料类别	夯土、伐木、鞣皮	土木砖瓦石，油漆彩画糊	钢筋、水泥、玻璃、陶瓷、塑料、胶水

从表 1-1 可以看出，作为人类最重要的人造物，建筑的发展和进步与人类文明的革新与更替休戚相关。从 300 万年前古人类开始制造和使用工具开始，整个采猎时代人类主要通过夯土、伐木、糅皮打造最原始的建筑。到约 10000 年前农牧时代，人类掌握了新能源和新工具，就可以对原始材料做二次加工，如制造砖、瓦、陶等建材。到 1776 年，随着瓦特对蒸汽机的改良，人类对能源的利用率终于突破重大关卡，获得成百上千倍的提升，带来高品质钢铁和水泥的量产，为摩天建筑和地下建筑打下最为坚实的物质基础。

3. 建筑类别与分类原则

为明确建筑的使用属性，人们把建筑分成了建筑物和构筑物两类。可提供内部空间让人在其内直接进行活动的，称为建筑物，如房屋、商场、电影院等。不能提供内部空间让人在其内直接进行活动的，称为构筑物，如雕塑、水坝、纪念碑等。

如果继续按使用属性，对建筑物做进一步的分类，又可将建筑物分为"生存建筑、生产建筑和生活建筑"三类。其中生活建筑，即我们常说的民用建筑，涵盖居住建筑和公共建筑，主要用于人们的居住等生活类活动。

而对居住建筑做进一步分类时，建筑的层数一直是一个非常重要的分类依据。如我国早期依照《民用建筑设计通则》（GB 50352—2005）规定，以每 3 层为一个跨度，将居住建筑分为了低层、多层、中高层、高层和超高层。

底层为 1～3 层的建筑，多层为 4～6 层的建筑，中高层为 7～11 层的建筑，高层是 12 层以上的建筑，超高层是超过 100m 以上的建筑。按《住宅设计规范》（GB 50096—2011）的相关要求，7 层及以上住宅至少安装 1 部电梯，12 层及以上住宅至少安装 2 部电梯。

随着时间的推移，设计标准也在不断更新。《民用建筑设计通则》（GB 50352—2019）中取消了按层数的分类方式，转而采用高度作为分类依据。如建筑高度大于 27m 的新建住宅即为高层建筑，并须符合《建筑设计防火规范》（GB 50016—2014）相关规定。

近年来，随着绿色建筑以人为本的理念推进和人口老龄化的现实状况，国家规范又有了新变化，如住房和城乡建设部在《住宅项目规范》的公开征求意见稿里提出，针对新建住宅建筑入户层为 2 层及以上，每单元应至少设置 1 部电梯。

建筑除了按照以上原则划分外，还可以按照建筑的结构材质进行分类。其中最重要的几个相关规范如：《钢结构设计标准》（GB 50017—2017）、《砌体结构通用规范》（GB

55007—2021）及《混凝土结构设计标准》（GB/T 50010—2010）。

对于建筑师和规划者来说，了解分类原则的逻辑规则，并遵循相关的国家规范，是确保建筑质量和安全的关键。

1.1.2　重新理解建材

1. 建筑材料的定义

我们生活的世界，一切的人造物都是由一定量的材料所组成的，材料是人类造物活动的基本物质条件。那么什么是材料呢？

材者，质也，从木，从才（裁）。原本指的是木作的尺度和模数。《营造法式》中把材分成八个等级。如一等材，广九寸，厚六寸，推荐建造九间至十一间大殿时使用。

料者，量也，从米，从斗。原本指的是建造房屋的料例（用料案例）。《营造法式》中用"料例"来指导和把控建筑房屋时的用料数量，让最终造价不致超出预算。

在人类文明 2.0 的农牧时代，中国古人常用"五材"泛指一切材料。如果特指建筑上所使用的主要材料时，就经常会用"土、木、砖、瓦、石"来代指一切建筑材料。为此，《华夏意匠》的作者李允鉌（音同禾）先生曾在该书的"结构与构造"一章里专门讨论了中国古代"建筑材料的选择和标准的制定"，认为"五材并举"是中国古代对于建筑材料选择时，所确立的一个基本观点，换句话说，尽管中国过去一直用"土木"作为建筑的代称，但对材料的使用却是"五材并举"，而没有偏重的。

"五材并举"的选材观点清晰地表明，在中国古典建筑中，只要是合适的材料就都可以使用，只是不同的材料各展所长，分担不同的功能。例如，石材坚实耐水，适合用来砌筑台基，或作为柱础和护栏的建筑构件；砖材适合用来铺地和用作围护墙体；瓦材适合用作屋面的防水构件；而木材因为是主要的结构承载和传导受力的构件，所以显得更为重要一些。中国古典建筑是一个典型的混合体，多种材料协同作用，各司其职。

英国学者戴维·史密斯·卡彭（David Smith Capon）在其所著的《建筑理论》一书中认为，有三种主要的传统材料：石头、砖与木头；三种主要的"现代"材料：混凝土、钢铁、玻璃及各式各样混杂的材料（如非铁金属、陶制品、塑料制品和其他合成物）。

2. 建筑材料的分类

建筑材料，简称建材，是指建筑在建构和筑造的过程中用到的所有材料。不仅包含基础、立柱、横梁、地面、楼板、墙体、屋顶等围护结构材料，也包含脚手架、防护网、美纹纸等施工耗材。建材的品类成千上万，就算是同一品类的建材，也会因为使用部位的不同，而体现出不同的功能特性。

为了方便识别和有效利用这些建材，可按不同分类原则，对建筑材料进行归类。

1）按建材的历史发展，可将建材分成传统材料、现代材料和新型材料。

①传统材料，如泥土、木头、砖块、瓦片、石材。

②现代材料，如钢筋、水泥、玻璃、塑料、胶水。

③新型材料，如生物建材、绿色建材、智能建材。

2）按建材的化学成分，可将建材分成有机材料、无机材料和复合材料。

①有机材料，如木头、竹片、塑料、沥青、橡胶。

②无机材料，如水泥、砂子、玻璃、钢铁、铝材。

③复合材料，如塑钢窗、瓷砖胶、聚苯颗粒砂浆。

3）按建材的聚集状态，可将建材分成固体材料、粉状材料和膏乳材料。

①固态材料，如钢材、木材、玻璃、陶瓷、石材。

②粉状材料，如水泥、石灰、瓷砖胶、粉刷石膏。

③膏乳材料，如沥青、油脂、胶水、涂料、清漆。

4）按建材的操作方式，可将建材分为涂装材料、铺装材料和安装材料。

①涂装材料，如涂料、清漆、镀层、固化剂、界面剂、防护剂。

②铺装材料，如瓷砖胶、粘结砂浆、弹性岩板胶、环保万能胶。

③装配材料，如木龙骨、轻钢龙骨、安装固定件、装配式产品。

在建筑从系统设计到专业交付的过程中，可以说最核心的就是建筑材料。因为人类一切"建筑活动"，都要围绕建筑材料才能展开具体的工作。当谈到具体的建筑材料时，会用到"功能""性能""官能"和"效能"等各种概念，该如何区分？

当我们说起功能，一般会从满足客户的需求出发，关注"它有什么用"。比如改性沥青自粘型防水卷材，可以用在建筑屋面工程项目中，为建筑提供防水堵漏的功能。

当我们说起性能，一般会从评估自身的特性出发，关注"它有多大用"。比如TPO片材柔韧坚实，致密防潮，耐受日晒、雨淋和霜冻，可用作高性能的防水卷材。

一般来说，建材的功能一定包含了建材的性能，但性能不一定能满足功能。任何一种材料从"满足人的需求"的功能角度出发，都可拆分成三种属性，其中就包含性能。

——第一种是官能属性，又称情绪价值，让人厘清"想不想、要不要"的问题。比如外墙防水涂料有很多颜色，有人喜欢红色，有人喜欢蓝色，按照喜好，各取所需。

——第二种是效能属性，又称投资价值，让人想通"值不值、买不买"的问题。比如建筑既有临时的，又有长久的，按性价比，临时就选刚够用的，长久就选保险点的。

——第三种是性能属性，又称实用价值，让人衡量"是不是、好不好"的问题。比如岩板除了基本的美观性外，还有不同的性能要求，比如容易切割，同时不易断裂。

建材的性能、效能和官能三者合在一起可称为建材的功能属性，都是用来描述和度量建材能否满足人"生存、生产和生活"需求的一种指标。其中建材性能是用来衡量建材到底有多少实用价值的单位，看其能在多大程度上实现对应的建筑功能。在描述建材性能时，多数要回到建材的成分、工艺和结构三要素上来。

——成分，一般是指材质成分，可以给材料性能和结构定下基调，比如矿物质水。

——工艺，一般是指制备工艺，工艺一定程度上可改变材料结构，比如给水制冷。

——结构，一般是指组织结构。材料有何种结构就会有何种性能，比如水变成冰。

1.1.3　重新理解标准

1. 建材品级与命名乱象

建材的品类成千上万，建材的性能千差万别，建材的功能千变万化。就算是资深的行业专家，也不可能做到认识和熟知所有的建筑材料，尤其是我们经常还会遇到一些不按常理出牌的厂家，想拓展销量却又不肯在品质上下真功夫，而是想尽千方百计、用尽千言万语，只是为了给自己的建材产品起一些千奇百怪的名字。叫"超强"的产品不一定很强力，叫"高柔"的产品不一定有柔性，遇到这种"挂羊头卖狗肉"的产品，该怎么办？

与陌生的建筑材料打交道在所难免。怎样才能不被一些建材厂家千奇百怪的命名方式所误导，而快速地了解和判断一种建材好还是不好？除了读千本书、行万里路、阅人无数、名师指路和自己研究足够多的材料而开悟之外，有一种非常便捷的方式，就是找到相关的权威标准，并认清相关标准中的品级划分指标。那么什么样的标准才算权威？可以参照《中华人民共和国标准化法》的分类方法。

2. 建材标准与划分段位

《中华人民共和国标准化法》（以下简称《标准化法》）是中国现行有效的经济法之一，是为了加强标准化工作，提升产品和服务质量，促进科学技术进步，保障人身健康和生命财产安全，维护国家安全、生态环境安全，提高经济社会发展水平而制定的法律。

《标准化法》由中华人民共和国第七届全国人民代表大会常务委员会第五次会议于1988年12月29日通过，自1989年4月1日起正式施行。最新版本由中华人民共和国第十二届全国人民代表大会常务委员会第三十次会议于2017年11月4日修订通过，并自2018年1月1日起正式施行。

按照《标准化法》的相关规定，可将全球的标准划分为七个段位：国际标准、区域标准、国家标准、行业标准、地方标准、团体标准和企业标准。

1）国际标准

对于国际标准，不同国家有不同的界定。我国使用了ISO/IEC指南2中对"国际标准"进行的定义，即国际标准是由国际标准化组织或其他国际标准化组织通过并公开发布的标准。国际标准化组织（ISO）、国际电工委员会（IEC）和国际电信联盟（ITU）按照自身标准制定程序，制定并发布国际标准。世界卫生组织（WHO）、国际海事组织（IMO）等发布具体专业范围内的国际标准。

2）区域标准

区域标准，又称洲际标准，一般是由区域标准组织通过并公开发布的标准，在洲际区域范围内适用。比如影响力较大的有三大欧洲标准组织：欧洲标准化委员会（CEN）、欧洲电工标准化委员会（CENELEC）和欧洲电信标准学会（ETSI），制定并发布欧洲标准。泛美技术标准委员会（COPANT）制定并发布泛美地区标准。非洲地区标准化组织（ARSO）发布非洲地区标准。

3）国家标准

国家标准是由某个国家标准化机构通过并公开发布，在其国家的范围内适用的标准。国家标准化机构是指在国家层次上公认的标准机构，如中国国家标准化管理委员会（SAC）、英国标准学会（BSI）、德国标准化学会（DIN）、美国国家标准学会（ANSI）、日本工业标准调查会（JISC）、俄罗斯联邦技术法规和计量局（GOSTR）、沙特阿拉伯标准计量及质量局（SASO）等。

4）行业标准

行业标准是由行业机构通过并公开发布的标准，在某个国家的全行业范围内适用。行业标准是对国家标准的补充，是在没有国家标准或者国家推荐性标准的情况下确需要在全国某个行业范围内实行统一的技术要求时，依据需求进行制定。在我国，行业标准主要是由国务院有关行政主管部门依据其行政管理职责，对没有推荐性国家标准而又需要在全国某个行业范围内统一技术要求所制定的标准。

5）地方标准

地方标准是指在国家的某个地区通过并公开发布的标准，在国家的某个地区范围内适用。在我国，地方标准是由省（自治区、直辖市）标准化行政主管部门和经其批准的设立的市（州、盟）标准化行政主管部门制定并发布的标准。对没有国家标准、国家推荐性标准和行业标准等相关标准依照，而又需要满足地方自然条件、风俗习惯等特殊技术要求的，可依据需求制定地方标准。

6）团体标准

团体标准是由某个国家的团体标准化组织通过并公开发布的标准。团体标准化组织可以是学会、协会（联合会）、商会、产业技术联盟等社会团体，比如中国轻工业联合会（CNLIC）、中国工程建设标准化协会（CECS）、中国建筑装饰协会（CBDA）、中国陶瓷工业协会（CCIA）等。团体标准一般在该团体范围内适用，但具有影响力的社会团体制定的团体标准也可能在某个专业领域的更大范围内适用，比如电气电子工程师学会（IEEE）、美国试验与材料协会（ASTM）、万维网联盟（W3C）等制定的标准。

7）企业标准

企业标准是为了在企业内建立最佳秩序，实现企业的经营方针和战略目标，在总结经验成果的基础上，按照企业规定的程序由企业自己制定并批准发布的各类标准。一般来说，企业标准制定程序只属于企业自己管理权限内的事情，根据企业自身实际情况由企业自主决定。但有时候也因为企业的产品技术太过先进，导致市面上没有相关的标准可借鉴参考，但市场需求又确实强劲，非常需要标准的引导，于是企业只能敢为天下先，不得不自己编制产品和技术标准，对相关产品和技术加以规范。

标准又可以分成强制性和推荐性两大类。强制性标准是指为保障人体健康和生命财产安全的标准，是行政法规强制执行的标准，在一定范围内通过法律、行政法规等强制性手段加以实施，具有法律属性。在我国，强制性标准尤其是国家强制性标准，地位要

优先于其他标准。在各类推荐性标准中出现的技术要求，不得低于强制性标准的相关技术要求。同时国家鼓励推行科学的质量管理方法，采用先进的科学技术，鼓励企业产品质量达到并且可以超过行业标准、国家标准和国际标准。

标准都有对应的代号。一个完整的标准代号，主要是由标准名称、部门代号、标准编号、颁布年份等部分组成。例如：现行国家标准《建筑与市政工程防水通用规范》（GB 55030—2022）、现行团体标准《岩板粘贴工程技术规程》（T/CCIA 0019—2023）。常见标准种类及相应代号如表 1-2 所示。

表 1-2　常见标准种类及相应代号

序号	标准种类	标准	常见代号	备注
1	国际标准	国际标准	ISO	—
2	区域标准	区域标准	EN	—
3	国家标准	国家强制性标准	GB	—
		国家推荐性标准	GB/T	—
4	行业标准	建材强制性标准	JC	—
		建材推荐性标准	JC/T	—
		建工强制性标准	JGJ	—
		建工推荐性标准	JG/T	—
5	地方标准	地方强制性标准	DB	—
		地方推荐性标准	DB/T	—
6	团体标准	团体推荐性标准	T/××××	××××为团体的代号
7	企业标准	企业推荐性标准	QB/T	—

1.2　重新理解功能材料

1.2.1　建筑功能材料概述

建筑材料分类的方法很多，如果站在建构和筑造的角度，从成千上万的建材里正确识别千差万别的建材性能，再通过有机组合，变成可满足人的具体需求的建筑功能，则推荐如下分类方法，即按照建材的构造层次和所产生的功用，对建材进行分类：

——建筑结构材料，如基础、立柱、横梁、地面、楼板、墙体、屋顶等；

——建筑装饰材料，如瓷砖、瓦片、石材、地板、涂料、镀层、油漆等；

——建筑功能材料，如防水、保温、防火、防爆、薄贴、耐磨、隔声等。

1. 建筑结构材料

即影响和决定了建筑最基本的力学安全性的那些建筑材料。尤其是指构成建筑物受力构件及结构所用的材料，如基、柱、梁、地、板、墙、顶等受力构件所用的材料。对于这一大类材料，其主要技术性能的要求是具有良好的力学性能和耐久性能，比较常见的传统材料有土、木、砖、瓦、石，比较常见的现代材料有钢材、水泥、玻璃、塑料、胶水等。

2. 建筑装饰材料

即影响和决定了建筑最基本的艺术美观性的那些建筑材料。尤其是指通过装饰、装修和装潢等手段，增强了各类建筑物的美观属性，同时兼具一定的维持和保护主体结构的功能，延长建筑在各种环境因素下稳定性和耐久性的建筑材料，至少包括涂装、铺装和安装三种类别。涂装如涂料、油漆、镀层等；铺装如地板、瓷砖、石材等；安装如玻璃幕墙、彩钢屋面、采光屋面等。

3. 建筑功能材料

在本书中，主要指建筑按构造分成建筑结构材料、建筑装饰材料和建筑功能材料后，除去建筑结构材料和建筑装饰材料之外的建筑材料。它主要为建筑提供除了结构安全和艺术美观之外的建筑功能属性，如防水堵漏、保温隔热、隔声降噪、采光遮阳、防腐防毒等，这些功能属性可以切实保障和显著增强建筑整体的安全耐久性、美观耐久性和舒适耐久性，让建筑具有更高或更久的价值。

1）保障和增强建筑的安全耐久性，如建筑防水与防潮材料、建筑防火与阻燃材料、建筑防电与防爆材料、建筑防核与防辐材料和建筑防腐与防毒材料等。其中最为常见的是建筑防水与防潮材料，又称建筑防水材料或防水建材，是为了保证建筑或其局部部件不受雨水、雪水、地下水、生活用水或空气中的结露水等水分的侵蚀，而专门采用的一种建筑工程材料。建筑防水材料的功能优劣和防水工程的安装质量，将直接影响人们的居住环境、卫生条件和建筑物的使用寿命。

建筑物中需要进行防水处理的部位主要有屋面、外墙、室内、地下、水池等五大区域。防水材料品种多、发展快，由传统的、单一的沥青基防水卷材和水泥基防水涂料，逐渐向高聚物改性沥青、合成高分子、高分子改性涂料和复合型多功能防水材料发展；防水层的构造则由单道设防向多道设防发展；施工方法由传统的热熔法，向冷粘贴法和自粘贴法发展。

2）保障和增强建筑的美观耐久性，如建筑归方与找平材料、建筑铺装与粘贴材料、建筑护角与收边材料、建筑清洗与保洁材料和建筑保护与修补材料等。其中最为常见的是建筑铺设与粘贴材料，又称建筑铺贴材料或铺贴建材，是为了将块材、卷材、片材等饰面装饰材料，通过铺贴的操作方式，快速轻松、平整美观和安全可靠地安装到建筑装修基层上去的一种建筑工程材料。建筑铺贴材料的功能优劣和铺贴工程的安装质量，将直接影响建筑装饰面的美观性、坚固性和耐久性。

建筑铺贴材料主要用于室内外、墙地面和干湿区，将诸如陶瓷砖、马赛克、大理石、薄岩板、木地板、塑胶板、毡毛毯等板状、块状、片状或卷材状的饰面材料，快速、安全和耐久地铺设于基层之上。其中在铺贴马赛克、陶瓷砖、薄岩板、大理石等板状块材时，尽可能选取薄层饰面材料，并通过镘刀工艺有效提升铺贴的整体满浆率。把整体铺贴厚度控制在不超过8mm的工艺，称为薄贴法。

3）保障和增强建筑的舒适耐久性，如建筑保温与隔热材料、建筑隔声和降噪材料、建筑采光与遮阳材料、建筑吸附与净化材料和建筑防滑与自洁材料等。其中最为常见的是建筑保温与隔热材料，又称建筑保温材料或保温建材，是为了增强整个建筑或者局部建筑空间的保温隔热性能，降低建筑因热胀冷缩和冻胀融缩引起的开裂可能，减少室内冷热空气交锋引起的冷凝水，提升人在室内的整体舒适度，而采用的一种建筑工程材料。建筑保温材料的优劣和保温工程的安装质量，将直接影响人们为保障室内健康舒适度而产生的能耗比。

现代人对居住环境要求很高，为了常年保持人体适宜的22～26℃的室内温度，人们常在室内使用采暖和空调设备，并需要消耗掉大量的能源。而在建筑中合理地采用保温隔热材料，就可以提高房屋结构的保温能力，降低使用能耗，同时还能更好地满足人们对建筑物的舒适性与健康性要求。在冷库、热加工车间等处，采用必要的保温隔热材料，能显著减少墙体厚度和减轻屋面体系自重，减少基本建材用量，从而达到节能降耗、降低建筑综合造价及节约使用成本的目的。

常见的保温材料，如模塑聚苯板、挤塑聚苯板、岩棉保温板、蒸压加气块、真空绝热板等；最新的保温材料，如保温防水隔声复合一体板和低成本、低能耗、高性能的硅基气凝胶绝热材料等；主要用于建筑室内外各个容易产生冷热空气交锋的区域，包括但不限于楼屋面、内外墙、楼地面、地下室、烟囱管道和冷热设备间等区域。

1.2.2 常见建筑功能材料

1.建筑防火与阻燃材料

建筑防火对建筑物的安全影响极大。现代的居住生活趋于密集化、燃气化和电气化，建筑室内各种可燃材料又非常多，火灾发生的概率被极大增加。同时现代建筑多为高层建筑，人员多、高度高、装修量大、易被雷击，与低层和多层建筑相比，火灾发生时的危害程度更大，防火的难度也更高。

美国纽约世界贸易中心在"9·11"事件中，因飞机撞击起火倒塌，造成巨大的人员伤亡和经济损失，给高层建筑的防火安全敲响了警钟。2011年上海市胶州路建筑外立面进行保温节能改造工程时采用了防火阻燃不达标的保温材料，在不慎起火后，因火灾发生在超高层，即使用上海消防最高的云梯也难以救援，造成了极大的人员伤亡。因此现代建筑，特别是高层建筑，尤其要重视防火问题。除了提高建筑材料的防火阻燃能力之外，还要努力开发燃烧时不产生毒气的新型建筑防火材料。

2.建筑隔声与降噪材料

建筑隔声与降噪材料又称建筑声学材料，可分为隔声功能类和降噪功能类两大类。能吸收由空气传递的声波能量的叫隔声材料，能阻隔声波传播的叫降噪材料，随着现代居住环境对隔声降噪需求的增加，建筑声学材料在现代建筑中已经得到广泛应用。

除了传统的音乐厅、影剧院、歌舞厅、体育馆、大会堂、播音室、录音室、图书馆等适当安装声学材料，近几年来随着装修噪声导致的邻里纠纷频发，很多隔声和降噪材料也越来越多地被应用在家庭装修中，可以大大降低和缓解因隔声降噪效果不好而产生的邻里矛盾。

3.建筑采光与遮阳材料

采光是人们对建筑的基本要求。在过去，玻璃是各种无机建筑材料中，唯一具有超高透光性的建筑光学材料，既古老又新兴，在建筑上有采光和装饰双重用途。

随着建筑技术的进步，玻璃已从单纯的窗用采光，发展为控制光线、调节热量、节约能源、降低噪声、减轻自重、美化环境、提高艺术功能等多种功能和玻璃品种。尤其是近年来的建筑光伏一体化问世，将传统的建筑采光顶与现代的光能发电融为一体，如光电遮阳棚、光电阳光房、光电玻璃幕墙等，为建筑设计者提供了更加广阔的设计思路。

4. 建筑防毒与防腐材料

建筑装修中难免存在一些有毒有害的物质，它们会通过呼吸、皮肤接触、失火燃烧等方式，危及人体健康和生命安全。

建筑物经常会遇到各种腐蚀介质，如含有酸、碱、盐等腐蚀介质的化工厂废水，这些介质会与建材发生化学或电化学作用，使建筑或建材受到损害。建筑腐蚀问题遍及各个领域，从日常生活到工业生产再到国防设施。

如日常装修中经常遇到的一些非实木的木制品甲醛超标的问题，就是由于厂家既要降低木板成本，又要材料可以在遇水的情况下有很好的防腐蚀性能。一些没有底线的厂家，就会用 HCHO 浸泡木材。HCHO 溶于空气叫甲醛，溶于水叫福尔马林，对人体具有很强的致癌毒性，按照美国加州或者日本相关标准，72h 内浓度不应超过 $0.0375 \sim 0.0625 mg/m^3$，而按照国内当下相关标准，则仅要求 8 ~ 24h 以内浓度不超过 $0.1 mg/m^3$。

5. 建筑耐磨与防滑材料

磨损是由摩擦引起的，在日常生活和工业生产中普遍存在的一种现象，处处存在摩擦，处处都有磨损。建筑的室内地面、楼梯踏步和车间地面等经常会受到来自车轮、设备、人力的滑动、滚动、冲击作用，日积月累，会使得这些部位受到磨损和破坏。

而防滑则是近年来特别流行的一个话题。过去瓷砖因为标准的滞后，防滑指数多在没有沾水的情况下测试，出厂是合格的。但到了居民家中，砖面一旦有水，防滑效果就会消失，让人滑倒危及生命安全，所以最近几年防滑被绿色建筑评价标准写进了考查指标。

6. 新型智能建筑材料

智能建筑材料是继天然材料、合成高分子材料、人工设计材料之后的第四代材料，是新技术、新材料发展的重要方向之一，使传统意义上的建筑材料之间的界限逐渐模糊，实现结构功能化、功能多样化。如英国宇航公司的导线传感器，用于测试飞机蒙皮上的应变与温度情况，这种材料一样可以用在建筑上来自动监测和调节居住环境。

7. 纳米建筑材料

纳米材料展现了异常的力学、电学、磁学、光学特性、敏感特性和催化以及光活性，新材料的发展开辟了一个崭新的研究和应用领域，纳米材料向国民经济和高技术各个领域渗透以及对人类社会进步的影响是难以估计的。

比如一种叫纳米气凝胶的材料，其主要由纳米纤维组成，平均直径不到20nm，比水的密度低 3 ～ 5 倍，材料的比强度和比刚度比其他材料高几倍，火焰自熄和隔热性能比陶瓷纤维高 4 ～ 5 倍。它在航空航天领域具有非常重要的作用，包括但不限于应用在卫星维修、太阳能帆板制造、航天服保护、改善航天飞机燃油效率、减轻起飞质量等领域。而最近几年开始被用在了建筑保温领域，为人们提供了一种保温极佳、质量极轻、强度极高的材料作为新选择。

8. 绿色建筑材料

绿色建筑材料主要指采用清洁可持续的生产技术，不用或少用天然资源和能源，而大量使用那些达到使用周期后可被回收再利用的固体废弃物，不仅对环境友好，并且环保无毒的材料，是一种有利于生态保护和人体健康的未来建筑材料。

1.2.3 建筑功能材料的未来

1. 建筑功能材料当下的挑战

建筑功能材料在现代建筑中发挥着十分重要的作用，它们改善了建筑物的功能，为人类营造了美好的生活与工作环境，同时也延长了建筑物的使用寿命。随着建筑空间和建筑用途的扩展、人类物质生活水平的不断提高，现代建筑也对建筑材料提出了更多、更新、更好的需求。

随着建筑物分类及用途的不断扩展，人们对建筑物的功能要求也越来越高。

随着社会经济发展水平的不断提高，人们对建筑物的质量要求也越来越高。

随着人们的认知加深，人们对推进可持续发展建筑活动的要求也越来越高。

而以上要求的实现，在很大程度上来说，必须有赖于建筑材料，尤其是建筑功能材料的不断创新和发展。让建筑功能材料，从过去的"笼统化"，不断迈向"精细化、专业化和绿色化"，才有完成的可能。可以说，建筑材料，尤其是建筑功能材料的"精细化、专业化和绿色化"，是当代建筑有别于传统建筑的最大本质区别；是当代人在更长

久、更高远、更宽广的视野里，用更具性价比的能源、资源和环境成本，获得更"经济实用、安全耐用、健康舒适、生活便利和环境友好"的建筑环境的最重要战略选择。

但也要清楚认识到，建筑功能材料距离发展成一门独立且成熟的专业学科还有一定距离，目前还处于起步阶段的形成和发展过程之中。之所以将"建筑功能材料"作为一门单独的建筑子专业学科，除了基于建筑功能材料的快速发展和日益受到重视外，还基于这一领域多是跨行业、跨学科不断交叉融合的产物。例如建筑节能和保温材料需要建筑热工的知识，防水材料和密封材料需要建筑化学知识，防火材料和阻燃材料需要燃烧学和毒理学方面的知识，建筑隔声与建筑降噪需要建筑声学的知识，绿色建筑材料需要掌握绿色建筑的相关知识。

建筑功能材料除了需要跨学科的认知之外，还要面临其他很多挑战。比如当前市场上常见的建筑功能材料种类繁多，包括保温材料、防水材料、隔声材料、装饰材料等，过去这些材料在提升建筑性能、满足人们多样化需求方面，确实发挥了重要作用。然而，随着社会的不断进步和行业标准的提高，建筑功能材料的发展也迎来很多新的问题。

首先，环保问题日益突出。传统的建筑功能材料在生产和使用过程中往往伴随着能源消耗大、环境污染重、指标要求低、覆盖范围窄等各种问题。这与当前全球倡导的绿色低碳发展理念背道而驰。

其次，功能性需求不断提升。随着人们生活水平的提高，对建筑功能材料的要求也越来越高。除了基本的保温、防水等功能外，人们还希望材料具备抗菌、自洁、智能调节等更多功能。

最后，可靠性问题有待解决。建筑功能材料在使用过程中往往会受到环境、气候等多种因素影响，导致性能下降甚至失效。如何提高材料的耐久性和可靠性，延长其使用寿命，是行业亟待解决的问题。

2. 建筑功能材料的未来趋势

1）绿色化和环保化。在全球环保意识的推动下，绿色环保将成为建筑功能材料发展的主流方向。未来材料生产商将更加注重研发低能耗、低排放、可循环利用的环保型功能材料。同时，政府和相关机构也将加大对环保型功能材料的推广力度，鼓励建筑行业广泛应用。

2）多功能和集成化。为了满足人们日益多样化的需求，建筑功能材料将朝着多功能集成化的方向发展。这意味着未来的功能材料将不再局限于单一的功能，而是将多种功能融合在一起，实现一种材料多种用途。例如，一种新型的保温材料可能同时具备防水、隔声等多种功能。

3）高性能与智能化。随着科技的进步，建筑功能材料的性能和智能化水平将不断提高。高性能材料能够在极端环境下保持稳定的性能，延长建筑的使用寿命。而智能化材料则能够根据外界环境的变化自动调节自身的性能，为人们提供更加舒适、便捷的居住体验。

4）耐久性与可靠性。针对当前建筑功能材料耐久性和可靠性不足的问题，未来的研发重点将放在提升材料的抗老化、抗腐蚀等性能上，有效提高材料的耐久性和可靠性，延长建筑使用寿命。同时，建立完善的材料检测和评估体系也是确保材料性能稳定的重要手段。

3. 建筑功能材料未来综述

综上所述，建筑功能材料的未来发展，将趋于绿色化环保化、多功能集成化、高性能与智能化、耐久性与可靠性等方向，这些进步不仅回应了人们对美好生活的向往，更将引领建筑行业迈向更加绿色、可持续的未来。

展望未来，科技创新与环保理念的深度融合将为建筑功能材料带来前所未有的发展机遇。建筑功能材料的研发与应用将不断取得突破，为构建宜居、智能、绿色的建筑环境做出重要贡献。

随着科学技术的持续进步，新材料、新工艺、新设备和新技术的不断涌现，如纳米技术、生物工程技术和信息技术等，将为建筑功能材料的未来发展提供强大支持。因此，建筑功能材料学作为一门综合性的学科，将不断吸收和融合其他学科的最新成果，推动自身的发展和工程实践的进步。将建筑功能材料学列为未来具有广阔发展前景的学科，不仅是对其现有成就的认可，更是对其未来发展潜力的期许。让我们共同期待建筑功能材料在未来建筑领域的卓越表现与贡献。

1.3 重新理解绿色建材

1.3.1 中国建筑的高碳排放现实

依据国际统计，建筑活动导致的碳排放占据了全球所有碳排放的三分之一强，而在我国，这个数据更加惊人，按中国建筑节能协会《2022 年中国建筑能耗研究报告》，针对 2020 年的全国能耗数据进行分析，发现建筑活动导致的碳排放占据我国全部碳排放量的一半以上。

2020 年，全国建筑活动导致的碳排放总量为 50.8 亿 t CO_2，占全国碳排放比重为 50.9%。

——建材生产阶段，碳排放 28.2 亿 t CO_2，占全国碳排放总量的比重为 28.2%。

——建筑运营阶段，碳排放 21.6 亿 t CO_2，占全国碳排放总量的比重为 21.7%。

——建造施工阶段，碳排放 1.0 亿 t CO_2，占全国碳排放总量的比重为 1.0%。

同时我们还注意到了这份报告里没提到的建筑拆除阶段数据，在中国，设计年限为 50 年的建筑实际平均寿命只有 25 ～ 30 年。住房城乡建设部原副部长仇保兴在参加第六届国际绿色建筑与建筑节能大会时曾做出如下发言："我国是世界上每年新建建筑量最大的国家，年 20 亿平方米的新建面积，相当于消耗了全世界 40% 的水泥和钢材，而只能持续 25 ～ 30 年。"

中国建筑多数设计使用寿命为 50 年，但为什么实际寿命却不到 30 年？是设计不行？是施工不行？还是材料不行？北京城市规划设计研究院高级规划师马良伟针对这个问题明确指出了让建筑"短寿"的原因：

——短视的"建筑活动"，往往缺少整体规划和思考，为了单方面追求经济利益，工程仓促上马，等建造后发现不合适又匆忙拆除，完全不考虑是否还有更好方案。

——在匆忙上马的建造中很难保障质量，首先就降低了建筑寿命；在遇到规划调整和其他原因时，就要立即进行拆迁，造成了大量的资源浪费和不必要的碳排放。

1.3.2 发展绿色建筑材料的必要性

依据国家标准《绿色建筑评价标准》（GB 50378—2019）的定义，所谓绿色建筑，就是在建筑的全生命周期内，节约资源、节约能源、减少排碳，为人们提供健康舒适、生活便利、安全耐久、环境宜居的使用空间，最大限度地实现人与自然和谐共生的高质量建筑。

按照以上绿色建筑评价的思路，要降低建筑碳排放，切实可行的办法有三条：

第一，延寿，即有效延长建筑的生命周期。

第二，节能，即减少建筑运营的能源消耗。

第三，减排，即降低高碳排放建材的用量。

而经过进一步研究发现，以上三条无论是有效延长建筑的生命周期、减少建筑运营的能源消耗，还是降低高碳排放建材的用量，按照造物的第一性原理，都可以回到推广绿色建筑材料，尤其是推广绿色功能建材的思路上来，比如：

——有效延长建筑的生命周期的有效途径，可大力发展和推广绿色防水建材。

——减少建筑运营的能源消耗的有效途径，可大力发展和推广绿色保温建材。

——降低高碳排放建材的用量的有效途径，可大力发展和推广绿色薄贴建材。

比如，采用绿色防水建材及防水体系，直接减排效果 5 ～ 10 倍起。

按照传统建筑防水的思维，多用"一种材料、单道设防"原则，质保仅有 5 年，还经常做不到。而采用绿色防水建材，按"防排并举、多道复合、刚柔并济、全局协同"的设防原则，并按照防水质保年限在 20 ～ 100 年进行设计。

比如，采用绿色保温建材及保温体系，直接减排效果 5 ～ 10 倍起。

按照传统建筑保温的思维，还在用高碳排放的无机保温材料层，节能效果仅有50% 左右，并且因为渗漏的原因，三五年就失去保温效果。而采用绿色建筑保温材料，如二氧化碳发泡的低碳防水保温一体板，节能效果 75% 起，服役寿命 25 年起。

比如，采用绿色薄贴建材及薄贴体系，直接减排效果 5 ～ 10 倍起。

按照传统瓷砖和石材厚贴法的思维，还在用厚达 30 ～ 50mm 的厚贴法工艺去铺贴10 ～ 30mm 的瓷砖和石材做饰面材料。而采用厚度仅 3 ～ 9mm 的陶瓷岩板做饰面，用5 ～ 8mm 的瓷砖胶进行薄贴，不仅施工厚度减少 50% ～ 90%，在瓷砖胶的配方中单位体积内水泥用量还减少一半，减少了高碳排放材料（水泥）用量，取得了很好的减排效果。

比如，采用绿色建筑环保材料及环保体系，健康舒适效果 5 ～ 10 倍起。

绿色建筑材料，不仅是指采用清洁能源生产技术，不用或少用天然资源和能源，大量使用工农业城市固体废弃物生产的，无毒害、无污染、无放射性，达到使用周期后可回收利用的低碳无公害材料，还包括有利于人体健康和舒适度的环保型建筑材料。

以上提到的绿色建筑材料，围绕着原料采用、产品制造、环保品控、安装使用、废弃处理、回收利用等六个环节展开，并且在建筑活动的全生命周期的概念创造、系统构造、智慧制造、绿色建造、运营改造和回收再造的全过程中均被统筹规划和科学管理。

且无论是绿色防水建材、绿色保温建材还是绿色薄贴建材，既是绿色建材，又是功能建材，可统称为"绿色建筑功能材料"，也可简称为"绿色功能建材"。

绿色功能建材，堪称现代建筑科技的杰作，是现代建材行业的璀璨明珠，以其出色的耐久性能和环保特质赢得了广泛赞誉。它们不仅继承了传统建材的坚固耐用，更在节能降耗、环境保护等方面展现出卓越的能力，成为推动可持续发展的重要力量。这些建材的广泛应用，不仅提升了建筑品质，更为人们带来了健康舒适的居住体验，改变了传统建筑的面貌，创造了一个更加绿色、和谐的生活环境；还承载着科技与自然的和谐共融，彰显着人类智慧的伟大，是我们共同追求可持续发展的坚实基石，引领了建筑行业更加美好的未来。

综上所述，减少建筑活动带来的高碳排放，发展绿色建筑材料，尤其是绿色功能建材，是实现"碳达峰、碳中和"双碳目标的必由之路。

1.3.3　绿色建筑与绿色功能建材

在当今社会，随着人们对环境保护意识的逐渐增强，绿色建筑已成为建筑领域的主流趋势。绿色建筑不仅仅是一种建筑风格或技术，更是一种对环境、经济和社会可持续发展深刻思考的体现。而绿色功能建材，作为绿色建筑实现其理念的关键要素，与绿色建筑之间存在着深刻的相互依赖与共生关系。

1. 绿色建筑是功能与环境的和谐统一

绿色建筑强调建筑与环境的和谐共生。这种和谐不仅体现在建筑外观与周围环境的融合，更体现在建筑功能与环境需求的平衡。为了实现这一平衡，绿色建筑在材料选择、能源利用、室内环境质量等方面都有着严格的要求。特别是在材料选择方面，绿色建筑更倾向于使用那些具有环保、节能、可再生等特性的绿色功能建材。这些材料不仅要满足建筑的基本功能需求，如结构安全、保温隔热等，还要在生产、使用和处理过程中对环境影响最小。

2. 绿色功能建材是绿色建筑实现的基石

绿色功能建材在绿色建筑中扮演着至关重要的角色。从建筑的保温隔热、节能降耗，到室内环境的健康舒适，再到建筑的安全性和耐久性，绿色功能建材都发挥着不可替代的作用。随着科技的进步，功能材料的种类和性能也在不断丰富和提升。例如，高性能的保温隔热材料可以大大降低建筑的能耗；可再生和循环利用的材料可以减少对自然资源的依赖；智能材料可以实现建筑的自适应调节和智能化管理。这些功能材料的创新和应用，为绿色建筑的发展提供了强有力的支撑。

3. 相互依赖、相互成就，是绿色建筑与功能材料的共生之路

绿色建筑与功能材料之间的相互依赖关系体现在多个方面。首先，绿色建筑的发展推动了功能材料的创新和应用。为了满足绿色建筑对环保、节能等方面的要求，功能材料必须不断研发新技术、新产品，提升自身性能。其次，功能材料的进步又为绿色建筑的发展提供了更多的可能性和选择空间。新的功能材料可以使绿色建筑实现更高的能效、更好的环境适应性和更长的使用寿命。这种相互依赖关系形成了一种良性的循环，推动着绿色建筑与功能材料共同向前发展。

绿色建筑与功能材料的相互依赖关系不仅促进了彼此的发展，更实现了相互成就。绿色建筑为功能材料提供了广阔的应用市场和发展空间，而功能材料则以其优异的性能和创新的技术为绿色建筑提供了实现其理念的基石。

这种相互成就的关系不仅体现在技术和市场的共赢上，更体现在对人类社会可持续发展的贡献上。绿色建筑与功能材料的结合，不仅提高了建筑的环境友好性和居住舒适性，还为应对全球气候变化、资源短缺等环境问题提供了有效的解决方案。

综上所述，绿色建筑与功能材料之间存在着深刻的相互依赖与共生关系。这种关系不仅推动了彼此的发展和创新，更为人类社会的可持续发展做出了重要贡献。随着科技的进步和环保理念的深入人心，我们有理由相信，绿色建筑与功能材料将携手迎来一个更加绿色、健康、和谐的未来。

2 走近绿色建筑

2.1 绿色建筑的本质

2.1.1 绿色建筑的使命愿景

1. 三大危机、建筑活动、三分之一——理解绿色建筑的源头背景

在能源、资源和气候三大危机日益困扰世界的时候，人们发现建筑活动在这三者背后都扮演了十分重要的角色。据统计，因人类建筑活动带来的能源消耗、资源消耗和气候变暖的生态代价，占据所有人类活动带来生态代价的三分之一。

"全球建筑建设联盟" 2018—2022 年数据显示，人类建筑活动带来的经济产值占世界总产值的 5%～10%，却占全世界能源消耗的 34%～36%、碳排放量的 37%～39% 和自然资源消耗的 50% 左右。为研究和解决这个问题，绿色建筑也就应运而生。

2. 投资回报、量化分析、生命周期——理解绿色建筑的价值主张

在经济学里有一个十分重要的概念，叫投资回报率，是指通过投资而返回的价值，即个体或群体从一项投资活动中得到的经济回报。它的主要作用就是量化分析人类的活动是不是很划算，以及怎样才能更划算。建筑活动，本质上是一次具有一定生命周期的投资活动，既然是投资活动，就可以用投资回报率思维对它的生命周期进行量化分析。

一次完整建筑活动的生命周期，至少包含六个阶段：规划阶段、设计阶段、生产阶段、建造阶段、运营阶段和拆除阶段。在过去很长一段时间，人们在量化分析一次建筑活动时，关注的重点多在建造阶段，仅有很少数的群体能看到一次建筑活动在生产阶段和运营阶段，需要人类集体付出的"能源消耗、气候变暖和资源消耗"的生态代价。

3. 长周期、小投入、大回报——理解绿色建筑的关键三条

于是，富有远见的人们就希望用一种非常先进的经济学理念来量化分析人类的建筑活动是不是很划算，以及怎样才能更划算。这种先进的建筑经济学理念，被称为绿色建筑经济学；这种经济学里的理想建筑，被称为绿色建筑。那么什么是绿色建筑？如果用经济学来简短描述，或许就是长周期、小投入和高回报的建筑活动。

1）怎么理解长周期。即拥有更长的生命周期，让建筑活动达到理想的使用年限。规划不合理导致大建又大拆，设计不合理导致功能不达标，生产不合理导致品质不过关，建造不合理导致功能达不到，运营不合理导致使用不精益。绿色建筑能显著延长建筑活动生命周期，远离各种不合理。

2）怎么理解小投入。即投入最划算的综合成本，而不会在能源、资源和环境等方面付出极其昂贵的生态代价。通过鼓励低碳活动、使用清洁能源、发展可再生能源来节约能源，通过节地、节水、节材而节约资源，通过改善气候、减少污染废弃、保护生物多样性而保护环境，从而达到综合成本最低。

3）怎么理解高回报。即获得更美好的生态环境，在建筑活动全过程中都可以达到人、建筑和自然的和谐共生。在建筑结构上做到坚固安全、长效耐久，在建筑功能上实现健康舒适、生活便利，在建筑装饰上追求精致美好、历久弥新。建筑当在以人为本的前提下，再追求适度的节约。

4）怎么理解在建筑活动全过程中都达到人、建筑和自然的和谐共生？也许可以用三个词来概括形容：敬天、惜物、爱人。

敬天，就是敬畏自然，让建筑活动的全过程都能保护环境。

惜物，就是珍惜资源，让建筑活动的全过程都能物尽其用。

爱人，就是爱护家人，让建筑活动的全过程都能以人为本。

2.1.2 绿色建筑的沟通体系

1. 量化评估、权重打分、绿星认证——建筑的效能应当可以科学评价

在绿色建筑的发展进程中，人们逐渐意识到，绿色建筑项目通常是一个极其复杂的系统性工程，需要投资者、设计师、制造厂、中间商、承包商、施工队、第三方的评估机构乃至政府监管部门等众多各方人员，相互交流、同步信息、达成共识、共同协作，

最后一起完成。在这种极其复杂又专业的系统性项目合作过程中，每一方的预期目标和评价标准可能都不一样，集体做决策时很难理性沟通、快速协同。

这时候如果有一个明确的评价体系，通过量化评估、权重打分、绿星认证的科学步骤，来系统、公允和准确地评价出一个建筑的效能，就能使得项目的各个参与方得以理性沟通，迅速且高度地达成共识，把一个建筑活动向着更快更好的方向推动。此外，系统、公允和准确的评价体系，也能让更广大的人群更深入地了解绿色建筑相对于传统建筑的性能优势，从而在信息和认知上迅速形成同步。

——量化评估是指该对建筑活动的哪些项目大类进行量化评估。

——权重打分是指确定建筑活动的每一项得分规则和得分细则。

——绿星认证是指通过建筑活动的得分进而确认建筑效能等级。

这种评价体系科学而通俗、简单且高效、专业却易懂，对绿色建筑在概念普及、技术发展、市场推广和政策加持等各个方面，都迅速起到了巨大的推动作用。

2.总分制、比分制、混合制——绿色建筑评价的三种评分机制

随着绿色建筑的理念得到越来越多的认同，也会有越来越多的国家和地区想要建造。于是根据各自在自然环境、社会现状和未来担当上的不同诉求，很多国家和地区都很快建立起一套适合自身发展的绿色建筑评价体系。据世界绿色建筑委员会在2023年年初的一项统计，全世界已经有60多种不同的绿色建筑评价体系。

通过对世界上主要发达国家有关绿色建筑评价体系的调研，可以把世界上的评价体系简化成三种：总分制、比分制和复合制。

3.最普及、最直观、最灵活——绿色建筑评价体系的三种风格

1）最普及的"总分制"，如英国BREEAM体系和美国LEED体系。1990年诞生的英国建筑研究院环境评价法（BREEAM）是世界较早的绿色建筑评价体系。作为建筑绿色评价体系的"鼻祖"，它也成了很多国家和地区绿色建筑评价体系建立的重要基础和参考。1998年美国绿色建筑委员会发布了市场主导型的"能源与环境设计先导"（LEED）体系。设计之初就充分地结合市场，鼓励绿色建筑的设备、材料等相关产业的市场化运作。例如，如果你购买和使用了LEED认可的绿色建材，就可在LEED评价时获得加分。这样的机制不仅鼓励建筑师选择更优质高效的新型材料，也鼓励市场开发和生产更多这样的材料，让绿色建筑的市场进入良性循环。此外，LEED体系还设计了完善的专业人士培养和认证机制，让感兴趣的人群都可通过培训系统地学习LEED知

识，并通过专业考试获得专业人才的证书。而有了证书的从业者又可以更好地参与到绿色建筑的项目中去，推动项目的评价工作。这样的设计和运作让 LEED 体系在市场推广和认可度上获得极大成功，成为世界上被运用最广泛的绿色建筑评价体系。这样的体系，在量化打分和结果计算的方式上，把各个评估项的得分相加然后乘以权重，再把所有权重分加在一起就能得到总分。因为 BREEAM 体系和 LEED 体系在世界上出现得最早并且发展相对较全面，所以世界上大部分国家都借鉴了 BREEAM 或者 LEED 这样成熟的评价体系，再在它们的基础上做了修改、删减或细化，以搭建适用于自己的绿色建筑评价体系。同时还会依据各自国家的现实条件，对建立的评价体系逐步进行迭代更新，调整评估的框架和指标，使评价方法变得更科学合理、方便实用，也更贴近其本国的可持续发展目标。

2）最直观的"比分制"，如日本 CASBEE 这样的评价体系。2002 年，日本发布了自己的评价体系——建筑环境综合效能评价体系（CASBEE）。它在评价计分和结果呈现的方式上有了自己的创新，即采用 Q/L 评价方式。Q 指的是建筑环境的质量表现，包括室内环境质量、建筑服务质量、室外环境质量三个方面；L 指的是建筑环境的消耗负荷，包括建筑能源消耗、建筑资源消耗、生态环境影响三个方面。CASBEE 体系将建筑的质量与负荷的比值称为建筑效能。如果一个项目的环境负荷（L）得分越少、质量（Q）得分越多，那么 BEE 评分也就越高。基于这样的计算方式，CASBEE 体系设计了很多非常直观的数据呈现图表，让阅读者可以快速了解到这个建筑项目的特点、优点和不足，也方便多个项目进行比较。这比分制就是我们在经济学上提到的概念，叫投资回报率（ROI）。用回报除以投资，最后得出的效率数字，来衡量决策质量。所以这种计分方式被很多后来的评估体系借鉴、吸纳。其原理基本上可以用以下这三个公式来形象地表示：

建筑环境的质量表现（Q）＝室内环境质量＋建筑服务质量＋室外环境质量

建筑环境的消耗负荷（L）＝建筑能源消耗＋建筑资源消耗＋生态环境影响

建筑能效得分（BEE）＝建筑环境的质量表现（Q）÷建筑环境的消耗负荷（L）

3）最灵活的"复合制"，如澳大利亚依据自身的发展需求同时推行的 3 套绿色建筑评价体系。第一种是澳大利亚建筑温室效益评估（ABGRS）；第二种是国家建筑环境评估（NABERS）；第三种是绿色星级认证（GSC）。其绿色评价体系兼顾不同基础和不同诉求的人群，制定体系时既立足本国又放眼世界。其中一个评价体系，就把绿

色建筑分成了最低实践、平均实践、良好实践、最佳实践、本国优秀、世界领先六个星级。

2.1.3 绿色建筑的中国历程

1. 绿色小区、绿色奥运、绿色建筑——绿色建筑标准在中国的初次起步

20 世纪 90 年代，绿色建筑的概念逐渐在国内兴起。借北京奥运的契机，中国先后发布了《绿色生态住宅小区建设要点与技术导则》和《绿色奥运建筑评估体系》等一系列实施导则及评估体系，并兴建了"鸟巢"奥运体育场等具备绿色低碳先进技术的建筑。基于对国际评价体系的深入研究参考和一些试点地区阶段性的经验总结，中国终于在 2006 年正式推出了自己的绿色建筑评价体系，并在此基础上建立和发布了国家标准《绿色建筑评价标准》（GB/T 50378—2006），简称 GBAS 体系。

2. 低碳发展、绿星认证、美好生活——绿色建筑评价体系的三版三修

《绿色建筑评价标准》由中国建筑科学研究院牵头，在 2006 年首次发布后，于 2014 年进行了第 1 次修订，2019 年又进行了第 2 次修订，并在 2023 年又启动了新一轮的修订征求意见稿活动。《绿色建筑评价标准》的"三版三修"，在我国绿色建筑发展中发挥着重要作用。接下来，我们将对该标准历代版本进行对比介绍，让读者对《绿色建筑评价标准》的历次更新有一个整体性的认识，以便能更好地理解和把握标准技术内容。

1）2006 版是《绿色建筑评价标准》的首次提出，从"保温节能"迈向"低碳发展"

①依据奥运建筑的经验，开始把绿色建筑的理念推广到居住建筑和公共建筑。

②引入全生命周期概念，与过往只重视运营过程不同，还重点关注了制造环节。

③把建设资源节约和环境友好型社会目标，落实到"四节一环保"技术指标中。

④将健康建筑纳入绿色建筑范畴内，不仅关注室外环境，还关注室内环境质量。

⑤将绿色建筑的评价时间推进到实际运营一年后进行，强调了实际落地效果。

2）2014 版是《绿色建筑评价标准》的首次修订，从"低碳发展"迈向"绿星认证"。

①将标准适用范围，由原先的居住建筑和公共建筑范畴扩展至各类民用建筑。

②为了夯实落地效果，将绿色建筑评价分为设计评价和运行评价两阶段。

③在四项节约、环境保护和运营管理的基础上，增加了绿色施工管理。

④调整评价方法，在先满足最低得分的前提下，以最后总分确定"绿星认证"等级。

⑤增设"提高和创新"加分项，以鼓励绿色建筑技术的创新和项目管理水平的提升。

⑥修改部分评价条文细则，并对所有的评分项和加分项条文赋予权重评价分值。

3）2019版是《绿色建筑评价标准》第2次修订，从"绿星认证"迈向"美好生活"。

①构建了绿色建筑的全新体系，从一味注重认证迈向以人为本的美好生活。

②更新了绿色建筑的技术术语，使其更加确切地阐明了新时代的绿色建筑定义。

③调整了绿色建筑的评价节点，将运营评价设在了建设工程竣工后，约束落地。

④增加了绿色建筑的星级范畴，对每个星级进行了性能分值定义，便于鼓励激励。

⑤拓展了绿色建筑的覆盖内涵，如智慧建筑、健康建筑、数字建筑和社区建筑。

⑥大幅减少不合理评分项次，合并相似条款，大幅增强了评价打分的可操作性。

⑦提高了绿色建筑的性能要求，更新和提升可持续要求，增加以人为本的要求。

最新版的《绿色建筑评价标准》，秉承了"以人为本、强调效能、容易落地"的科技路线，内容科学合理，政策形成体系，贯彻了绿色经济的理念，丰富了绿色建筑的内涵，充分体现了新时代中国建筑的科学发展观。

3. 覆盖范围、评估类别、打分准则——绿色建筑评估体系的横向比较

世界上不仅有BREEAM、LEED、CASBEE、GBAS体系，还有其他很多体系。通过对世界上几个国家主流评价体系的对比可以看出，各个国家或地区因各自经济发展的程度不一、技术水平的高低不同，导致各个国家的评价体系都表现出独特的地域性。我们通过对表2-1～表2-3进行横向比较后发现，当下中国的绿色建筑评价体系在覆盖范围、评估类别和打分细则上与国际先进水平都有一定的差别和差距，还要继续加强国际交流合作。

其一，绿色建筑评价的覆盖范围不一（表2-1）。

表2-1 国内外绿色建筑评价覆盖范围

建筑类型	加拿大 GREEN TOOL	英国 BREEAM	澳大利亚 GREEN STAR	美国 LEED	日本 CASBEE	德国 DGNB	中国 GBAS
住宅建筑	★	★	★	★	★	★	★
办公建筑	★	★	★	★	★	★	★
工业建筑		★	★	★	★	★	
商业建筑	★	★	★	★	★	★	
公共建筑	★	★	★	★	★	★	★
学校建筑	★	★	★	★	★	★	★
医疗建筑	★	★					★
酒店建筑	★	★		★	★	★	
小计	8/8	8/8	7/8	8/8	8/8	7/8	5/8

其二，绿色建筑评价的打分准则不一（表2-2）。

表2-2 国内外绿色建筑评价打分准则

项目	加拿大 GREEN TOOL	英国 BREEAM	澳大利亚 GREEN STAR	美国 LEED	日本 CASBEE	德国 DGNB	中国 GBAS
1	场地选址	土地利用与生态环境	生态	可持续场地	室外环境与场外环境	场地质量	安全耐久
2	室内质量环境	健康与舒适	室内环境质量	室内环境质量	室内环境	环境质量	环境宜居
3	服务质量	能源	能源	创新与设计	服务质量	技术质量	生活便利
4	资源和能源消耗	建材	材料	能源与大气	能源	过程质量	健康舒适
5	环境负荷	水	水	材料与资源	资源负荷与材料	经济质量	提高创新
6	成本和经济性	污染	土地使用	用水效率		社会文化与功能质量	
7	社会、文化与感性	交通	气体排放	选址与交通			
8		管理	交通	区域优化			
9		废弃物	管理				
小计	7/9	9/9	9/9	8/9	5/9	6/9	5/9

其三，绿色建筑评价的评估类别不一（表2-3）。

表2-3　绿色建筑评价评估类别

类别	条目	加拿大 GREEN Tool	英国 BREEAM	澳大利亚 GREEN STAR	美国 LEED	日本 CASBEE	德国 DGNB	中国 CBAS
1 室内环境	1.1 温湿环境	★	★	★	★	★	★	★
	1.2 采光环境	★	★	★	★	★	★	★
	1.3 呼吸质量	★	★	★	★	★	★	★
	1.4 声音环境	★	★	★	★	★	★	★
2 能源负荷	2.1 运行能耗	★	★	★	★		★	★
	2.2 运行效率	★	★	★	★	★	★	★
	2.3 热负荷	★	★		★	★	★	
	2.4 自然资源利用		★	★	★	★	★	★
	2.5 建筑系统效率	★	★	★	★	★	★	★
3 资源负荷	3.1 水资源利用	★	★	★	★	★	★	★
	3.2 资源利用率	★	★	★	★	★	★	★
	3.3 材料污染	★	★	★	★	★	★	★
4 环境负荷	4.1 污染	★	★		★	★	★	★
	4.2 基础设施负荷	★	★		★	★	★	
	4.3 风害	★	★	★		★	★	
	4.4 光污染	★	★	★	★	★	★	★
	4.5 热岛效应	★	★		★	★	★	★
	4.6 其他设施负荷	★	★	★	★	★	★	★
5 服务质量	5.1 弹性和可持久性	★	★	★	★	★	★	★
	5.2 耐久性	★	★		★	★	★	★
	5.3 服务能力	★	★		★	★	★	★
6 室外环境	6.1 生态环境的营建	★	★	★	★	★	★	★
	6.2 城市景观与风景	★	★			★		
	6.3 当地文化及特征					★	★	
小计		22/24	23/24	16/24	21/24	23/24	23/24	19/24

2.2 绿色建筑的背景

2.2.1 气候变化与人类命运

1. 千百万年、气候变化、人类命运——也许您从未注意过的考古发现

灵长史 6000 万～ 7000 万年前：

气候变化导致地球霸主恐龙灭绝，灵长类才迎来发展机遇。

猿人史 600 万～ 700 万年前：

气候变化导致森林减少，食物短缺，促使猿人下地行走采集。

人类史 60 万～ 70 万年前：

森林继续减少和食物再度短缺，让原始人手持武器奔跑围猎。

文化史 6 万～ 7 万年前：

气候变化带来冰川世纪，人类穿上了缝制衣服才能应对寒冬。

文明史 6000 ～ 7000 年前：

气候变化引发大洪水，女娲补天和大禹治水的传说流传至今。

2. 王朝兴替、挪威雪线、重合曲线——五千年气候变迁背后的命运推手

通过图 2-1 中的曲线变化发现，过去几千年来的气候变化和人类社会命运之间一直存在着一种神秘莫测的关系，挪威雪线与海平面高度变化曲线，同中国历史气候的温度变化曲线间存在着高度重合，这更说明气候变化对人类社会的命运是一种全球性的影响，就像是人类社会背后的"命运推手"。

3. 人类活动、二氧化碳、气候变暖——120 年来首次颁发的气象诺奖

但人们的发现不止如此。一项进行了数十年的大规模国际合作结果出炉，来自 6 个国家的科学家共同宣布，涵盖过去 6600 万年的气候变化记录项目已经完成，让人们对全球"气候变化"和人类"社会命运"之间的关系有了全新的发现与认知：

自工业革命以来，人类活动对全球气候变化产生了深远的影响，随着时间的推移，这种影响一直在不断地加强，极大地改变了地球的气候，推动走向一个前所未有的状态：气候变化成为人类社会面临的最严重环境挑战之一。

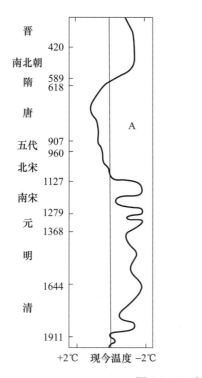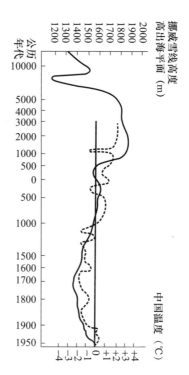

图 2-1　五千年气候变迁

（资料来源：竺可桢《中国近五千年来气候变迁的初步研究》）

依据诺贝尔 1895 年的遗嘱而设立的"诺贝尔奖"，旨在表彰在物理学、生理学、医学、化学、和平及文学上"对人类做出最大贡献"的人士。2021 年诺贝尔物理学奖的一半被授予了两位气候学家——真锅淑郎和克劳斯·哈塞尔曼，以表彰他们"通过对地球气候的物理模拟、量化变率，可靠地预测了全球性的气候变暖"的卓越贡献。这是自 1901 年诺贝尔奖首次颁奖算起，120 年来首次被授予气候学家。作为物理学界的非主流学科，两位气候学家究竟解决了怎样的问题，才获得这份至高荣誉？

其实关于工业革命以来的全球性气候变化，国际社会关注的核心问题一共就两个：第一个核心问题是如何证明二氧化碳等温室气体的增加才导致全球性气候变暖；第二个核心问题是人类活动在工业革命以来对全球气候变暖影响的占比到底有多大。而诺贝尔奖的官方写下如下文字，以解释两位学者无可争议的获奖缘由：

——问题 1：现在是全球性的气候变暖吗？答：是的。

——问题 2：是因为温室气体（主要是二氧化碳）含量的增加吗？答：是的。

——问题 3：温室气体含量增加可以仅仅用"自然因素"来解释吗？答：不是的。

——问题 4：人类活动导致温室气体增加是全球变暖的主要原因吗？答：是的。

2.2.2 人类活动与气候变暖

2023 年 3 月 20 日，联合国政府间气候变化专门委员会（IPCC）历时 8 年，整合 2018 年以来发布的 3 份工作组报告以及 3 份特别报告的结论，汇集了 234 名气候变化自然科学家、270 名气候变化影响适应和脆弱性科学家，以及 278 名气候变化减缓科学家，总计 782 名全球顶级气候变化科学家的研究成果，发布了 IPCC 关于全球气候变化的第六次评估报告的综合报告——《气候变化 2023》。该报告以近 8000 页的篇幅，详细阐述和实际验证了三个问题：

——因人类活动导致的温室效应，带来了全球性气候变暖；

——因全球性气候变暖，导致了全球性气候灾害频发和爆发；

——因全球性气候灾害频发和爆发，带来全人类重大生存危机。

1. 百年来人类活动使全球气候变暖了约 1.1℃，由此带来空前的气候变化

世界卫生组织报告指出，和 100 多年前相比，全球气温平均上升了约 1.1℃。全球气温提高 1.1℃究竟意味着什么？不了解气候科学的人可能并不会太重视，但下面这列数据，可以让不太了解气候科学的人真正明白，这看似微不足道的 1.1℃温升所带来的空前的气候变化，及这些气候变化给地球环境生态带来的巨大以及深远的影响：

——北极表面冰覆盖的面积，为 **1000** 年来最小；

——世界各地冰川消退程度，为 **2000** 年来最快；

——全球海平面的上升速度，为 **3000** 年来最快；

——海洋水体温度上升速率，为 **1.8** 万年来最快；

——海洋水体被酸化的水平，为 **2.6** 万年来最高；

——过去十年来的平均温度，为 **12.5** 万年来最高；

——大气中二氧化碳的浓度，为 **200** 万年来最高。

2. 气候变化对生态系统和人类文明影响远超预期，导致全球性气候灾害

世界卫生组织的一份报告指出，在较少人类活动影响的情况下，高温热浪气候平均每 10 年才会出现 1 次。而在全球平均气温升高 1.5℃、2℃和 4℃时，高温热浪气候出现的频率将分别增加 4.1 倍、5.6 倍和 9.4 倍，其强度也可能分别增加 1.9℃、2.6℃和

5.1℃。更高频次的高温热浪，会导致诸如极端台风、特大降雨和超强干旱发生得愈加频繁，所引发的气候灾害的破坏程度也会更加严重。

——危及山脉及森林，山林火灾、山体滑坡、土壤流失；

——危及河流及湿地，洪水暴发、河川改道、地貌剧变；

——危及农田及牧场，田园毁坏、作物歉收、牲畜减产；

——危及海岸及岛屿，台风频发、海岸侵蚀、海岛消失；

——危及生态及物种，生态崩溃、病菌滋生、物种灭绝；

——危及城市及乡镇，热岛效应、城市瘫痪、经济休克；

——危及社会及文明，家园被毁、贫困加剧、难民增多。

3. 气候变暖造成了极地的冰融化和海水升温膨胀，进而让海平面一直加速上升

全球海平面上升的幅度年平均只有几毫米，听起来不是很大，但对于某些地方来说，影响则非常显著。如孟加拉国就是一个非常典型的例子，该国有着长达500多公里的海岸线，大部分国土位于地势低洼的河流三角洲内，每年都会遭强降雨天气。在气旋、风暴和洪水的共同冲击下，20%～30%的国土经常被淹，农作物绝收，居民家破人亡。

依据考古发现，全球海平面在2000～3000年前稳定下来，到了19世纪晚期变化并不明显。但在20世纪后开始逐渐升高，起初以年平均1.7mm的速度上升，后来上升速度越来越快。20世纪90年代以来获得的卫星观测资料提供了更准确的海平面数据，自1993年以来海平面一直以每年3mm的速度不断上升，大大高于前半个世纪的平均值。

2.2.3　气候变暖与全球危机

1. 全球的气候变暖，导致超强风暴频发，给人类基础设施带来巨大破坏

2017年飓风"玛利亚"致使波多黎各的基础设施建设倒退至少20年，且强风暴何时、何地产生及产生的破坏强度委实难以预测。2021年，美国6个州遭遇至少30场龙卷风袭击，造成80多人死亡、33万户断电，至少2500万人口受到龙卷风袭击。

2. 全球的气候变暖，导致森林山火频繁发生，也更具有破坏力

与20世纪70年代相比，美国加利福尼亚州发生火灾的频率增长了4倍。其原因是

山火季的持续时间越来越长，而森林中易燃的枯木越来越多。美国政府表示，其中一半的增长源自气候变化。

3. 全球气候变暖及导致气候变暖的高浓度二氧化碳，严重影响了生物多样性

联合国政府间气候变化专门委员会指出，气候变暖对于可供人类食用的动植物来说会产生十分严重的副作用。有研究数据显示，全球温度仅仅升高 2℃，就会让脊椎动物的地域分布范围缩小 8%、植物地域范围缩小 16%、昆虫地域范围缩小 18%。

◢ 2.3 绿色建筑与中国

2.3.1 气候变暖与当代中国

1. 热浪在全球范围内流窜，同样袭击了中国，造成了前所未有的人员死亡

2021 年，中央电视台中文国际频道报道 2020 年是亚洲历史上最热的一年，热浪至少造成了 5000 人丧生。而到了 2021 年，因为热浪死亡的人数就增加到了 13185 人。到了 2022 年，仅中国境内因热浪死亡的人数更是达到破纪录的 50900 人。联合国气象组织及其合作伙伴在 2023 年 8 月又正式宣布，2023 年 7 月成为人类有气象记录以来全球平均气温最高的月份，且可能打破了至少 12.5 万年以来的历史纪录。

2. 近年来暴雨、大暴雨及特大暴雨在中国各地肆虐，尤其在传统少雨的北方地区

虽说年年都有洪灾，但近几年与往些年不同。过去的洪灾主要集中在中国长江流域，而现在则是全国性的，并且在少雨的北方，如北京、太原和郑州地区，也开始大面积和高频次地出现。根据中央气象台消息，2021 年 7 月 18 日 18 时至 21 日 0 时，郑州全市普降大暴雨、特大暴雨，累计平均降水量 449mm，最大降水量达到了 551mm。其中在 2021 年 7 月 20 日 16—17 时，郑州 1 小时的降水量更是高达 201.9mm。

降雨不仅威胁着人民财产安全，还造成了大量的珍贵文明古迹侵蚀与破损。俗话说，"地上文物看山西"，山西是全国古建筑遗存最多的省份，且古建筑的时代序列完整、品类众多、形制齐全。山西的全国重点文物保护单位有 531 处，位居全国第一，其中古建筑有 421 处，约占全国的 80%。山西古建筑以木结构遗存最负盛名，尤其是元朝以前的木结构建筑的数量冠绝全国，享有"中国古代建筑宝库"的美誉。山西以前之所以能够留存大量的古代建筑，是因为山西的气候普遍干燥、雨水少。但据中国气象局

消息，2021 年 10 月 2 日 20 时至 10 月 7 日 8 时，山西省出现了强降水，平均降水达到 119.5mm。据相关统计，山西省内 59 个国家气象观测站日降水量出现建站以来同期历史极值，63 个国家气象观测站过程累计降水量超过同期历史极值。据不完全统计，本次强降水造成山西共有 1783 处文物不同程度地出现屋顶漏雨、墙体开裂、地基塌陷等险情。经初步评估，受灾害影响文物中，全国重点文物保护单位 176 处、省级文物保护单位 143 处、市县级文物保护单位 661 处、尚未核定公布为文物保护单位的不可移动文物 803 处。

3. 全球的气候变暖，一直在让海平面持续加速上升，而中国海平面上升的速度高于全球

据世界卫生组织统计，在过去的一百多年，随着全球气候变暖，全球海平面上升了 0.1 ～ 0.2m，平均每年上升速率为 1 ～ 2mm。《中国海平面公报》长期的统计数据显示，我国的海平面一直处于上升之中没有停止，海平面的上升速度要高于全球海平面上升速度，特别是近年来，更达到每年 3 ～ 4mm，两倍于世界平均水平。

更为关键的是，按照国家相关标准，对海平面上升、沿海低地的高程、海岸防护建筑物等级和风暴潮强度等多种因素进行综合评估，我国的海岸带可分为八个主要的脆弱区。而我国绝大多数重要的经济中心和产业中心，如京津冀大区、江浙沪大区、粤港澳大湾区，都集中在这八个最主要的脆弱区内。

海平面监测和分析结果表明，1980—2022 年，中国沿海海平面上升速度每年为 3.5mm；1993—2022 年，中国沿海海平面上升速率为每年 4.0mm，高于同时段全球平均水平。其中 2022 年的中国沿海海平面相比 2021 年更是高出了 10mm，为 1980 年以来的最高值。可见，中国沿海海平面变化总体一直呈加速上升趋势。

而 2023 年汛期以来，无论是京津冀大区、江浙沪大区，还是粤港澳大湾区，极端天气更是多发频发，暴雨、高温、台风、强对流轮番"登场"。自入汛至 10 月底，中央气象台共发布了灾害性天气预警信号 716 期，其中暴雨预警 280 期、强对流预警 169 期、台风预警 117 期、高温预警 50 期、其他预警 100 期。

2.3.2　历史最热与极端暴雪

明明是有记录以来最热的一年，为什么全国境内普降暴雪和冻雪？

2023 年 12 月，中国北方地区普降暴雪。以山东威海为例，自 12 月 19 日夜开始持续 3 天 3 夜后，积雪厚度超过 74cm，打破山东积雪深度 54cm 的纪录，随之而来的低温天气，更造成道路积雪结冰，重大事故频发，严重影响了交通出行。

但在不久前，2023 年 11 月世界气象组织才刚刚宣布，2023 年是有记录以来人类历史上最热的一年，近期全国却又出现急速降温现象，这非常反常。下面，我们引用我国国家气候中心专家的专业结论，以解答大家的疑惑。

1）我们讨论温度变暖与否，是与历史同期做对比。

当我们谈及某年或某月偏暖，不是看单次天气事件，而是看整段时间内的平均气温是否显著高于或低于历史同期。如 2023 年年底我国大部分地区出现寒潮，气温均值比历史同期低了不少，但从整个秋季的平均气温看，仍为 1961 年以来最高，所以被称为"最暖秋季"。

2）无论暴雨还是暴雪，其先决条件都是水汽遇冷。

在过去，赤道与北极之间存在着巨大的温差，这种巨大的差异促使极圈外围形成了一圈强劲的西风急流，被称为西风带，像围栏一样约束着极地冷空气，稳定的极涡被强大的西风急流限制在北极地区。

在受到这种西风带限制的情况下，来自中高纬的寒潮和来自低纬的丰沛水汽条件，它们之间的相互交汇不会那么频繁，就算产生了交汇也基本集中在近北极的高纬度区域，而不是现如今的中纬度和低纬度地区。

简单说，在过去的冬天，北极的寒流和赤道的水汽交汇基本在西伯利亚，很少来中国。而全球气候变暖，则降低了冬天里北极的寒潮与赤道的水汽相互交汇的门槛，使得它们之间的相互交汇可能更加频繁。

在全球变暖的背景下，北极地区增温速度是全球变暖速度的 2～3 倍。北极地区与中低纬度地区之间的气温温差减弱之后，强大的西风急流带就难以像过去一样维持，北极的冷空气更容易突破西风带的封锁而南下。

总体上来说，全球性的气候变暖具有极地强化现象，南北极变暖的速度高过了全球平均变暖速度，使得全球的水循环增强和冷空气降温，尽管从整体上看，整个秋冬季的平均温度是升高的，但是"忽冷忽热"极端天气的出现反而是更加频繁了。

于是自 2023 年 12 月以来，伴随着欧亚上空西风带的剧烈扭曲，西伯利亚高压异常增强，我国大部分地区由前期盛行偏南风转为偏北风，冷空气南下导致气温骤降；另一方面，厄尔尼诺现象加强西太平洋副热带高压，使得更多来自热带的水汽向我国内陆地区输送。

从而导致在"最暖冬天"报道不绝的情况下，多次出现了"速冻"天气。所以，表面看起来十分反常识，但这其实都是因为北极的寒流突破了西风急流带的封锁线，与赤道的水汽在中低纬度也就是我国北方相遇导致的结果。

2.3.3 净零排放与中国担当

1. 人类有史以来最重要的地球气候盟约——《巴黎协定》

为快速降低温室效应，有效减缓全球气候变暖和减少极端气候灾害，地球上的主要国家于 2015 年 12 月 12 日在巴黎气候变化大会上达成共识，通过了一份旨在拯救人类命运的地球气候盟约——《巴黎协定》。该盟约于 2016 年 4 月 22 日在纽约联合国总部正式签署，2016 年 11 月 4 日正式生效，截至 2017 年 11 月共有 197 个《联合国气候变化框架公约》缔约方签署了《巴黎协定》，这些缔约方的温室气体排放量占全球温室气体排放量的比例接近 100%。《巴黎协定》站在"公平原则、共同但又区别的责任原则、各自能力原则"三个原则的基石之上，为拯救地球气候提出了一份共同目标及行动纲领："将全球平均气温升幅较工业化前水平控制在显著低于 2℃的水平，并向升温较工业化前水平控制在 1.5℃努力；到 2030 年全球碳排放量控制在 400 亿吨，2080 年实现净零排放，21 世纪下半叶实现温室气体净零排放。"

《巴黎协定》的签订标志着地球向一个"净零排放"世界转变的开始，为"推动节能减排、改善全球气候"的可持续发展目标，提供了清晰的行动路线图。自《巴黎协定》诞生后，世界气候合作迈上了新的台阶。截至 2021 年 5 月，全球已经有 50 多个国家宣布了到 21 世纪中叶实现碳中和，近 100 个国家正在研究各自的目标。

美国承诺，到 2030 年使全国的温室气体排放水平比 2005 年减少 50%～52%。

加拿大承诺，到 2030 年碳排放水平比 2005 年减少 40%～45%。

英国宣布，计划到 2035 年碳排放水平比 1990 年减少 78%。

德国承诺，实现碳中和的时间将从 2050 年提前到 2045 年。

日本承诺，到 2030 年碳排放量比 2013 年减少 46%。

2020 年 9 月 22 日，在第七十五届联合国大会一般性辩论会上，中国国家主席习近平提出："中国将提高国家自主贡献力度，采取更加有力的政策和措施，二氧化碳排放力争于 2030 年前达到峰值，努力争取 2060 年前实现碳中和。"

2. 碳达峰与碳中和，为兑现地球气候盟约承诺的"中国举措"

很多国家做出承诺却没打算落实承诺，但作为联合国五常的中国，言必行，行必果。中国自加入《巴黎协定》以来，完成了构建碳达峰、碳中和和"1+N"政策体系，采取推动产业升级、改善能源结构、调配交通运输、推广绿色建筑、提高节能能效、完善市场机制和增加森林碳汇等一系列举措，在应对气候变化中取得积极进展和卓越成效。

3. 地球气候盟约"首次大考"，为实现碳达峰和碳中和的中国答卷

在 2023 年 11 月 30 日的《联合国气候变化框架公约》第 28 次缔约方大会（COP28）上，《巴黎协定》生效后的首次全球盘点，中国提交的"答卷"引起各方关注。

依据生态环境部《中国应对气候变化的政策与行动 2023 年度报告》，2022 年我国碳排放强度较 2005 年下降超过 51%，非化石能源占能源消费比重达到 17.5%。到 2023 年上半年，可再生能源装机容量达到 13.22 亿千瓦，约占总装机的 48.8%，历史性地超过煤电。至 2023 年 6 月底，全国新能源汽车保有量达 1620 万辆，全球一半以上新能源汽车行驶在中国大地上。

中国积极应对气候变化的行动，不仅促进了我国的绿色低碳发展，还积极参与气候多边进程，深入开展气候变化国际合作，推动构建公平合理、合作共赢的全球气候治理体系，为应对全球气候变化做出了重要贡献。

近年来，通过合作建设低碳示范区、实施减缓和适应气候变化项目、开展能力建设培训等方式，为发展中国家，特别是小岛屿国家、最不发达国家和非洲国家应对气候变化提供支持帮助。根据生态环境部的统计，到 2023 年年底中国已与 40 个发展中国家签署 48 份合作文件，累计举办 52 期应对气候变化合作培训班，培训约 2300 名应对气候变化领域专业人员，为相关国家积极应对气候变化提供了切实的帮助，受到广大发展中国家的高度认可和一致好评。

国际能源署署长法提赫·比罗尔说："数据已经十分明确，中国不仅在国内开展了出色工作，还在发展清洁能源技术和降低技术成本方面为世界其他国家做出了重要贡献。"

3 绿色功能建材

3.1 绿色建筑防水材料

3.1.1 建筑防水材料概论

在所有建筑功能材料中，如果一定要选出最为古老和最为重要的材料，那么防水材料和保温材料一定可以获得最多的选票，毕竟从远古开始，人类建造房屋的最初目的就是挡风遮雨和纳凉取暖。防水和保温，可以说是建筑的两项最基本的功能，建筑历史有多久，防水材料和保温材料的历史就有多久。且无防水不保温，防水材料是保障建筑免受雨水、雪水、地下水、给排水及其他水分的渗透、渗漏、侵蚀的最为重要的建筑功能材料，其质量优劣直接影响到人居的舒适条件及整个建筑的使用寿命。

3.1.2 建筑防水材料历史

谈到建筑防水材料的历史，就不得不先谈一下建筑材料的发展历史。如果从建筑材料的大历史角度去看建筑防水材料，大致可以分为古代建筑防水材料和现代建筑防水材料两大阶段，其中古代和现代建筑防水材料的发展历史，又可细分为三个阶段。

1. 古代建筑防水材料发展史的三个阶段

第一阶段，巢穴建筑时期，以土木材料为主要建筑材料。这个时期，人们还没熟练掌握火，主要依靠构造排水。北方或冬季少水，上古之人挖土为穴，靠半山坡，简称穴居。南方或夏季多水，上古之人筑木为巢，离地起楼，简称巢居。同时，无论巢居建筑还是穴居建筑，大都采用茅草和泥土材料做排水的坡屋面。但这种结构往往不安全。也怨不得诗圣杜甫，家里的茅草屋顶被大风大雨带走后，悲愤交加，进而留下了"安得广厦千万间，大庇天下寒士俱欢颜，风雨不动安如山"的千古名句。

第二阶段，营造建筑时期，以"土、木、砖、瓦、石"材料为主要建筑材料。这个时期，人们熟练掌握了琉璃、瓷釉、砖瓦的烧制和包括三合土在内的九浆十八灰技术，依靠"设计是前提，材料是基础，施工是关键，管理是保证"的机制，留下了两千年屹立不倒的万里长城。还出版了一本千年建筑名著《营造法式》，详细总结了当时的各种建筑科技和合理造价，其中就有冬夏季都可达到最佳采光遮阳效果的"屋檐门窗最佳日照角度技术"和排水速度最快的"瓦屋面最佳排水曲面技术"，更利用琉璃和瓷釉的致密性能，建造了最完美的屋面防水工程——北京故宫。

第三阶段，科技建筑时代，以钢材和水泥为主要建筑材料。这个时期以1776年为起点。瓦特发明了蒸汽机，配合焦炭，以成百上千的倍率提升了钢材和水泥这两种建筑材料的生产效能；亚当·斯密出版重要书籍《国富论》，让人类进入社会化大分工时期，以成百上千的倍率提升了财富的管理效能；美国的《独立宣言》则肯定了人权和财产私有制，以成千上百的倍率诞生了一大批亿万富翁，兴起建造摩天大楼的热潮，留下了钢筋混凝土时代的众多奇迹。这个时期的防水，主要依靠钢筋混凝土的自身密实性能。

2. 现代建筑防水材料发展史的三个阶段

第一阶段，改性制剂与沥青卷材时期。这个时期，既有1910年开始，以利用石油化工材料制造出来的添加制剂，如疏水剂、塑化剂、引气剂、消泡剂、减水剂、结晶剂、抗冻剂等，极大增强钢筋混凝土的自身密实性，使得钢筋混凝土结构自身具有更高的抗裂、抗渗、自愈合的性能，让建筑完成结构自防水；也有改变了自1909年起只能在现场加工生产和现场涂刷沥青的方法，将黄麻布浸泡于热沥青中，得到了一种塑性、轻型、坚韧的防水片材。这种片材，富有弹性又方便运输，彻底改变了沥青防水材料的传统施工方式，从此诞生了世界上第一例沥青防水卷材。改性制剂和沥青卷材，因其极高的性价比，直至今天，依然是现代建筑防水中最重要的材料。

第二阶段，高分子卷材与聚合物涂料时代。这个时期，始自第二次世界大战后，依靠现代精细石油化工的技术进步和无机高分子材料的不断更新，在传统钢铁、水泥、玻璃等建筑材料基础之上，增加了塑料和胶水等两大类重要产品品类，从而使得建筑材料全面迈进了"钢、泥、玻、塑、胶"时代。在这个时期涌现了大量高科技防水产品，以高分子卷材和聚合物涂料两类为主。高分子卷材如EPDM卷材、TPO卷材、PVC卷材等，聚合物涂料如聚合物水泥防水砂浆、聚合物水泥防水浆料、聚合物水泥防水涂料、聚氨酯树脂防水涂料、水性环氧树脂防水涂料、聚氨酯密封胶、硅酮密封胶、渗透结晶防水材料等。

第三阶段，后建筑防水时代。这个阶段，与之前仅依靠高科技防水材料为主不同，除了涌现出一些现代高科技防水产品外，更多是站在了人类文明的高度上，以绿色建筑为未来发展主流方向，开展长周期、小投入和高回报的建筑活动，把传统的"新建建筑防水时代"全面带进了"既有建筑防水时代"。

3.1.3　既有建筑防水时代

1. 既有建筑防水时代，防水的覆盖范围更全面

如屋面防水，不仅覆盖了传统的平屋面、坡屋面、曲屋面，更增加了停车屋面、种植屋面、光伏屋面等特殊课题。如墙地防水，不仅覆盖传统的厨卫阳，更关注了外墙面区域。如地下室防水，不仅要抵抗背水面压力水，还要抵御比水渗透能力强大 1000 倍的水汽；不仅要能防止地下潮水，还要防止因冷凝产生的结露水。再如室内防水，不仅关注传统的防水材料，更加关注防水的体系化，比如密封胶、堵漏王、丁基自粘防水抗裂胶带、改性硅烷超长效防霉密封胶等配套产品。

2. 既有建筑防水时代，规范要求更加严格

《建筑与市政工程防水通用规范》（GB 55030—2022）为强制性规范，于 2023 年正式实施。现将规范中关于屋面、地下、外墙、室内、泳池等防水区域要求的变化总结如下：

1）几经斟酌——汇集了全行业的经验与智慧。该规范经长期推敲、多方讨论、几经更改并广泛听取全行业人士的建议，仅征求意见稿就历时 4 年，才正式对外公布。

2）鼓励创新——采用新的技术、方法和措施。规范鼓励采用创新性的技术方法和措施，如绿色建材、智慧建材等，同时强调创新技术也应满足本规范的要求，且应由相关责任主体进行相应的论证和判定。

3）延长质保——明确延长设计使用工作年限。规范要求地下工程防水要与建筑物同寿命，室内建筑防水工作年限 ≥ 25 年，屋面工程工作年限 ≥ 20 年。而以往规范要求最低可以 5 年。

4）提升冗余——高分子防水卷材厚度要求增加，达先进水平。金属屋面选用高分子防水卷材，PVC、EPDM、TPO等外露型防水卷材单层使用时，一级防水厚度不应小于1.8mm，二级防水厚度不应小于1.5mm。

5）强调耐久——对材料耐久性要求极高，要求与装修或建筑同寿命。规范要求建筑防水材料的耐久性必须与建筑结构设计的工程防水设计年限相匹配，达到使用寿命。

6）注重稳定——对防水混凝土的抗裂性能提出更高的要求。除了结构强度不得低于C25之外，防水混凝土自身必须有可靠的抗裂、抗压、抗渗要求，并满足足够的耐久性要求。

7）扩大范畴-——对结构强度以及抗腐蚀性提出了更高的要求。规范要求在有抗腐蚀性要求的情况下，结构强度不得低于C35，结构自防水抗渗等级不得低于P8。

8）把控结构——在地下工程中增加了一道结构自防水混凝土。规范指出，无论是否设置了防水层、无论几级防水，都需要加设一道混凝土结构自防水层。

9）多道设防——对屋面防水等级划分明确，要求也愈加严格。规范指出，屋面防水等级为一级时，防水做法不应少于3道，防水层的卷材防水层不应少于1道；二级防水，不应少于2道，卷材防水层不应少于1道。

10）全面覆盖——外墙防水的设防道数从无到有升级加码。规范指出，防水等级为一级的框架填充或砌体结构外墙，应设置2道以上防水层，且有一道为防水砂浆及一道防水涂料或其他防水材料。封闭幕墙应达到一级防水要求。

11）紧随时代——室内防水要求更严，厚度以及道数也都增加。当防水等级为一级时，防水做法不应少于2道。其防水涂料或防水卷材不应少于1道。要知道，以前带有地暖的用水楼地面才做2道，现在其防水要求整体提高。

12）严把工艺——卷材与卷材之间的搭接宽度又一次提宽。规范要求，合成高分子类防水卷材胶粘带和自粘胶带，最小的搭接宽度不应小于80mm，比以前规范的要求更高。

3. 全面进入修缮时代

防水行业的各个企业都在积极筹备和增建修缮事业部，以应对后建筑时代，城市更新的到来。同时受到后建筑时代，新建房地产市场日渐消退的影响，很多传统只做地产的建造企业也将积极转型，迈入修缮行业。

3.1.4 绿色建筑防水系统

有一句话说得好，"系统，可以说是迄今为止人类掌握的最高级的思维模型"。而绿色建材、绿色建造和绿色建筑，则指引着建筑防水的未来。所以，防水技术中，绿色建筑防水系统就是最高级的防水技术。一个先进的绿色防水系统，可以做到：

——防水材料性能优势相加、劣势互补、性能匹配、低碳环保；

——防水构造之间逻辑严密、排列有序、层层递进、互为犄角；

——防水工艺可让工序合理、工艺标准、工具现代、工匠职业；

——管理方法能让质量可控、进度可控、成本可控、操作可控；

——最终让建筑物低碳环保、寿命持久、健康卫生、生活便利。

一个完美的绿色建筑防水系统的设计完成，至少要涵盖四大实施步骤、五大交付体系和九大防水系统。

1. 四大实施步骤

1）防水准备期主要包括：基层验收、局部修补、归方找平。

2）防水施工期主要包括：节点处理、大面施工、监理把控。

3）防水交付期主要包括：工艺验收、防水试验、成品保护。

4）防水运维期主要包括：日常运维、修缮改善、拆除回收。

2. 五大交付体系

1）屋面防水交付系统——种植顶、瓦屋顶、采光顶等。

2）外墙防水交付系统——外保温、古建筑、瓷砖面等。

3）室内防水交付系统——厨房间、卫浴间、盥洗间等。

4）水池防水交付系统——游泳池、景观池、蓄水箱等。

5）地下防水交付系统——地下室、地隧道、停车库等。

3. 九大常见防水系统

1）种植顶屋面防水系统——化学型、物理型。

2）金属顶屋面防水系统——新彩钢、旧彩钢。

3）采光顶屋面防水系统——光伏顶、玻璃顶。

4）瓦屋顶屋面防水系统——玻璃瓦、陶瓷瓦。

5）平屋顶屋面防水系统——停车型、普通型。

6）外立面外墙防水系统——有保温、无保温。

7）厨卫阳室内防水系统——砖下型、砖面型。

8）游泳池水池防水系统——室外型、室内型。

9）地下室地下防水系统——正压型、负压型。

3.1.5 国内市场现状分析

1. 我国建筑防水行业市场现状分析——现行政策

工业和信息化部、住房城乡建设部等有关部门，近几年不断地颁布建筑防水材料行业的相关利好政策，制定工程防水新规范，从而推广绿色建材，推动绿色制造和绿色建筑的发展。

1）《建筑与市政工程防水通用规范》（GB 55030—2022）

发布部门：住房城乡建设部；发布日期：2023年4月。

政策解读：该规范从多方面提高了防水要求，提升了防水年限，并重新定义了防水等级，加强了防水材料耐久性能要求，增加了防水道数，规定了材料最小厚度，以全面提升防水工程质量。规范还指出，工程防水应进行专项防水设计，对工程建筑防水提出更高要求，像混凝土屋面板、塑料排水板、注浆加固等不可作为一道防水层。

2）《关于扩大政府采购支持绿色建材促进建筑品质提升政策实施范围的通知》

发布部门：财政部、工业和信息化部、住房城乡建设部；发布日期：2022年10月。

政策解读：该政策通过在北京朝阳区48个区域的政府、学校和医院的绿色建材试点采购，引领绿色建材和绿色建筑产业高质量发展，着力打造宜居、绿色、低碳城市，促进建筑品质提升政策，以引导其他城市学习和选择部分项目先行实施，在总结经验的基础上逐步扩大范围，到2025年实现政府采购工程项目政策实施的全覆盖。

3）《原材料工业"三品"实施方案》

发布部门：工业和信息化部办公厅、国务院国有资产监督管理委员会办公厅等六部门；发布日期：2022年8月。

政策解读：该政策按照"供给引领、市场主导、创新驱动、标杆示范"的基本原则，提出了 2025 年主要目标和 2035 年远景目标。围绕发展目标，从增品种、提品质、创品牌三方面提出 9 项重点任务，到 2025 年，原材料品种更加丰富、品质更加稳定、品牌更具影响力。到 2035 年，原材料品种供给能力和水平、服务质量大幅提升，达到世界先进国家水平，形成一批质量卓越、优势明显、拥有核心知识产权的企业和产品品牌。

4)《六部门关于开展 2022 年绿色建材下乡活动的通知》

发布部门：工业和信息化部办公厅、住房城乡建设部办公厅等六部门；发布日期：2022 年 3 月。

政策解读：通知指出应按部门指导、市场主导、试点先行的原则，2022 年选 5 个左右试点地区开展绿色建材下乡活动。国家设立面向市、区县、乡、镇、村的绿色建材下乡活动，旨在通过举办公益宣讲、专场讲座、科技巡展等不同形式的线上线下活动，加快节能低碳、安全性好、性价比高的绿色建材推广应用。

5)《关于加快推进绿色建材产品认证及生产应用的通知》

发布部门：国家市场监督管理总局、工业和信息化部、住房城乡建设部；发布日期：2020 年 8 月。

政策解读：该政策加快绿色建材产品认证步伐，明确绿色建材认证相关部门的职能范围。工业和信息化主管部门、住房和城乡建设主管部门等在各自职能范围内，加强对绿色建材产品认证及生产应用监管，结合实际制定绿色建材认证推广应用方案，鼓励在绿色建筑、装配式建筑等工程建设项目中优先采用绿色建材采信应用数据库中的产品。

6)《关于印发绿色建材产业高质量发展实施方案的通知》

发布部门：工业和信息化部、国家发展改革委、生态环境部、住房城乡建设部、农业农村部、商务部、中国人民银行、国家市场监督管理总局、金融监管总局、国家广电总局等十部门；颁布日期：2024 年 1 月。

政策解读：基于我国绿色低碳和智能制造水平有限，绿色建材选用和市场消费动力不足，未能形成高效的政策引导的市场状况，为汇聚各方力量，形成政策合力，共同推动绿色建材产业发展，从快从优推进绿色建筑发展，在 2030 年实现"碳达峰"，并在 2060 年前实现"碳中和"，工业和信息化部等十部门联动，从行业基础、产业规模、特色集群培育、推广应用、产品认证等方面，加强与当前工作衔接等方面着手，提出绿色建材 2026 年和 2030 年的发展目标。

2.我国建筑防水行业市场现状分析——当下格局

我国当下的建筑防水行业市场，因为受到来自上游石油化工原材料价格波动和下游房地产市场的趋势不明朗等因素影响，确实存在一些发展压力，但又因受到绿色建筑政策引导和保障性租赁住房、老旧小区改造和修缮的扶持，也会拉动建筑防水材料行业增长。尤其是近年来，绿色建筑等创新技术，将为建筑防水材料行业注入新的活力。

3.我国建筑防水行业市场现状分析——新兴市场

现阶段，掌握了绿色科技和智慧制造的企业，开始探索建筑防水新领域，如可产生清洁能源的光伏顶屋面防水系统、可创造碳汇的中大型种植顶屋面防水系统、可保护生态的水性聚合物涂料金属顶屋面防水系统、可在负压区域达到防潮级别并可防止结露的地下室负压防潮系统等，都是全新的行业市场增长点。

3.1.6 建筑防水机具简介

从300万年前远古人类第一次打造和使用工具开始，"工欲善其事，必先利其器"这句话就从未过时。特别是进入21世纪以来，在出生人口连年下滑、熟练的专业技术工人越发稀缺的情况下，更应重视在产业工人和工匠群体中推广便携式和电动型施工机具，让工匠善于用利器拓展技艺，用先进的机具来提升施工的效能。

防水施工工具可分为通用型和专业型，其中通用型约5种，主要用于施工准备；专业型约8种，主要用于防水施工。

1.通用型防水施工工具

1）测量类施工机具，包括但不限于：用于前期的基层核验和后期的厚度验收。如卷尺、角尺、卡尺、靠尺、手电筒、探照灯、记号笔、美纹纸、墙地归方找平仪。

2）修整类施工机具，包括但不限于：用于前期的基层修整、后期的成品保护。如铲刀、錾子、扫把、橡胶锤、钢丝刷、吸尘器、超高压水枪、墙地拉毛机器。

3）找平类施工机具，包括但不限于：用于前期的归方找平、后期的保护垫层。如冲筋条、水平纽扣、钢丝网架、电动找平机器人、手持式找平机器等。

4）配合类施工机具，包括但不限于：用于前期的施工准备、后期的成品养护。如剪刀、量杯、喷水壶、螺丝刀、美工刀、锯子、托盘架。

5）防护类施工机具，包括但不限于：用于前期的工人保护、后期的成品保护。

如防护手套、防护服、护目镜、安全帽、防护鞋、软鞋套、复合地膜、围栏、警示牌。

2. 专业型防水施工工具

1）注浆类施工机具，包括但不限于：用于前期的结构加固、后期的防水修缮。如电动注浆机、电动冲击钻、电动切割机、切割片、柴油发电机组等。

2）卷材类施工机具，包括但不限于：用于前期的铺贴搭接、后期的改造修缮。如液化气罐、液化气喷枪、喷灯、冷焊枪、热焊枪、搅拌桶、电动搅拌器、发电机组。

3）涂料类施工机具，包括但不限于：用于前期的喷涂滚刷、后期的改造修缮。如辊子、刷子、喷壶、抹子、喷枪、刮板、搅拌器、搅拌桶、刮板。

4）砂浆类施工机具，包括但不限于：用于前期的材料拌和、后期的施工收抹。如小铲刀、搅拌桶、电动搅拌机、平口抹子、刮板、取料板、抹弧铲刀。

5）密封类施工机具，包括但不限于：用于前期的清理基层、后期的美化修整。如电动或手动打胶枪、配套胶嘴、配套修边和清除刮板、清洗液、隔离垫条。

6）美缝类施工机具，包括但不限于：用于前期的材料混合、后期的擦洗造型。如电动或手动打胶枪、混合管、美工刀、铲刀、防护蜡、电动搅拌器、搅拌桶。

7）胶带类施工机具，包括但不限于：用于前期的胶合安装、后期的临时固定。如取料勺、搅拌桶、电子秤、电动搅拌机、平口抹子、抹弧铲刀、污渍清洗剂。

8）保温类施工机具，包括但不限于：用于前期的型材加工、后期的拼缝处理。如电动螺丝刀、电动切割机、胶枪、毛刷、齿距抹刀、搅拌桶、搅拌器。

除以上提到的各种施工机具外，施工中还会遇到一些修缮改造类或特种防潮防腐类项目，就需要一些平常项目用不到的仪器，用于前期的基层勘察、杂物清除以及后期的项目验收，如红外线热成像仪、温度计、湿度计、甲醛检测仪、风向风速仪、挥发性气体检测仪、温控型热风枪、耐火测试喷枪、耐潮气测试工具等。

3.1.7 建筑防水材料简介

建筑防水材料是建筑功能材料的一种，和其他建筑功能材料一样，因为其材质成分、制备工艺和材料结构各不一样，因而其性能、效能和官能也就大不相同。为了方便识别和高效利用，可以按照不同原则进行分类。

1）按照材料成分不同可以划分为：沥青、环氧、聚氨酯、丙烯酸、水泥基等。

2）按照出厂类型不同可以划分为：乳剂、粉剂、膏剂、片材、卷材和板材等。

3）按照化学类别不同可以划分为：酸性、碱性、中性等。

4）按照环保程度不同可以划分为：油脂蜡、水溶性、无溶剂等。

但从成品交付的角度，更为推荐按照产品性能以及施工方式的不同将产品类型分为六个大类，以及每个大类下划分的三个小类，共十八个小类，以方便交付人员学习和掌握。

第一大类，结构类防水材料。

1）本体类防水材料，以混凝土结构自防水为主，有 P6、P8、P10、P12 不等。

2）注浆类防水材料，以聚氨酯、环氧、丙烯酸盐、水泥基注浆灌浆料为主。

3）固化类防水材料，以钾基、钠基、锂基类的混凝土固化剂液体材料为主。

第二大类，涂料类防水材料。

1）砂粉类防水材料，以水泥基渗透结晶防水材料或添加料为主。

2）水泥基防水材料，以聚合物水泥防水砂浆、聚合物水泥防水涂料为主。

3）涂料类防水材料，以聚氨酯涂料、丙烯酸涂料、橡胶类、环氧树脂涂料为主。

第三大类，节点类防水材料。

1）胶带类防水材料，以丁基自粘胶带、节点处理橡胶预制件为主。

2）密封类防水材料，以改性硅烷密封胶、聚氨酯密封胶、硅酮密封胶为主。

3）封堵类防水材料，以堵漏王、修补砂浆、灌注砂浆为主。

第四大类，卷材类防水材料。

1）沥青类防水材料，以改性沥青类卷材为主。

2）塑料类防水材料，以合成高分子卷材为主。

3）复合类防水材料，以橡胶复合类卷材为主。

第五大类，饰面类防水材料。

1）美缝类防水材料，以环氧填缝剂、环氧美缝剂、聚氨酯美缝剂为主。

2）传统类防水涂料，以传统外墙防水涂料为主要代表。

3）透明类防水材料，以丙烯酸类、聚氨酯类、改性硅烷类或油脂蜡类为主。

第六大类，成品类防水材料。

1）砖瓦类防水材料，以金属瓦、陶瓷瓦、陶瓷砖、玻璃砖为主。

2）复合类防水材料，以防水保温一体板、装饰保温一体板、光伏复合板为主。

3）管槽类防水材料，以成品天沟、水落管、排水板、导流槽、地漏为主。

3.1.8 防水材料标准一览

1. 结构类防水材料

1）《砌体结构工程施工质量验收规范》GB 50203—2011

2）《混凝土结构工程施工质量验收规范》GB 50204—2015

3）《钢结构工程施工质量验收标准》GB 50205—2020

4）《聚氨酯灌浆材料》JC/T 2041—2020

5）《丙烯酸盐灌浆材料》JC/T 2037—2010

6）《混凝土裂缝用环氧树脂灌浆材料》JC/T 1041—2007

7）《渗透型液体硬化剂》JC/T 2158—2021

2. 涂料类防水材料

1）《水泥基渗透结晶型防水材料》GB 18445—2012

2）《聚合物水泥防水涂料》GB/T 23445—2009

3）《聚合物水泥防水砂浆》JC/T 984—2011

4）《聚合物水泥防水浆料》JC/T 2090—2011

5）《聚合物乳液建筑防水涂料》JC/T 864—2008

6）《环氧树脂防水涂料》JC/T 2217—2014

7）《聚氨酯防水涂料》GB/T 19250—2013

8）《喷涂聚脲防水涂料》GB/T 23446—2009

9）《单组分聚脲防水涂料》JC/T 2435—2018

3. 节点类防水材料

1）《建筑用阻燃密封胶》GB/T 24267—2009

2）《石材用建筑密封胶》GB/T 23261—2009

3）《硅酮和改性硅酮建筑密封胶》GB/T 14683—2017

4）《聚氨酯建筑密封胶》JC/T 482—2022

5）《建筑用硅酮结构密封胶》GB 16776—2005

6)《建筑窗用弹性密封胶》JC/T 485—2007

7)《聚硫建筑密封胶》JC/T 483—2022

8)《中空玻璃用硅酮结构密封胶》GB 24266—2009

9)《混凝土接缝用建筑密封胶》JC/T 881—2017

10)《丁基橡胶防水密封胶粘带》JC/T 942—2022

11)《自粘聚合物沥青泛水带》JC/T 1070—2008

12)《水泥基灌浆材料》JC/T 986—2018

13)《无机防水堵漏材料》GB 23440—2009

4. 卷材类防水材料

1)《弹性体改性沥青防水卷材》GB 18242—2008

2)《塑性体改性沥青防水卷材》GB 18243—2008

3)《改性沥青聚乙烯胎防水卷材》GB 18967—2009

4)《自粘聚合物改性沥青防水卷材》GB 23441—2009

5)《聚氯乙烯（PVC）防水卷材》GB 12952—2011

6)《热塑性聚烯烃（TPO）防水卷材》GB 27789—2011

7)《乙烯 - 丙烯 - 二烯烃橡胶（EPDM）评价方法》GB/T 42268—2022

8)《高分子防水材料 第 1 部分：片材》GB/T 18173.1

9)《高分子防水材料 第 2 部分：止水带》GB/T 18173.2

10)《丁基橡胶自粘防水卷材》T/CECS 10201—2022

5. 特殊用途材料标准

1)《绿色产品评价 防水与密封材料》GB/T 35609—2017

2)《建筑材料及制品燃烧性能分级》GB 8624—2012

3)《用于陶瓷砖粘结层下的防水涂膜》JC/T 2415—2017

4)《种植屋面用耐根穿刺防水卷材》GB/T 35468—2017

5)《带自粘层的防水卷材》GB/T 23260—2009

6)《预铺防水卷材》GB/T 23457—2017

7)《高分子防水卷材胶粘剂》JC/T 863—2011

3.1.9　主流防水材料简介

1.防水卷材类产品

1）防水卷材简介

防水卷材是建筑工程防水材料的重要品种之一。防水卷材的品种较多，性能各异，但无论何种防水卷材，要满足建筑防水工程的要求均需具备以下性能：

①长期耐水性，指在水的作用下和被水浸润后其性能基本不变，在压力水作用下具有不透水性，常用不透水性、吸水性等指标表示。

②温度稳定性，指在高温下不流淌、不起泡、不滑动，低温下不脆裂的性能，即在一定温度变化下保持原有性能的能力，常用耐热度、耐热性等指标表示。

③机械稳定性，指机械强度、延伸性和抗断裂性，是防水卷材承受一定荷载、应力或在一定的变形条件下不断裂的性能，常用拉力、拉伸强度和断裂伸长率等指标表示。

④低温柔韧性，指在低温条件下保持柔韧的性能。它对保证材料易于施工、不脆裂十分重要，常用柔度、低温弯折性等指标表示。

⑤大气稳定性，指在阳光热、紫外线、臭氧及其他化学侵蚀介质等因素的长期综合作用下抵抗侵蚀的性能。

⑥施工便易性，主要是指相比于涂料类防水材料，其施工完毕几乎无须养护，即可具备防水功效，投入使用。

2）卷材的主要种类

美国防水材料市场以沥青瓦为主，占比达到80%；意大利防水材料市场多是无规聚丙烯（APP）改性沥青防水卷材，占比达90%；法国以苯乙烯 - 丁二烯 - 苯乙烯（SBS）改性沥青防水卷材作为平屋面建筑的防水材料；德国防水材料市场中有40%为乙烯共聚物改性沥青防水卷材；日本以聚氨酯防水涂料为主，应用比例极高。

但无论中外，在一些相对高端区域，以EPDM、PVC和TPO为代表的合成高分子防水卷材，以传统的改性沥青类防水卷材无法具备的优异环境耐受性和机械抗撕裂性，越来越受到市场欢迎。

我国市场目前主要还是沥青基防水卷材最为流行，在建筑防水工程实践中起着极其重要的作用，被广泛应用在建筑物的屋面、地下和其他特殊构筑物的防水中，是一种面广量大的防水材料。沥青基防水卷材根据所使用的沥青不同，可分为普通沥青防水卷材和聚合物改性沥青防水卷材两大类。

传统的沥青防水卷材主要是沥青纸胎油毡，但由于其延伸率低、低温易脆裂、高温易流淌、耐老化性能差以及污染环境等因素，难以适应现代建筑物及各防水部门的多种要求，所以产量逐年降低，已逐渐被聚合物改性沥青防水卷材所代替。

聚合物改性沥青防水卷材是以玻纤毡、聚酯毡、黄麻布、聚乙烯膜、聚酯无纺布等为胎体基材，以合成高分子聚合物改性沥青为浸涂材料，以粉状、片状、粒状矿质材料或合成高分子薄膜等为覆面材料，制成的可卷曲的片状防水材料。

聚合物改性沥青防水卷材，按照所选用浸涂材料的种类，可分为弹性体改性沥青防水卷材、塑性体改性沥青防水卷材、橡塑共混体改性沥青防水卷材三大类。其中，弹性体改性沥青防水卷材的主要品种为 SBS 改性沥青防水卷材，塑性体改性沥青防水卷材的主要品种为 APP 改性沥青防水卷材，橡塑共混体改性沥青防水卷材的典型代表是 SBS、APP 共混改性沥青聚乙烯胎体防水卷材。在聚合物改性沥青防水卷材中，绝大多数为 SBS 改性沥青防水卷材和 APP 改性沥青防水卷材，其中 SBS 改性沥青防水卷材所占比例最大。

3）SBS 改性沥青防水卷材

SBS 改性沥青防水卷材是在石油沥青中加入 SBS 进行改性的卷材，是以玻纤毡、聚酯毡等增强材料为胎体，以 SBS 改性石油沥青为浸渍浸涂覆盖层，上表面撒以细砂、矿物粒片料或覆盖聚乙烯膜，下表面撒以细砂或覆盖聚乙烯膜、塑料薄膜为防粘隔离层，经过选材、配料、共熔、浸渍、复合成型、卷曲等工序加工而成的一种柔性防水卷材。

SBS 是由丁二烯和苯乙烯两种原料聚合而成的共聚物，是一种热塑性弹性体，它在受热的条件下，可以呈现树脂特性，即受热可熔融，呈黏稠液态，可以和沥青共混，兼有热塑性塑料和硫化橡胶的性能，也称热缩性丁苯橡胶，具有弹性好、抗拉强度高、不易变形、低温性能好等优点。

使用 SBS 改性沥青是由于 SBS 特殊的化学结构使沥青具有较好的高低温性能，同时由于 SBS 改性剂降低了沥青的湿度敏感性，在潮湿条件下不易被水损害，使改性沥青具有更好的抗水损害性能。

4）合成高分子防水卷材

尽管改性沥青卷材有很多的优点，并且物美价廉，但总有一些无法克服的困难，比如耐受强度低、环保性差和抗机械撕裂能力弱等问题。所以近年来，以 EPDM、PVC 和 TPO 等合成高分子防水卷材在高端市场中越来越受到欢迎，占据越来越多的市场份额。

合成高分子类防水卷材有较好的室外耐候性、低温柔性好、耐臭氧破坏、耐化学腐蚀性、机械弹性大、拉伸强度高、超高延伸率、质量轻、对基层变形和开裂适应性强，可使用机械固定和冷粘施工，被广泛使用在防水要求较高区域，可分为以下三类：

——橡胶基，如三元乙丙橡胶防水卷材、丁基橡胶防水卷材，以 EPDM 为代表；

——树脂基，如聚乙烯防水卷材、氯化聚乙烯防水卷材等，以 PVC 为代表；

——共混基，如氯化聚乙烯 - 橡胶防水卷材、热性聚烯烃防水卷材等，以 TPO 为代表。

这类卷材一般采用单层铺设，可冷粘和自粘。它改变了沥青基防水卷材施工条件差、污染环境等缺点，是值得大力推广的新型高档防水卷材。目前多用于高级宾馆、摩天大厦、私家游泳池、智慧厂房，以及要求有优异防水性能的屋面和地下防水工程。

①三元乙丙橡胶防水卷材（EPDM）。三元乙丙橡胶是由乙烯、丙烯和非共轭二烯烃共聚合成的高分子聚合物，由于主链具有饱和结构的特点，因此呈现出高度的化学稳定性。三元乙丙橡胶防水卷材是以三元乙丙橡胶和丁基橡胶为主体，由乙烯、丙烯和双环戊二烯三种单体共聚，掺入适量的促进剂、软化剂、硫化剂、补强剂和填充剂等，经过配料密炼、拉片、过滤、挤出或压延成形、硫化等工序加工制成的一种防水卷材。三元乙丙橡胶防水卷材具有如下特点：

a. 耐老化性好。由于三元乙丙橡胶分子主链上没有双键，因此受到臭氧、紫外线、湿热的作用时，主链不易发生断裂，所以有优异的耐候性和耐老化性，寿命可达 50 年。

b. 耐化学性好。当作为化学工业区的外露屋面和污水处理池的防水卷材时，对于多种极性化学药品，还有酸碱盐，都有良好的抗侵蚀性。

c. 耐绝缘性能。三元乙丙橡胶的电绝缘性能比丁基橡胶更为优异，尤其是耐电晕性突出，而且由于其吸水性小，所以浸水后的抗电性能仍然良好。

d. 机械性能好。拉伸强度高、伸长率大，对伸缩或开裂变形的基层适应性强，能满足防水基层伸缩或开裂、变形的需要。

e. 耐候性能高。在低温或高温环境中仍具有很好的弹性、伸缩性和柔韧性，能保持优异的耐候性和耐老化性，可在严寒和酷热的环境中长期使用。

f. 施工简易性。可采用单层防水施工法，冷施工，不仅操作方便、安全，而且不污染环境，不受施工环境条件的限制。

这种防水卷材广泛适用于各种工业与民用建筑屋面的单层外露防水层，是重要等级防水工程的首选材料，尤其适用于：受振动易变形的建筑工程的防水，如体育馆、火车站、港口和机场等；各种地下工程的防水，如地下室、地铁和隧道等；有刚性保护层、倒置式屋面及储水池、发电站等构筑物工程的防水，如蓄水池、污水池、发电站、水库及水渠等。

②聚氯乙烯防水卷材（PVC）是一种性能优异的高分子防水材料，以聚氯乙烯树脂为主要原料，加入各类抗老化组分、活化助剂和填充料，采用先进的设备和先进的生产工艺，经过捏合、塑炼、压延、卷曲、包装等工序，加工制成的弹塑性防水材料。

聚氯乙烯防水卷材具有拉伸强度大、延伸率高、收缩率小、低温柔性好、使用寿命长等特点，性能稳定、质量可靠、施工方便。按照有无复合层分类：无复合层的为 N 类；纤维单面复合的为 L 类；织物内增强的为 W 类。

还可以在聚氯乙烯防水卷材中加入颜料，制成各种颜色的卷材，既可减少太阳光辐射的吸收，又能起到一定的装饰作用。聚氯乙烯防水卷材具有以下优势：

因该卷材的主体原料聚氯乙烯树脂中的含氯量为 30%～40%，它不但具有合成树脂的热塑性能，还具有橡胶的弹性。由于聚氯乙烯分子结构本身的饱和性以及氯的存在，所以具有非常有益的耐候、耐臭氧、耐油、耐化学药品以及阻燃等性能。

因原材料来源丰富、生产工艺较简单，卷材价格较低，在国内属于中档防水卷材。因可采用冷粘法作业，施工方便，无大气污染，是一种便于粘结成为整体防水层的卷材，有利于保证防水工程质量。

③高分子防水卷材 TPO。随着碳达峰、碳中和的政策部署，高性能且有节能、环保效果的 TPO 高分子防水卷材在国内出现了快速发展的势头。由于它既有三元乙丙橡胶防水卷材（EPDM）的耐候性，又有塑料防水卷材（PVC）的可焊接性，防水效果可靠，耐老化性能突出，因此发展非常迅速。TPO 卷材即热塑性聚烯烃类防水卷材，是以石油树脂及乙烯、乙酸、乙烯树脂为基料，加入抗氧剂、防老剂、软化剂及表面附以织物纤维、铝膜而制成的新型防水卷材。TPO 防水卷材因其优异的物理性能，直接外露使用，具有超长耐老化性能而成为"低坡屋面之王"。

但 TPO 防水卷材也并非专为单层屋面而生，TPO 为片材、单面附加胶层和特殊颗粒，采用预铺反粘工法施工的 TPO 防水卷材，用于地下室底板防水工程中同样具有不错的防水效果。根据产品的组成，TPO 防水卷材可分为：均质卷材（H 类），即不采用内增强材料或背衬材料的 TPO 防水卷材；带纤维背衬卷材（L 类），即用织物如聚酯无纺布等复合在卷材下表面的 TPO 防水卷材；织物内增强卷材（P 类），即用聚酯或玻纤网格布在卷材中间增强的 TPO 防水卷材。

由于 TPO 防水卷材具有超强的抗老化能力和其他优点，不仅适用于建筑外露或非外露的屋面防水层及易变形的建筑地下防水，还可以应用于混凝土等外露型屋面防水或种植屋面系统，尤其适用于轻型钢结构屋面，配合合理的层次设计和合格的施工质量，达既减轻屋面重量，又有极佳的节能效果，是大型工业厂房、公用建筑、光伏一体化建筑等屋面的首选。虽然 TPO 防水卷材具有诸多优异性能，但是在焊接处很容易产生漏水现象。原因有以下几方面：

a. 人为操作方面：操作人员未经现场技术交底，不熟悉该材料的特性，盲目施工，施工工艺错误，焊接不牢固，导致漏水。

b. 焊接机械方面：对 TPO 防水卷材焊接机械设备不熟悉，无法正确使用相关设备，对设备相关参数不熟悉，焊接部位温度过高或过低，造成焊接成型效果差。

c. 材料自身方面：从第三方经销商采购到不合格的产品，产品本身质量存在问题。焊接处材料表面存在污水、油污及污渍，直接导致焊接质量差，造成漏水。

d. 施工方法方面：对施工方案不熟悉，不能清楚了解正确的施工步骤，相关工艺步骤未正确进行，相关施工工艺颠倒。

e. 施工环境方面：现场存放不当，直接日晒雨淋，且存放环境温度高于 45℃，平均储存堆放高度超过 5 层，与酸、碱、油类有机溶剂接触，施工现场成品保护差。

以上原因都可能导致安全隐患，直接影响建筑物的适用性和耐久性。因此对于 TPO 防水卷材施工，须从各个环节控制防水的施工质量，尤其要保证防水卷材的搭接质量。

5）丁基橡胶防水材料

因 TPO 自身存在一些安装工艺上的缺陷，所以近些年来，以丁基橡胶配合 TPO 的复合型卷材大放光彩，从而可以帮助 TPO 防水卷材得到越来越广泛的应用。

①丁基胶是以橡胶、树脂等高分子材料为主要原料，具有永久不固化性的一种中性粘结密封胶。其具备优良的防水性和耐候性，高温不流淌、低温不龟裂，可与 TPO

等高分子材料配合使用，制成自粘性 TPO 防水卷材或用于 TPO 防水卷材搭接处的粘接防水。

②丁基橡胶防水自粘卷材是以优质的丁基橡胶为主要原料，加入防老化剂、促进剂等助剂，经反复混炼、压延而成的一种自粘性可卷曲片状高分子防水卷材。其中一种具备"氟碳膜/TPO+ 优质丁基橡胶 + 隔离膜"构造的品类，很是受到市场欢迎。其性能指标见表 3-1。

表 3-1　丁基橡胶自粘防水卷材性能指标

项目		指标	参照方法
颜色		白色	目测
针入度，20℃ ±2℃，150g，5s，1/10mm		55 ± 10	GB/T 269—2023
相对密度（g/cm³）		≤ 1.3	同一体积水的相对密度
耐热性，80℃，2h		无流淌、龟裂、变形	GB/T 23457
持黏性（min）		≥ 15	GB/T 23457
低温柔性，-40℃		无裂纹	GB/T 23457
渗油性（张）		≤ 2	GB/T 23457
剥离强度（N/mm）	铝板	≥ 1.5	GB/T 23260
	卷材	≥ 1.0	GB/T 23457
	混凝土	≥ 2.0	
浸水后剥离强度（N/mm）	铝板	≥ 1.5	GB/T 23260
	卷材	≥ 1.0	GB/T 23457
	混凝土	≥ 2.0	

氟碳膜因其特殊的分子结构具有极强的稳定性，F—C 键能高达 485kJ/mol，极耐受紫外线照射和大气老化，为卷材的耐候性带来极大的提升。因此，氟碳膜丁基防水卷材具有耐腐蚀、耐久性、持黏久、易施工、A 级防火等多重优点，且从研发生产到施工使用都无有害物质释出，符合绿色环保要求，可户外使用 25 年以上。同时氟碳膜丁基防水卷材使用的是国标级优质丁基橡胶，它具有越黏越牢的特性，在 -40℃ 的环境下仍可保持优越的持黏能力。

a. 耐腐蚀，氟碳膜具有非常稳定的分子结构，保护卷材在腐蚀区不受酸碱腐蚀。

b. 耐老化，化学键有较高键能，面对紫外老化、湿热老化等，有强大的抵御能力。

c. 自清洁，氟碳膜本身具有疏水性，脏污只能停留在表面，雨水冲刷就能干净。

d. 高美观，通过复合技术可定制颜色，良好的耐老化能力，让颜色历久弥新。

e. 易施工，冷自粘式施工，环境温度5℃以上即可施工，多种基面均可适配。

因其对基层伸缩、开裂、变形的适应性较强，有优越的自愈能力，与各种材质的基面都能很好地相容，可与基面牢牢满粘，杜绝漏水风险，只需一次施工，直接外露使用，无须再加盖其他保护层，被广泛用于屋面、地下建筑等工程的防水和防潮。

③丁基自粘防水胶带和节点处理橡胶预制件。丁基防水胶带是以丁基橡胶为主要原料，配以其他助剂，通过先进工艺加工制成的一种终生不固化型防水密封件。对各种材质表面都有极强的粘结力，施工服帖，不起皱、不起泡，同时具有优良的耐候性、耐老化性及防水性，对被粘物表面起到密封、减振、保护作用。节点处理橡胶预制件是丁基橡胶自粘胶带的升级产品，按照细部节点形状预制，极大提升工人施工效率。

以上两类产品完全不含溶剂，不收缩、不会散发有毒气体。因对被粘物表面热胀冷缩和机械形变有极佳的追随性，是一种极为先进的防水密封材料。使用时将所需尺寸及厚度的胶片撕去防粘纸，黏附在应用部位并压实即可，主要被应用于：轻钢屋面彩钢板、采光板之间的相互搭接，及落水天沟连接处的密封；钢板仓密封防水，门窗、混凝土屋面、通风管道密封防水；PC板、耐力板的安装和屋面、车厢等渗漏部位的修补。

④夹铝网复合泛水带是一款由橡胶、丁基胶和铝网三层材料合体的柔性带状密封防水材料，是丁基自粘防水胶带的升级产品，屋面节点防水的最佳解决方案，同时具备优异的抗紫外线功能，易于施工，是替代铝材防水板的最佳材料。该产品技术指标见表3-2。

表3-2 夹铝网复合泛水带性能指标

项目	性能指标	参考方法
颜色	黑色、灰色或红色	目视
密度（g/cm³）	1.3～1.5	GB/T 533—2008
固含量（%）	≥ 99	GB/T 2793—1995
伸长率（%）	纵向≥ 50，横向≥ 15	GB/T 528—2009
耐温性（℃）	−40～+100	

该款材料几乎满足所有类型屋面的防水细部节点的处理要求，包括瓦屋面、金属屋面、曲屋面等。可用于各种屋面防水系统，如烟囱开孔、天窗、风机底座、太阳能电池板底座；可任意方向拉伸并具有很好的自粘接融合性，使用手动滚轮进行滚压即可贴服；可用于屋面节点密封、门窗防水密封、太阳能防水密封等诸多领域；可用剪刀裁切，手工成形，完全适应各种不规则曲面。

6）"水火金刚"防水防火卷材

"水火金刚"防水防火卷材是一款高耐候、高防火等级的特种防水卷材，由特殊配方的有机硅复合耐候薄膜复合防火阻燃丁基产品构成。该产品国内尚无相关专用的技术标准，但已经在特斯拉超级工厂等项目上得到了应用。

该产品除了防火和阻燃性能之外，还具有非常好的初粘力度、剥离强度和耐候性能。其环保友好、净味无毒，符合高性能和环保趋势。良好的阻燃防火性能，满足美国UL94-V0防火标准，尤其适用于光伏领域，特别是太阳能屋面防水项目上，满足防火阻燃及任何具有相关需求的部位（表3-3）。

表3-3 "水火金刚"防水防火卷材性能指标

项目	性能指标	参考标准
外观	自粘层：均匀黑色；背衬：无破损	目测
密度（g/cm³）	自粘层 1.2 ~ 1.4	GB/T 533—2008
固体含量（%）	≥ 99	GB/T 2791—1995
针入度（1/10mm）	60 ~ 80，20℃，150g，5s	GB/T 269—2023
耐热性	80℃无流淌、滴落、变形	Q/310117KJGFZ 029—2022
低温柔性	−30℃无裂纹	Q/310117KJGFZ 029—2022
胶层追随性	自粘层伸长率≥ 500%	Q/310117KJGFZ 029—2022
初黏性	14 号	Q/310117KJGFZ 029—2022
剥离力（N/mm）	≥ 0.3	ASTM D903，300mm/min
不透水性	0.3MPa、120min 不透水	Q/310117KJGFZ 029—2022
阻燃性	V0	UL94
耐 UV	2000h 不开裂	Q/310117KJGFZ 029—2022
建议施工环境温度（℃）	5 ~ 50	

2．防水涂料类产品

1）净味植物油聚氨酯防水涂料（饮用水级）是以异氰酸酯、聚醚多元醇为主要反应物，配以植物油基分散体系和多种助剂、填料聚合反应而成。使用时涂覆于施工基层上，通过聚氨酯预聚体中的—NCO 端基与空气中的湿气反应固化，在基层表面形成坚韧、柔软、无接缝的防水涂膜。植物油分散体系降低了产品 VOC 含量与异味，提高固含量，为接触者提供健康与安全保障；产品净味，可达饮用水级，环保、高弹抗裂、高固含量。其适用于地下工程、厕浴间、厨房、阳台、水池、停车场等防水工程，也适用于非暴露屋面防水工程。

2）池底蓝防水涂料（饮用水级）是以硅丙乳液为基料，配以多种特殊助剂及填充料精制而成，可长期浸泡在水中的高分子防水涂料。成品在长期泡水环境中也不会溶胀起泡，同时还具备良好的粘结性能，可作为长期浸水环境中的防水层使用。其可用于厨房、卫生间、阳台、地下室等室内场景的防水处理，更适用于景观水池、养鱼池、饮用水池、泳池等长期浸水建筑的防水处理；为单组分产品，开通即用；水性环保，即使在封闭空间也可放心施涂。

3）外露型高弹防水涂料是一款以纯丙烯酸聚合物乳液为主要基料，添加多种助剂和无机填料精心加工而成的单组分高分子防水涂料。产品具有非常优异的弹性、粘结力、耐老化性能，优异的抗紫外线和耐腐蚀、耐低温性能，优异的抗裂、抗基层收缩和变形能力，防水的同时还具有良好的透气性。其尤其适用于室外环境中，如金属屋面、混凝土屋面、沥青屋面、窗户、外墙、顶层露台、阳台等部位的防水工程；包括但不限于新建防水工程及既有建筑防水维修使用，比如可用于直接外露的彩钢屋面以及混凝土屋面、沥青屋面等屋面系统的防水修缮工程；产品开桶即用，施工方便。

4）天面系列橡胶防水涂料（室外屋面修缮首选）是以橡胶乳液为基料，配以高档进口树脂乳液、助剂及填充料精制而成的一款橡胶防水补漏涂料。它具有良好的粘结强度和断裂延伸率，耐候性佳，可外露使用，施工完成后昼夜温差变化不会导致材料开裂，防水补漏效果持久，使用寿命长。其适用于新旧屋面、楼顶、露台、天沟、外墙、阳台等外露部位的防水处理、维修补漏等；也可用于厨房、卫生间、地下室、楼地面的防水处理，聚氨酯、卷材裂缝上的防水维修，是既有建筑防水修缮项目的首选材料。

5）柔韧型彩色聚合物水泥防水涂料是以优质丙烯酸酯乳液和多种添加剂组成的有机液料，配合特种水泥及多种填料组成的无机粉料，经一定比例配制而成的双组分水性防水涂

料。其具有刚柔并济、粘结牢固等特点，可抵御基层细微裂纹和微小位移。产品耐水浸泡、柔韧抗裂、环境友好，适用于卫生间、厨房、阳台、楼地面等瓷砖下的防水处理。

6）砂浆类防水材料是以优质丙烯酸酯乳液和多种添加剂组成的有机液料、以特种水泥及多种填充料组成的无机粉料，经一定比例配制成的双组分水性防水浆料。该产品具有易刷、流平性好、抗渗能力强、粘结能力强、易涂刷施工等特点，适用于室内外水泥混凝土结构、砂浆砖石结构的墙面、地面，如卫生间、浴室、厨房、楼地面、阳台、花槽、地面、车库，用于铺贴前的抹底处理，可达到防渗、防潮的效果。

7）双组分聚合物水泥防水砂浆是以聚合物乳液和多种添加剂组成的有机液料、以特种水泥及砂填料组成的无机粉料，按一定比例拌制而成的刚性防水抗渗产品。它既具有高分子乳液的粘接性，又具有无机材料的耐久性，广泛应用于普通建筑物内墙防水防潮、外墙防水防渗以及地下工程、人防工程、隧道等防水防渗处理。产品粘结强度高、抗剥落性好、抗渗抗压、吸水率低、耐老化，适用于混凝土结构内墙、外墙的防水、防潮、防渗处理，以及地下结构如地下室、车库、人防工程、隧道等的防水、防潮工程。

8）堵漏王是单组分灰色粉体，用途广泛，使用方便，加水调和即可使用。其无毒、无味、无污染，可应用于饮用水工程；防水、防潮、防渗效果好，长期耐水性能优异。产品可分为速凝型和易施型两大类。

①速凝型：带水堵漏，瞬间即止，封闭抗渗，防潮，并且有良好的粘结性能。其适用于混凝土表面快速堵漏，防水防渗，在迎水面、背水面均可使用；用于各种地下建筑物或构筑物、电缆沟道、水池、人防洞库、地铁、隧道等工程的快速堵漏止水。

②易施型：由特种水泥及添加剂组成的刚性水泥基产品。其具有凝结快、抗渗强、强度高的特点，与基面附着力高，特别适用于厨房、卫生间在涂刷防水浆料前，墙地面阴角和管根等处的细部节点的防水堵漏，也可用于快速修补等工程。产品4～7min可以终凝，操作便捷，粘结力强，快速修补，抗渗强度高，适用于卫生间、厨房、屋面、地下室、墙壁、水池、游泳池等部分缝隙填补，各种穿墙管、套管周边缺陷修补，管线开槽部位修补，厨房、卫生间地面找平加固处理，管根、阴角等节点部位强化处理。

9）透明防水材料（饰面防水、修缮首选）是以优质高分子聚合物胶液为原料，精选多种助剂改性而成的一款新型防水涂膜胶。该产品可直接涂刷于混凝土、瓷砖、石材等基层表面，能在基层形成一层致密、坚韧的弹性防水胶膜，阻止水的渗透，从而达到优异的防水效果。产品一刷止漏、耐热抗冻、隐形美观，适用于各种建筑物外墙（混凝土面、砂浆面、砖墙面、石材面等材质)、窗台、砖缝隙的渗漏修补。

当季节交替、大雨滂沱，厨、卫、阳、窗等建筑部位受潮、渗漏、防霉、泛碱等问题就会频频发生。传统的室内渗漏维修方式，一般是先找到漏点位置，然后砸开瓷砖进行维修。虽然补漏维修效果确实很好，但是存在漏点难找、施工管理复杂、工期时间长、成本高等问题。不仅需要打砸老的瓷砖，做好防水后还要将瓷砖补上，有时会破坏原瓷砖装饰图案的拼接，影响外观。这种补漏方式的材料成本和人工成本也很高。

针对厨、卫、阳的轻微漏水，采用透明防水胶，做免砸砖防水技术无疑是更划算的选择。同时透明防水胶完全固化后，有较高的硬度和强度，产品耐磨、耐水、耐腐蚀、抗污渍，防滑性也满足安全的需求。

3.注浆类防水材料

亲水型聚氨酯注浆料是由复合聚醚多元醇与多元异氰酸酯反应生成由异氰酸封端的一种化学灌浆材料，是一款快速高效的防渗堵漏材料。产品遇水可迅速乳化，形成凝胶体，广泛应用于各类工程中出现的大流量涌水、漏水及活动缝防渗处理。其适用于交通、市政、建筑等行业中各类建筑物的防渗堵漏处理，水利水电工程中混凝土伸缩缝、裂缝、施工缝的渗水、漏水防渗处理，以及各类建筑物的基础防渗或帷幕灌浆处理。产品具有以下特点：

①黏度相对较小，亲水性好，遇水迅速反应形成不透水的凝胶体。

②可带水作业，在渗水或涌水情况下进行灌浆。

③产品固结体具有弹性，可有效适应变形缝的防水处理。

④产品固结体耐低温性能好，且可遇水二次膨胀，具有膨胀弹性止水功能。

⑤单组分包装，开桶即可使用，无须繁杂配制。

3.2 绿色建筑薄贴材料

3.2.1 建筑薄贴材料简介

1.陶瓷饰面砖

陶瓷饰面砖通常是指以陶土、炻土、瓷土或岩土等无机非金属材料为主要原料，经原料处理、加工成型、高温焙烧制成的板块形状的饰面装饰材料。其可用于建筑室内外、墙地面和干湿区等区域，如厨房间、卫浴间、客餐厅、阳露台、游泳池、地下室等。

因作为饰面材料的瓷砖分类繁多，仅按照饰面材质划分，可以分为瓷片砖、釉面砖、马赛克、玻化砖、微晶砖、柔光砖、陶瓷大板、大理石瓷砖、超柔大板、岩板等，更不用说还有成百上千、数不胜数的纹理和花色，十分复杂。

1）复杂问题模块化。

不管饰面的材质、纹理和花色如何变化，如果仅从安装固定的安全性、耐久性和坚固性考虑，可以按照砖背面吸水率的不同，做一个简单划分。世界陶瓷器具可考历史两万年，如果只看瓷砖背面的吸水率，那么从古到今，陶瓷饰面砖其实只有四类：

①吸水率在 10%～50%，通常用陶土为原料，低温烧制而成，称之为"陶"。

②吸水率在 1%～5%，通常用炻土为原料，低温烧制而成，称之为"炻"。

③吸水率在 1‰～5‰，通常用瓷土为原料，高温烧制而成，称之为"瓷"。

④吸水率在 1‱～5‱，通常用岩土为原料，高温烧制而成，称之为"岩"。

2）模块问题标准化。

不管技术标准里如何定义瓷砖的大小，但可以从施工交付的流程复杂程度、施工工艺的专业操作难度和施工队伍的团队组合等角度多方面综合考虑，按照陶瓷饰面砖的尺寸大小来划分，可以把陶瓷饰面砖简单分成四类：

①可以单手操作：边长从 50mm×50mm 到 400mm×800mm 之间为"小砖"。

②最好双手操作：边长从 600mm×600mm 到 600mm×1200mm 之间为"大砖"。

③最佳双人操作：边长从 750mm×1500mm 到 900mm×2700mm 之间为"中板"。

④要靠行伍操作：边长从 1200mm×2400mm 到 1600mm×3200mm 及以上为"大板"。

3）标准问题简单化。

衡量操作难度和劳动强度，为了确保安装的安全性、耐久性、坚固性，并考虑到近年来吸水率在 1%～5% 及以上炻质砖和陶片砖的市场占比一直在缩减等情况，也可将最常见的陶瓷饰面砖分成两大类。

①瓷砖：尺寸在 600mm×1200mm 及以下、吸水率在 1‰～5‰及以上的陶瓷砖。因这一类陶瓷饰面砖有如下特征：单人可以轻松操作，吸水率说高不高说低不低，如果纯用粘结砂浆或者低等级的瓷砖胶，无论粘结和抗震性能都比较差，铺贴不安全。如果

用高等级的瓷砖胶，价格上又没有优势。所以这一类的产品，市场上多采用瓷砖双组分背胶和粘结砂浆的组合进行铺贴。

②岩板：尺寸在 750mm×1500mm 及以上、吸水率在 1‰ ～ 5‰ 及以下的陶瓷砖。因这一类的陶瓷饰面砖不是所有人都可以单人非常轻松就能操作，如果操作不当还容易伤腰，不仅尺寸大，吸水率还非常低，用低瓷砖胶或瓷砖背胶铺贴不够安全，市场上多采用超强柔性瓷砖胶或弹性岩板胶进行铺贴。

如果从其成品厚度，可再分成四类，其中 3 ～ 9mm 厚度的可作为薄贴用的饰面板。

a. 厚度 3mm 左右，可称为特薄岩板，多用于家具贴面，少部分做背景墙薄贴。

b. 厚度 6mm 左右，可称为超薄岩板，多用于墙面薄贴，少部分用于飘窗部位。

c. 厚度 9mm 左右，可称为微薄岩板，多用于墙面薄贴，少部分用于地面铺贴。

d. 厚度 12mm 左右，可称为常规岩板，多用于地面铺贴，少部分用于墙面铺贴。

2. 陶瓷胶粘剂

从前述可知，建筑功能材料，除了防水材料、保温材料、隔声材料、防火材料、防腐材料外，也有部分用于建筑装饰材料的安装和固定工作，可称之为建筑安装材料。其中可同时满足牢固粘贴和薄层找平双重功能，通过铺贴的方式来安装和固定陶瓷饰面砖的，可以称之为"陶瓷砖胶粘剂"，简称"瓷砖胶"，又称"瓷砖胶粘剂"。

在过去，人们主要使用传统或非环保建筑胶改性的水泥砂浆进行瓷砖铺贴安装工作。但随着时代的进步与发展，一方面是人们越来越高的安全、环保、美观品质生活要求；另一方面是瓷砖的吸水率越来越低、尺寸越来越大、厚度越来越薄；再一方面是基层从传统的水泥砂浆基层或者红砖基层，变成了光滑致密的混凝土基层、湿胀干缩强度超低的加气块基层、轻钢龙骨结构易变形基层或防水保温材质基层。基层材质、饰面材质和使用环境都发生了巨大的变化。这时候再刻舟求剑，使用传统的水泥砂浆进行瓷砖安装固定，所导致的空鼓、掉砖、泛碱质量投诉就会越来越多，矛盾此起彼伏，不可调和，再加上采用水泥砂浆加厚贴法施工带来的建筑高碳排放，代价就更加高昂。为了解决以上种种问题，瓷砖胶应运而生，以其更好、更快、更美的薄贴效果，和省心、省时、省力的易操作性，迅速地为市场所接受。

瓷砖胶的种类非常多，为了便于让市场及客户迅速理解材料的性能及正确的使用，目前瓷砖胶的生产厂家主要采用以下几种方式对材料进行分类：

1）按照饰面瓷砖的材质命名。按照主辅材匹配原则，以其最适合铺贴的饰面材料进行划分，如陶片瓷砖胶、石材瓷砖胶、玻化砖瓷砖胶、马赛克瓷砖胶、人造石瓷砖胶、大理石胶粘剂、岩板瓷砖胶、弹性岩板胶等。

2）按照饰面瓷砖的尺寸命名。随着近年来饰面砖吸水率的降低和尺寸的增大，为了让负责铺贴安装工作的师傅迅速知道瓷砖胶可以贴多大规格的瓷砖，也有厂家用数字为产品辅助命名的，如 1632 超柔大板岩板胶，其中"1632"的意思是可用于铺贴 1600mm × 3200mm 尺寸的岩板。

3）按照行业产品标准进行划分。按《陶瓷砖胶粘剂》（JC/T 547—2017）检测后的材料性能指标进行划分，如 C1、C1T、C1E、C1TE、C1F、C1FT、C2T、C2TE、C2F、C2FT、C2S1、C2TES1、C2TFS1、D1E、R2、R2T 等。其含义为：

①首个字母，主要用来区别材料的成分种类。

——C，代表以水泥为主要胶凝材料的瓷砖胶；

——D，代表以膏乳为主要胶凝材料的瓷砖胶；

——R，代表以树脂为主要胶凝材料的瓷砖胶。

②带有数字，主要用来区分材料的性能等级。

——C1/C2 粘结指标，越高代表对超低吸水率瓷砖的粘结力越强，耐水耐候性越佳；

——S1/S2 抗振指标，越高代表抵抗结构热胀冷缩、冻胀融缩的形变能力越强。

③附加代号，主要用来区分材料的施工性能。

——T，抗滑能力强，在立面铺贴较小的瓷砖时无须设置额外支撑，节省工力；

——E，开放时间长，梳理到基面的瓷砖胶表面结皮速度相对缓慢，优化工序；

——F，强度增长快，1d 就可以达到普通瓷砖胶 28d 的粘结强度，节省工期。

4）将专用于瓷砖背面处理的瓷砖胶称为背胶。背胶产品应符合 JC/T 547—2017 中 C1 及以上要求或相关的企业标准，分单组分和双组分两类，主要用于饰面砖的背部处理，可配合符合 GB/T 25181—2019 标准的粘结砂浆找平，以有利于饰面砖与传统砂浆之间的有效粘结。其主要优点是：

①针对吸水率在 1‰～ 5‰及以上的瓷砖，拥有不错的粘结牢固性。

②在遇到振动时此组合的安全性远超过入门级乃至中档性能瓷砖胶。

③遇到部分岩板背部带有背胶背网时，用背胶处理可获得更高的安全性。

④总体安装成本低于入门级乃至中档瓷砖胶，特别是墙地面不够平整坚实。

⑤符合传统工匠的传统安装手艺习惯，用砂浆找平配合素水泥浆界面。

其缺点是一些非标的单组分背胶，不耐水、不耐热、不耐碱，使用寿命不长久。而双组分自身粘结绝对强度不高，难以解决超大尺寸岩板类产品铺贴的高强早强性能需求。所以在遇到相关产品时，需认准产品执行的相关标准和学会厂家的使用指南。

5）弹性岩板胶。通常意义的弹性岩板胶包含了传统硅酮类、改性硅烷类（MS）、聚脲三类。从安装的便易性和短期的粘结力上来说，三者并无太大区别。但如果同时考虑施工的产品环保性和长久的力学安全性，改性硅烷类（MS）是弹性岩板胶的首选。这是因为普通硅酮类产品粘结力学性能有限，而聚脲类产品环保性能尚有争议导致的。

聚脲本身很环保，属于第三代的聚氨酯，具有非常优异的耐候性和强效持久的力学性能，被广泛用在建筑工程领域自然有其一定的道理。但欧盟权威环保标准REACH规定，自2023年8月24日起，聚脲所使用的二异氰酸酯已被列入高度关注物质清单，可以通过皮肤接触、呼吸或其他方式，对人体造成不可逆的毒害，毒性的物质成分质量含量要求必须 ≤ 0.1%。而目前国内针对这类物质的检测方法、检测种类和含量限制和欧盟都存在差异。比如国外要求物质成分不超过0.1%，而国内要求游离物质成分0.5% ~ 1%；再比如国内只检测TDI和HDI两类，而欧盟REACH标准要求是全品类（8种以上）检测。这一类产品涉及危险化学品的审核、监测、标识、仓储、运输、培训、施工、建筑垃圾废弃物的回收与处理，尤其涉及工人职业健康等专业领域。此外聚脲类产品大量燃烧，会产生氰化氢致命有毒物质。而在实际发生的施工项目中，用弹性岩板胶进行岩板安装大多发生在背景墙区域，此区域多以木龙骨打基础，内部充斥着电子线路，四周封边材料也基本是木头和塑料，失火并燃烧的风险是无法排除的。综上所述，假如您的企业对环保和安全要求比较高，或者做进出口生意，务必予以重视。

3. 归方找平材料

无论是建筑防水堵漏，或是建筑保温节能，还是建筑瓷砖薄贴，都需要一个尺寸精准、四平八稳、稳固坚实的基面，此时，一般就需要对基层墙地面进行归方找平工作。归方找平的方式一般有以下几种：

①用轻钢或木头做龙骨，然后表面装石膏板或纤维板，板接缝处做抗裂处理。

②用找平砂浆或者半干砂浆做找平层、找坡层，然后内嵌钢丝网架抗裂。

③在聚合物改性的抗裂型自流平做高精度的归方找平，然后通过分格抗裂。

以上第②种提到的砂浆，一般符合国家标准《预拌砂浆》（GB/T 25181—2019）的要求，几乎不含胶粉或含有少量胶粉，粉剂形式，主要取代传统砂浆，用于高吸收性饰面砖在室内地面的铺贴和薄层找平工作，虽然安全性一般、柔韧性不佳、抵抗变形或振动性能较差（尽管名字叫粘结砂浆，但不是瓷砖胶），但其最大的优点是可以配合瓷砖背胶使用，算是好钢用在刀刃上，优势相加、劣势互补。

——施工相对容易，搬运相对简单，符合工人习惯。

——砂浆级配合理，尺寸相对稳定，又可耐水耐潮。

——降低现场搅拌，符合禁止现场搅拌作业的政策，成本相对经济。

4.绿色建筑薄贴材料用量

以上所提的绿色建筑薄贴材料用量，通常按照表3-4进行基本估算。

表3-4　厂家薄贴材料用量计算参数

产品类别	标准用量参数	常见厚度
岩板或瓷砖	一般每毫米 2.5 ～ 3.0kg/m²	3 ～ 12mm
找平砂浆	一般每毫米 1.6 ～ 2.0kg/m²	10 ～ 30mm
瓷砖胶	一般每毫米 1.3 ～ 1.6kg/m²	2 ～ 10mm
单组分背胶	一般每涂 0.1 ～ 0.3kg/m²	1涂或2涂
双组分背胶	一般每毫米 1.5 ～ 1.8kg/m²	1 ～ 2mm

以瓷砖胶为例，常见 60 ～ 90m² 户型用量 5 ～ 10kg/m²，总量在 500 ～ 1000kg不等。

3.2.2　细分行业概况分析

1.行业所处的生命周期和行业规模

1）按照行业领域（图3-1）划分，属于建筑功能材料。

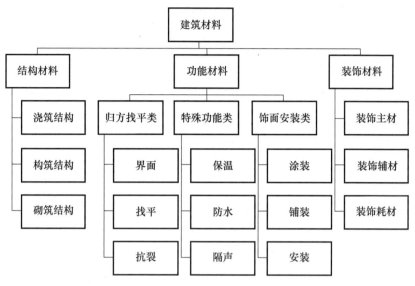

图 3-1　建筑材料分类

2）按照产品原料划分，属于建筑功能砂浆。

如果是行业内比较熟悉材料品种和产品配方的人，也许会发现，当代建筑薄贴材料基本属于建筑功能砂浆，或建筑功能砂浆与其他材料的复合物，比如：

①界面剂＝水＋水泥＋砂＋添加剂＋聚合物＋××，属于建筑功能砂浆类；

②找平宝＝水＋水泥＋砂＋添加剂＋聚合物＋××，属于建筑功能砂浆类；

③瓷砖胶＝水＋水泥＋砂＋添加剂＋聚合物＋××，属于建筑功能砂浆类；

④防水膜＝水＋水泥＋砂＋添加剂＋聚合物＋××，属于建筑功能砂浆类。

2. 行业发展机遇

建筑功能砂浆，又称干粉砂浆，依据考古发现，作为一种建筑材料已有上万年历史。砂浆的生产方式一直沿用上万年的现场拌制方式，伴随着建筑技术的发展，对施工工效和建筑质量的要求不断提高，现场拌制砂浆的缺点也逐步显露出来。现场拌制砂浆存在的问题主要有以下几种：

①天然原材料，随意配合比——产品质量低、事故隐患高；

②劳动时间长、劳动强度大——生产效率低、工期费用高；

③粉尘噪声大、甲醛含量高——绿色建材少，各种污染高；

④粘结强度低、抗振柔性差——难黏附岩板或其他新材料；

⑤不耐水耐候、不耐热老化——室外寿命短，安全事故多；

⑥施工厚度厚，室内空间少——超高碳排放、超高能耗比。

为此，建筑功能砂浆生产方式的改革成为必然。砂浆进行工厂化生产，在依据建筑功能砂浆用途的选材和配比设计方面，由更具专业化的工程师进行，在设施全面的实验室进行系统的检验，采用电子化计量，专业化生产管理和专门的混合设备进行集中生产，就能够有效地解决上述问题。

3. 行业发展借鉴

干粉砂浆于1893年在欧洲被发明出来，"二战"后随着建筑化学工业的蓬勃发展，行业迅速崛起。目前在欧、美、日等建筑发达国家和地区，干粉砂浆技术已经在建筑中广泛应用，产品达到几百种，基本取代了传统的砂浆技术。在欧美成熟市场，干粉砂浆已占建筑砂浆的80%以上，砂浆现场搅拌量越来越少。其中瓷砖胶单一品种就占到了所有干粉砂浆的40%以上。欧美成熟市场同行的发展还具有以下特质：

①大型企业，通过兼并，集团化；

②中小企业，细分市场，专业化；

③家装集采，品牌共建，伙伴化；

④销售渠道，线上线下，信息化；

⑤人工费高，自己动手，DIY化。

4. 行业生命周期

行业的生命周期指行业从出现到完全退出社会经济活动所经历的时间（图3-2）。行业的生命发展周期主要包括四个发展阶段：初创期、成长期、成熟期、衰退期。行业生命周期分析见表3-5。

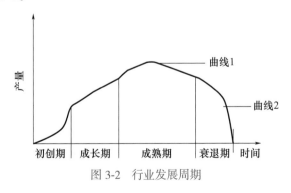

图3-2　行业发展周期

1）初创期：这一时期的市场增长率高、需求增长快、技术变动大，企业主要致力于开拓新用户、占领市场，但此时技术上有很大的不确定性，在产品、市场、服务等策略上有很大的余地，对产业特点、产业竞争状况、用户特点等方面的信息掌握不多，进入壁垒较低。

2）成长期：这一时期的市场增长率很高，需求高速增长，技术渐趋定型，产业特点、产业竞争状况及用户特点已比较明朗，企业进入壁垒提高，产品品种及竞争者数量增多。

3）成熟期：这一时期的市场增长率不高，需求增长率不高，技术上已经成熟，产业特点、产业竞争状况及用户特点非常清楚和稳定，买方市场形成，产业盈利能力下降，新产品和产品的新用途开发更为困难，产业进入壁垒很高。

4）衰退期：这一时期的市场增长率下降，需求下降，产品品种及竞争者数目减少。从衰退的原因来看，可能有四种类型的衰退，分别是：资源型衰退、效率型衰退、收入低弹性衰退、聚集过渡性衰退。

表3-5　行业生命周期分析

	初创期	成长期	成熟期	衰退期
市场需求	狭小	快速增长	缓慢增长或停滞	缩小
竞争者	少数	数目增多	许多对手	数目减少
顾客	创新的顾客	市场大众	市场大众	延迟的买者
现金流量	负的	适度的	高的	低的
利润状况	高风险、低收益	高风险、高收益	低风险、收益降低	高风险、低收益

5. 行业发展阶段

我国各省市、各部门将节能减排作为调结构、转方式、惠民生的重要手段进行大力推动。而干粉砂浆作为实施节能减排的重要技术措施，保持了高速增长的势头，整体上已度过了初创期，大约在2013年正式进入成长期，历经10年发展，进入火热的爆发期（图3-3）。

1）初创期——萌芽（1978—1993年）。从改革开放开始，直至第一份行业标准诞生前。此阶段主要是从重点工程引进国外成品，发展到国际性公司进入中国；或者花高代价，直接从国外进口相应的干粉产品，比如北京燕郊宾馆外墙瓷砖用的瓷砖胶。此时北京本土的科研院所利用信息优势，开始了技术上的研发，直至1994年第一个瓷砖胶标准《陶瓷墙地砖胶粘剂》（JC/T 547—1994）诞生。

2）初创期——导入（1994—2004年）。此阶段从第一个行业标准诞生起，直至第二个标准诞生前。其中，1999年国家建材局发布的《新型建材制品导向目录》将聚合物干粉砂浆列为重点发展和鼓励项目，在国家层面第一次有了明确的政策导向，基本概念和行业意识开始形成，而北上广走在了市场前面。

3）初创期——发展（2005—2012年）。各种行业协会成立，各种材料标准出现，各种行业软硬件形成。包括防水材料、保温材料、贴砖材料、填缝材料，比如《陶瓷墙地砖胶粘剂》（JC/T 547—2005），部分参数基本已达到或接近欧美先进标准。此阶段发生的一个重要事件，就是国内瓷砖胶的第一个行业协会——中国陶瓷工业协会瓷砖粘贴技术专业委员会于2008年成立（Technical Committee for Tiling，TCT）。该协会是在瓷砖粘贴材料及应用技术方面进行研究、推广的全国性行业组织，由瓷砖行业、瓷砖胶粘剂行业、建筑装饰行业中的技术领导企业以及相关科研院所、政府管理部门等单位及个人自愿组成，设有会员代表大会、理事会、副会长会、秘书处及技术专家组，为行业发展提供专业指导。2013年，瓷砖胶行业成熟度正式突破10%。

4）成长期——深化（2013—2019年）。进入这个时期，由于2013年年初大面积、长时间的雾霾，引起政府和行业高度重视，禁止和淘汰现场搅拌砂浆的力度提升到前所未有的高度，干粉砂浆的发展趋势日益明朗。

5）成长期——爆发(2020—2023年)。进入2020年后，随着岩板元年的到来，市场需求强劲，带动了上下游自原材料到功能材料，再到施工交付的工具和培训的井喷式发展。

图3-3　行业发展阶段

6.行业发展规模

瓷砖胶占比2013年突破10%，2018年突破20%；产能2013年为5657万吨，2018年突破1亿吨。有2年以上工作经验的从业人员所占比例已开始直追50%。2016年国家及行业协会开始大力开展产业培训，推动匠人持证上岗。

3.2.3　主要政策影响分析

1.过去十年政策分析

1）受益于地产政策，干粉得到大力推广。

2）受益于城镇建设，干粉得到大力推广。

3）受益于绿色建筑，干粉得到大力推广。

2.最近几年政策分析

1）《陶瓷行业"十四五"发展规划》。

"十四五"期间，在国内外复杂多变的政治经济形势下，行业总体上保持平稳、健康的发展态势。产业规模、企业实力、技术装备水平、研发创新能力、企业管理水平显著提升，与国外先进水平的差距进一步缩小。同时，建陶产品国内外市场需求、产能供给达到峰值后逐步回落；跨界竞争、新商业模式和渠道变革、新材料和新技术加速行业洗牌。

行业发展显现出几大新趋势：节能减排、绿色生产、智能制造成为行业发展主旋律；岩板成为行业拓展新天地；能源、环保、资源、土地、劳动力成本等制约因素的影响越来越大；资本、品牌等要素重新定义企业在行业中的地位和市场占有率；在新形势下，国内外产业的分工、布局和企业结构分化加速进行。

据此，行业对"十四五"行业工作重点提出5条建议：①根据"双碳"要求，布局陶瓷行业技术路径，逐步发展智慧生产和绿色生产陶瓷生产技术及装备。②完善行业创新体系，推进"中国创造"，加快机器人在行业中的应用步伐，提高智能制造水平。③以先进标准为引领，提质上档，推动产品质量分级评价，提升国产品的美誉度，打造中国品牌。④继续推进原材料的标准化、集约化和商品化示范工作，推进完善产业配套服务链。⑤以"建筑工业化""绿色制造""形成国内大循环为主"，持续推动行业结构调整和转型升级。

2）加强供给侧结构性改革，增强持续增长动力。

努力改善产品和服务供给，突出抓好三个方面：一是提升消费品品质，加快质量安全标准与国际标准接轨，建立商品质量惩罚性赔偿制度，鼓励企业开展个性化定制、柔性化生产，培育精益求精的工匠精神，增品种、提品质、创品牌。二是促进制造业升级，深入推进"中国制造＋互联网"，建设若干国家级制造业创新平台，实施一批智能制造示范项目，启动工业强基、绿色制造、高端装备等重大工程；落实加速折旧政策，组织实施重大技术改造升级工程。三是加快现代服务业发展，启动新一轮国家服务业综合改革试点，实施高技术服务业创新工程，大力发展数字创意产业；放宽市场准入，提高生产性服务专业化、生活性服务业精细化水平。

3）《水泥及混凝土行业的"十四五"发展指南》（以下简称《发展指南》）。

《发展指南》提出了"十四五"时期行业发展的总体思路、发展目标和重点工作。以"坚定不移贯彻创新、协调、绿色、开放、共享的新发展理念，以改革创新为根本动力，深化供给侧结构性改革，强化科技创新引领，坚持绿色低碳、高端制造转型发展导向，聚焦科技发展前沿、国家重大需求、市场发展需求，推动行业以科技创新和产业发展模式变革，实现高质量发展"作为指导方针。在"十四五"期间，将"强化基础科学研究、打造技术创新制高点"作为第一要务，提出了 11 个基础科研重点方向，15 项工艺技术装备重点研发方向，19 项新材料、新技术、新产品、新场景创新，6 项信息化智能化重点工程和 5 项绿色低碳混凝土技术创新重点领域。鼓励企业发展尾矿、建筑固废再生骨料和辅助型胶凝材料加工产业。充分发挥水泥混凝土材料与制品的生产和应用在环保利废、发展循环经济、建设生态文明中的重要作用。建立规模化、高值化利用固废矿物材料技术和标准体系，最大限度降低水泥熟料用量、提高固废利用率。以高强高性能混凝土技术为支撑，向高性能、干法连接、易拆卸、可多次重复使用的标准化建筑部品发展，在装配式建筑、市政工程以及土木工程全生命周期内能最大限度多次重复利用通用型部品，通过节约实现低碳节能和资源利用最大化。加快推进绿色工厂、绿色产品、低碳产品认证工作，开展行业"绿色低碳零碳混凝土技术推荐目录"工作。"十四五"期末，通过绿色评价的企业占比超过 20%，代表行业产能规模超过 30%。

4）多个行业标准的升级及出台。

如 GB 23440、GB/T 23445、GB/T 25181、GB/T 29906、JC/T 547、JGJ 126、JGJ 110、JC/T 2090、JC/T 984、GB 50231、JGJ/T 105 等一大批《绿色建筑评价标准》等多项国家及行业重要标准、规程得到立项、出台和修订，引领行业健康发展。

3.2.4 行业上下游关系

1.上游原材料行业

干粉砂浆上游按照含有的胶凝材料，主要可分为水泥基、石膏基及树脂基三大类，除此之外还包含了砂子、重钙粉、玻化微珠等骨料及多种功能性添加剂。胶凝材料中，除了水泥之外，树脂胶凝材料虽然质量占比相对较小，但对干粉砂浆的成本影响却相对较大，作为树脂胶凝材料的聚醋酸乙烯酯、乙烯 - 醋酸乙烯共聚物、丙烯酸乳液等，这些材料产业的发展及变化将成为干粉砂浆产业发展及变化的主要因素之一。

1）聚醋酸乙烯酯，简称 PVA，是醋酸乙烯酯经聚合生成的聚合物；是无定形聚合物，外观透明，溶于苯、丙酮和三氯甲烷等溶剂。

1912 年由 F·克拉特发现，1925 年加拿大沙维尼根化学公司投入工业化生产，可用乳液聚合、悬浮聚合、本体聚合和溶液聚合四种方法生产。乳液法产物直接用作涂料和胶粘剂等，俗称乳胶或白胶；溶液法产物用于制造聚乙烯醇和聚乙烯醇纤维。聚醋酸乙烯酯玻璃化温度较低，仅 28℃，因而在室温下有较大的冷流性，不能用作塑料制品，但具有能与多种材料，尤其是与纤维素物质粘接的优良性能，被广泛用作涂料、胶粘剂、纸和织物整理剂等，如黏合木料的白胶水、粘接砖瓦的胶粘剂、透明胶纸带、砖石表面涂料，以及预先涂有聚醋酸乙烯酯的标签和信封、邮票等。醋酸乙烯酯和丙烯酸酯或乙烯的共聚物应用于粘结不易粘结的材料，如聚氯乙烯塑料等。

2）乙烯 - 醋酸乙烯共聚物。

VAE 乳液是乙烯 - 醋酸乙烯共聚乳液的简称，是以醋酸乙烯 EVA 制品和乙烯单体为基本原料，与其他辅料通过乳液聚合方法共聚而成的高分子乳液。乙烯与醋酸乙烯共聚物是乙烯共聚物中最重要的产品，国外一般将其统称为 EVA。但是在我国，人们根据其中醋酸乙烯含量的不同，将乙烯与醋酸乙烯共聚物分为 EVA 树脂、EVA 橡胶和 VAE 乳液。醋酸乙烯含量小于 40% 的产品为 EVA 树脂；醋酸乙烯含量 40% ～ 70% 的产品很柔韧，富有弹性特征，人们将这一含量范围内的 EVA 树脂有时称为 EVA 橡胶；醋酸乙烯含量在 70% ～ 95% 范围内通常呈乳液状态，称为 VAE 乳液。VAE 乳液外观呈乳白色或微黄色。国外对乙烯与醋酸乙烯共聚物的研究比较早。英国帝国化学公司于 1938 年发表了 EVA 共聚物的高压自由基聚合专利；美国杜邦公司于 1960 年实现工业化。国内从 20 世纪 60 年代开始研制 EVA 树脂，到 70 年代中期试产成功。1988 年北京有机化工厂首次从美国引进年产 1.5 万吨 VAE 乳液装置，1991 年四川维尼纶厂从美国引进同样一套 VAE 乳液装置；江西化工化纤有限公司自建了一套年产 1000 吨生产线，但一直没有进入实质性生产。VAE 乳液主要用于胶粘剂、涂料、水泥改性剂和纸加工，具有许多优良的性能。

3）丙烯酸乳液。

聚合物水泥砂浆具有对钢筋和混凝土优异的粘结性能、很好的变形性、抵抗水盐分的渗透性及冻融的优异的耐久性，性能的改善程度取决于聚合物的性质和它的掺量。性能的改善与许多因素有关，包括聚合物乳液在拌和物中的润滑作用显著降低水灰比，也就是毛细管定隙体积的减少，聚合物乳液在环境条件下凝聚在水泥凝胶体和骨料颗粒表面，并使水泥和骨料基本形成强有力的粘结，聚合物网络阻止混凝土微裂缝生长的能力等。

2. 下游客户行业

1）下游行业范围

装修行业和地产行业，广泛适用于室内外、墙地面、干湿区等建筑的防水、保温、铺装、涂装和安装工程。

2）下游行业趋势

从整体来看，地产行业的下滑趋势对瓷砖胶行业有影响，使建筑行业对建筑功能产品的需求减少。北京、上海、广州、深圳等一线城市率先进入存量房时代，新房开发进入低位徘徊期，而以旧楼改造、存量提升为核心的城市更新模式，则日益受到政府、开发商、运营商、服务商等多方的共同重视。新的风口正在形成。

3.2.5　下游用户需求特征

随着下游地产行业二十多年的蓬勃发展，各类新型饰面材料大量涌现，施工也越来越细分而变得专业化，施工技术及施工队伍也日益成熟，使得干粉砂浆在装饰行业里的应用更加广泛。为实现更好的装饰效果及提高施工效率，成熟的消费者理所当然关注装修辅材的选择，并对其提出更高的技术要求：装饰效果历久常新、装修材料绿色环保、安装质量安全耐久、安装过程迅捷方便等，都在不断地推进干粉砂浆行业的进步。

3.2.6　行业竞争以及壁垒

1. 生产材料

生产材料由传统变现代，由有毒变环保，由单一变多样。过去主要使用水泥、黄沙、107 胶，现在使用性能更加优越可靠的防水浆料、防水涂料、瓷砖胶、美缝剂等。

2. 生产品牌

外资品牌为主向本土品牌为主过渡。最早只有一些外资品牌在做瓷砖胶的推广，现在则是涌现了大批优秀的本土品牌企业，部分优秀的企业更是走出了国门。

3. 企业规模

企业规模由小、多、弱、散开始向集团化、专业化发展。过去企业规模小，多数产值在百万、千万级别，现在不少企业已跨入十亿元俱乐部，实现了 100 倍以上增长。

4. 行业协作

行业协作由无序竞争迈向共赢。过去关起门来各自为战，现在学会行业协作，借助协会的力量和资源，将上游和下游壁垒一起打通，共同推进行业的健康有序发展。

5. 从业人员

从业人员由散兵游勇迈向专业化。在行业协会以及有远见的企业共同推动之下，行业施工人员参与专业培训、资质评级及持证上岗已成为主旋律。

6. 行业待遇

行业待遇上涨。工人收入由过去 30 ～ 80 元的日薪，上涨到现在的 300 ～ 800 元日薪，技术娴熟的工人月收入轻松超过万元大关。

3.2.7　进入行业主要障碍

1. 价格过高，消费者不理解

关于干粉砂浆的市场发展，目前最大的瓶颈还是价格问题。造成这种情况的原因主要是消费者对干粉砂浆的认识不够深入，用户也不懂。因为一般施工单位只看材料价格，没有考虑到综合单价，家庭装修的消费者也一样，这是消费习惯问题，短时间内很难改变。同时，饰面生产企业在提高饰面的品质时认识到需要有专门的辅材来配套，但是相对于昂贵的饰面，由于消费者普遍重面子轻里子，认识不到功能材料比装饰材料对质量更有影响，因而要想推广成功，必须先从引导消费者重视底子和里子开始。

2. 无序竞争导致市场混乱

无序的价格竞争造成行业市场状况混乱。国内生产干粉砂浆的大小工厂有 8000 多家，但是真正有规模的规范性企业屈指可数，大部分企业是小区域经营，各自为战，生产工艺和设备很落后，产品质量得不到保证，只能依靠廉价销售。国内干粉砂浆的市场单价也是比较混乱的，普通的干粉砂浆，各地区小工厂可以拿低劣产品冒充合格产品，每吨价格可能只相当于水泥砂子混合加工之后的价格。实际产品如果是合格的产品，其成本最少要每吨1000元，而这些低质量产品的销售价每吨才500元。另一方面则是国外大品牌价格居高不下，每吨可以达到2000～3000元。特种砂浆的价格则更高。

3. 运输成本高，品牌区域限制强

与水泥一样，干粉砂浆的运输费用占整个成本的比例非常高。干粉砂浆基本是公路运输，运输成本常常成为制约企业发展的一个重要因素。许多厂家解决不了这个问题，产品就成了区域性品牌，所以国内品牌的区域性限制很强，因为它的销售价格本来就不高，再运到外地与当地的企业竞争，根本就没有竞争力。为此，一些大型干粉砂浆企业都采用区域布局的形式来解决这个问题，在各大区域分别建立生产基地，保证生产出来的产品品质一致、价格一致，这样就可以有效地解决运输成本问题。另外是寻求加盟商和有意向合作的陶瓷经销商。

3.2.8 影响行业发展因素

1. 有利因素

1）存量房时代的到来

二手房交易正在超越一手房交易，先是一线城市多年前就已经超越，现在是类似南京、苏州等二线城市也在一个个超越，所以尽管房地产产业在下滑，但不会影响行业的增长趋势。

2）禁止现场预拌砂浆

随着"十四五"规划的实施，国家绿色发展要求的提高，国家及民众节能减排的共同心愿，人工费用的普遍上涨，加快工期的普遍需求，干粉砂浆替代现场预拌砂浆正当时。

3）装饰主材的技术进步

随着饰面材料的日益丰富，各种新型面材超大岩板、陶瓷薄板、人造石材、亚麻地毯等材料的出现，以及基层材料及应用环境的变化，干粉砂浆的技术优势日益明显。

2. 不利因素

1）价格风险

由于技术进步、生产成本降低、市场竞争等因素，干粉砂浆销售单价均有一定程度的下降。干粉砂浆行业生产企业应通过不断优化产品方案、降低产品单位成本，以保持产品较高的毛利水平。如果上述计划和措施没有完全抵消产品降价的幅度和速度，则可能给干粉砂浆生产企业的业绩带来负面影响。

2）竞争风险

国内干粉砂浆行业近年来市场需求快速增长，吸引大量知名企业进入该行业，在技术、产品、营销、品牌建设等方面发展迅速。激烈的市场竞争需要本土企业紧跟技术潮流并不断创新，加快新产品开发速度，不断改进工艺、提高品质、拓展新市场，否则很可能被其他竞争对手超越。

3.2.9 薄贴工艺施工机具

前文提到，为了应对"我国出生人口连年下滑和熟练的专业技术工人愈发稀缺"的产业现状，快速打造合格的产业工人和娴熟工匠队伍，对于行业发展尤为重要。

为了让薄贴施工在交付环节实现"四个现代化"（复杂问题模块化、模块问题标准化、标准问题流程化、流程问题清单化），更应重视推广便携式电动型施工机具，让工匠善于用利器拓展技艺，用先进的机具来提升施工的效能和降低劳动的强度，并用合理的劳防用品保护作业群体的安全与健康。

随着上游产业迎来岩板单品的蓬勃发展，前期不用专业的薄贴工具和专业的薄贴材料进行交付的施工中出现了事故增多的现象。于是，短时间内建筑薄贴行业在专业机具使用方面迅速实现了"四个现代化"。

按照岩板施工流程，岩板专业机具可按照 7 大阶段分 21 个品类。

1）运输阶段：搬运工具、抬运工具、推运工具。

2）加工阶段：切割机具、钻孔机具、角磨机具。

3）清理阶段：清扫料具、清洁料具、清理料具。

4）备料阶段：开桶工具、配比工具、搅拌工具。

5）铺贴阶段：取料工具、批刮工具、揉振工具。

6）平直阶段：整平工具、对缝工具、支撑工具。

7）验收阶段：表面验收、转角验收、缝隙验收。

3.3　绿色建筑保温材料

3.3.1　建筑保温材料概述

1. 建筑保温材料的定义

建筑保温材料是指导热系数小于或等于 0.2 的材料，主要用于改善建筑物的保温隔热性能，以减少能源消耗、降低建筑碳排放，还能提高居住舒适度。

根据建筑保温材料的内在成分，建筑保温材料可分为有机保温材料、无机保温材料和复合保温材料三种。无机保温材料主要包含玻璃棉、泡沫砌块、岩棉板、发泡陶瓷板、硅墨烯板等；有机保温材料主要包含模塑聚苯板、挤塑聚苯板、石墨聚苯板、聚氨酯发泡等；复合保温材料主要包含防水保温一体板、装饰保温一体板、保温减振一体板等。

在选用建筑保温材料时，应根据建筑物的具体要求和环境条件，选择合适的保温材料和系统。根据使用位置，建筑保温材料可分为外墙保温材料、内墙保温材料、地面保温材料、屋面保温材料、天花保温材料等。

2. 建筑保温材料的评价

没有一种建筑保温材料的性能可以百分百地同时满足人们的所有预期，所以评价一个建筑保温材料的性能，可以从保温性能、防火性能、防潮性能、环保性能、受力性能、施工性能、综合成本等方面，进行综合评判。

1）保温性能

有机保温材料的导热系数较低，能够有效地阻止热量的传递。而无机保温材料的保温性能相对较差，但防火性能较好，适用于对保温要求不高但防火要求很高的建筑。

2）防火性能

无机保温材料如岩棉和玻璃棉具有良好的防火性能，因为它们的熔点较高，不易燃烧。而有机保温材料如聚苯板等，防火性能较差，因此在选择时需要特别注意。

3）防潮性能

无机保温材料的防潮性能较差，长期用在潮湿区域会因为受潮而失去保温性能，还容易加大加重建筑载荷。有机保温材料防潮性能卓越，但承载力较差，需合理选用。

4）环保性能

无机保温材料生产过程中可能有污染，但使用过程中不会有害物质，且废弃后可回收利用。部分有机保温材料在生产和使用过程中会有有害物质，影响环境和人体健康。

5）施工性能

无机保温材料的施工性能较好，易于切割、粘贴，与墙体的粘结力较强。现场发泡类的有机保温材料施工性能较差，但成型有机保温板的施工性能十分便利。

6）综合成本

保温材料的价格直接影响到建筑物的造价。无论是无机保温材料还是有机保温材料，都应从建筑全生命周期里的综合成本去考虑。

3. 建筑保温材料的安全

1）燃烧性

以国家强制性标准《建筑材料及制品燃烧性能分级》（GB 8624—2012）为主要规范性文件，将建筑保温材料的防火等级分为：A级（不燃）、B_1级（难燃）、B_2级（可燃）和B_3级（易燃）四个级别。A级为不燃材料，几乎不发生燃烧；B_1级为难燃材料，具有较好的阻燃作用；B_2级为可燃材料，具有良好的阻燃作用；B_3级为易燃材料，无阻燃作用。同时根据燃烧速度和燃烧出来的烟密度对保温材料的燃烧性能做进一步的追加规范，其中A级按欧盟标准可分成A_1级和A_2级材料。A_1级，单体类不燃材料；A_2级，为复合类不燃材料。

2）环保性

有部分材料会在施工过程和使用过程中因为燃烧而产生毒害。比如聚氨酯保温材料，燃烧后会产生剧毒物质氰化氢，一般不推荐大面积用在无非常可靠防火阻燃措施的居住空间；再如聚氨酯保温材料的现场喷涂工艺属于欧盟REACH附录17重点限制使用的危险材料，其运输、储存、施工都应按照危险化学品进行管控。

3）防潮性

常规来说，无机保温材料如果防潮性能不是很好，一般不适用在因建筑渗漏、空气结露或者积水不畅导致材料受潮的区域，比如平屋面、地下室等。而有机保温材料如

果想要取得较好的保温性能，要采取预防冷桥存在的可靠措施，比如专业的保温钉和可靠的接缝密封材料。

3.3.2 中国保温行业的发展

1. 行业发展历史

与发达国家相比，中国的建筑能源消耗量较大，其单位面积采暖能耗曾是发达国家的 3 倍以上。而建筑保温材料在中国的发展历程较短，早期的房屋建筑商对建筑保温并无过多关注，从事建筑保温相关领域的企业数量也较为稀少。所以自 2005 年起，以国务院办公厅的红头文件为起点，中国开始积极推进建筑保温节能工作，主要以对建筑外墙体进行保温的方式来减少建筑消耗，并取得了巨大的成效。自 2005 年以来，行业发展至今，在指标设定方面主要分为两个阶段。

1）建筑节能第一阶段（2005—2015 年）

中国在重点市县开始启动"节能暖房"项目，到 2013 年，地级及以上城市要完成当地具备改造价值的老旧住宅的供热计量达到 40% 以上，县级市要完成 70% 以上，达到节能 50% 强制性建筑节能标准。2012 年住房城乡建设部发布《"十二五"建筑节能专项规划》，指出到"十二五"末，中国建筑节能要达到 1.16 亿吨标准煤节能能力。

2）建筑节能第二阶段（2015 年至今）

2017 年住房城乡建设部发布《建筑节能与绿色建筑发展"十三五"规划》，指出要推进建筑节能、绿色建筑发展和节能减排。城镇新建建筑执行节能强制性标准比例基本达到 100%，其中北京、天津、河北、山东、新疆等地开始在城镇新建居住建筑中实施 75% 强制性建筑节能标准。部分地区开始追求 85% 节能和被动房标准（节能 90% 以上）。

2. 行业发展成就

2005—2020 年，全国建筑全过程能耗由 9.3 亿 tce 上升至 22.33 亿 tce，扩大 2.4 倍，年均增速为 6.0%。"十一五""十二五"和"十三五"期间的年均增速分别为 5.9%、8.3% 和 3.7%，增速下降明显。

2005—2020 年，全国建筑全过程碳排放由 22.3 亿 tCO_2 上升至 50.8 亿 tCO_2，扩大 2.3 倍，年均增速为 5.6%。分阶段碳排放增速明显放缓，"十一五""十二五"和

"十三五"期间年均增速分别为 7.8%、6.8% 和 2.3%，增速下降明显。

其中重点要提到的是，虽然从整体看，社会的建筑总能耗和碳排放量是增加的，这是因为中国建筑新增面积的大幅增加，但从建筑单位面积碳排放来看，2005 年约 $16kgCO_2/m^2$ 的指标，到了 2020 年直接下降到了 $4kgCO_2/m^2$ 左右。行业成就巨大。

3. 产业分布

中国建筑保温材料行业产业链分上、中、下游。上游是建筑保温化工原材料行业；中游为建筑保温材料生产行业；下游为建筑与装饰行业和房地产开发等应用行业。

1）产业上游分析

上游是建筑保温化工原材料行业，包括聚苯颗粒、异氰酸酯、聚醚多元醇、水泥、石英砂等原材料行业。

其中聚苯颗粒、异氰酸酯、聚醚多元醇等，虽然行业起步较晚，但发展速度较快。在建筑节能力度不断加大的背景下，中国将不断注重能源效率的提升，提高房屋建筑环保和节能指标，节能环保的趋势将进一步扩大中国建筑保温材料领域应用范围，市场将面临进一步扩产。

水泥行业是社会生产基础性行业，中国已进入成熟阶段，出现产能过剩情况。在新时代发展下，中国"十三五"规划提出要调整水泥行业生产结构，逐步建立新型海外水泥产能转移机制，将区域过剩产能逐渐转移到西亚、东南亚、非洲和中东欧等地区，提高行业竞争力。

综上所述，建筑保温材料上游属于充分竞争行业，原材料品质较为稳定，且供应充足。在能源转移机制的调节下，中国水泥行业产能过剩的现象将有所缓解。但总体来说，现阶段中国建筑保温材料上游原材料行业对中下游的影响较低，议价能力不高。

2）产业中游分析

中国建筑保温材料制造企业数目众多，总体上处在大规模发展阶段。由于行业进入门槛较低，外加政策的持续推动，建筑保温材料中游行业企业数目急速增长。各企业技术水平不一，生产的产品性质差别不大，企业缺乏竞争力，产品同质化现象较为明显。

除此之外，目前建筑保温材料行业尚未制定出相应的行业标准和质量评估认证体系，行业中游部分企业生产方式落后，缺乏核心技术，产品中仍存在性能较差且具有安全隐患的保温材料，如易燃保温板、易受潮保温板等。

总体来看，建筑保温材料行业竞争多集中于低端产品领域，采购规模较大的企业对上游厂商具备一定的议价能力，具有规模化生产高端保温材料的企业数目较少。建筑保温材料中游企业产品品质的提升将对下游行业的应用提供质量保障。

3）产业下游分析

建筑保温材料过去主要应用于新建建筑的房地产开发行业。由于中国进入后建筑时代，新建建筑的面积逐年减少，而既有建筑的装修、修缮和改造市场将逐年增加，未来建筑保温市场，将以既有建筑的装修和修缮改造为主。

特别是在中国一系列绿色建筑节能减排的政策推动下，市场将迎来新的发展机遇。在建筑绿色节能方面，过去中国建筑多采用对建筑外墙进行保温的方式以求减少建筑消耗，而今后将会极大推动既有建筑的室内墙面、室内地面、室内地下室、室内天花和室外屋面建筑保温市场。

当市场从室外外墙为主走向室内为主时，因为施工环境、应用环境的巨大变化，比如大面积施工变成小面积作业，外墙墙面变成内墙的六个面，成熟的产业工人变成了过去很少接触内保温的装修工人，也将带来新的机遇和挑战。

4. 市场趋势

1）绿色建筑推广带来政策利好

根据《"十四五"建筑节能和绿色建筑发展规划》，到2025年，中国城镇的新建建筑100%都要执行绿色建筑的标准。建筑能耗和碳排放的增长趋势得到有效控制，基本形成绿色、低碳建设发展方式。

2）功能复合是未来重点发展方向

复合化是现阶段保温材料的重点发展方向之一。材料复合化是指有机材料和无机材料相互复合，从而实现性能的互补和优化。特别是建筑保温由外转内时，对材料的保温性、环保性和防火性都提出了较高的要求，而有机材料和无机材料的复合将有助于解决这一矛盾。

传统保温材料多采用珍珠岩和岩棉，而在未来的市场，将更多采用多能复合型外墙保温材料，如保温装饰一体板、保温防水一体板、保温减振一体板。其中复合板中的保温材料，将更多采用绿色建筑保温材料为主，如 CO_2 发泡的 XPS 板、硅墨烯保温材料和纳米气凝胶保温材料。

3）被动式节能屋促进行业发展

被动式节能屋，也被称为被动式超低能耗居住建筑，是指每平方米每年的取暖能耗低于 15kW·h 的房屋。该房屋能耗标准是普通房屋的 1/10，且房屋无须主动供应能量就可以满足制冷和采暖的需求，其制冷和供暖运作主要依赖"被动源"供暖，如光能和地热等。

被动式节能房屋与普通房屋的较大区别在于节能要求方面。被动式节能屋的墙壁是由厚达 50cm 的建筑保温纤维材料构成的，中间 10cm 为实墙层，实墙的内外层各 20cm 均为隔热纤维材料。房屋窗户由 3 层保温隔热玻璃组成，玻璃夹层间充氩、氪等稀有气体。

4）新型保温材料将得到推广

在现阶段，中国建筑保温材料行业由于技术水平不均衡，领先企业有较强的技术能力，在市场接受度和市场份额方面具备一定的竞争优势。而部分规模企业的技术水平仅能生产低端建筑保温材料，与领先企业的生产能力存在较大差距，导致低端产品领域竞争激烈。

此外，建筑保温材料的运输较为困难且材料的使用具有地域性，市场竞争呈现出区域化发展特点。具有一定生产规模的企业均集中在江浙沪一带，占据了海陆运输优势，这些企业在一定程度上克服了建筑保温材料的运输难度，带动了自身区域内建筑保温材料行业的发展。

在绿色建筑和建筑节能等政策带动下，有眼光的建筑保温厂家纷纷在生产工艺过程中采用了更为环保节能的新型材料，使得越来越多的建筑保温材料，除了保温隔热之外具备了更加优异的性能，如保温防水隔声复合一体板、硅墨烯新型保温板、纳米气凝胶保温材料等。厂家不仅在材料技术上下功夫，还重视从系统设计到专业交付的整个过程，以复合保温材料来说，不仅节能减排，还能节省工序，确保品质。

3.3.3 · 绿色保温建材简介

1. 绿色建筑背景下的保温材料

随着全球对环境保护意识的日益增强，建筑行业作为能源消耗和碳排放的主要领域之一，其绿色、低碳、可持续的发展已成为必然趋势。在此背景下，新型建筑保温材料、绿色保温建材也就应运而生。

其中以二氧化碳发泡技术制备的挤塑聚苯乙烯（XPS）保温板，以及采用这种保温板生产的保温防水隔声复合一体板，因其卓越的性能越来越受到市场的广泛关注。下面我们从多个方面深入探讨二氧化碳发泡的 XPS 保温板的优异性。

2. 二氧化碳发泡的 XPS 保温板

1）二氧化碳发泡技术的创新与应用

传统的 XPS 保温板生产过程中，常采用氟利昂等有害物质作为发泡剂，不仅对环境造成污染，引起气候变暖，还对人体健康产生危害。并且其发泡破损率比较高，材料内部变形应力比较大，会降低产品的长期保温性能和稳定性能。

而二氧化碳发泡技术作为一种新型的环保发泡技术，其以二氧化碳为发泡剂，通过特殊的工艺将二氧化碳注入聚苯乙烯原料中，使其在高温高压下膨胀发泡，从而制得具有优异保温性能的 XPS 保温板。这一技术的创新应用，不仅有效避免了有害物质的使用，还实现了二氧化碳的资源化利用，具有显著的环保效益。

2）二氧化碳发泡的 XPS 保温板的优异性能

①卓越的保温性能。二氧化碳发泡的 XPS 保温板具有闭孔蜂窝结构，这种结构使其具有极低的热导率，从而保证了优异的保温性能。与传统的 EPS 保温板相比，XPS 保温板的导热系数更低，保温效果更佳。此外，其闭孔结构还使得水蒸气难以渗透，有效避免了保温层内部结露现象的发生，提高了建筑的保温效果和居住舒适度，拥有更加长久的保温寿命。

②良好的抗压性能。二氧化碳发泡的 XPS 保温板具有较高的密度和强度，因此具有良好的抗压性能。在建筑施工过程中，XPS 保温板能够承受一定的荷载而不变形或损坏，保证了施工质量和进度。同时，其优异的抗压性能还使得 XPS 保温板在长期使用过程中能够保持稳定的保温效果，延长了建筑的使用寿命。可适用在瓷砖下的承载基层。

③优异的环保性能。如前所述，二氧化碳发泡技术避免了有害物质的使用，实现了二氧化碳的资源化利用。因此，二氧化碳发泡的 XPS 保温板具有优异的环保性能。在生产和使用过程中，XPS 保温板不会释放有害物质，对人体健康和环境无害。此外，由于其闭孔结构，XPS 保温板还具有较好的隔声性能，能够减少建筑内外的噪声干扰，提高居住品质。

④良好的耐久性和稳定性。二氧化碳发泡的 XPS 保温板具有优异的耐久性和稳定性。其闭孔结构使得水蒸气难以渗透，避免了保温层内部的水分积累和腐蚀现象的发生。同时，XPS 保温板还具有良好的抗老化性能，能够在长期使用过程中保持稳定的物理和化学性能，延长了建筑的使用寿命。

3）二氧化碳发泡的 XPS 保温板应用前景

随着全球对节能减排和绿色建筑的关注度不断提高，二氧化碳发泡的 XPS 保温板作为一种环保、高效、耐用的建筑保温材料，其应用前景十分广阔。在建筑领域，XPS 保温板可广泛应用于墙体保温、屋面保温、地面保温等多个方面。此外，由于其优异的抗压性能和环保性能，XPS 保温板还可应用于高速公路、铁路等交通基础设施的保温隔声工程中。

综上所述，二氧化碳发泡的 XPS 保温板以其卓越的性能和环保优势在建筑行业中脱颖而出。其创新的二氧化碳发泡技术实现了资源的有效利用和环境的保护；优异的保温性能、抗压性能、环保性能以及耐久性和稳定性使得 XPS 保温板在建筑领域具有广泛的应用前景。展望未来，随着科技的不断进步和环保理念的深入人心，二氧化碳发泡的 XPS 保温板将继续在建筑行业中发挥重要作用，推动建筑行业向更加绿色、低碳、可持续的方向发展。同时，我们也期待更多的创新技术和环保材料在建筑领域的应用与推广，共同为构建美好的绿色家园贡献力量。

3. 保温防水隔声复合一体板

在选择保温材料的时候，人们经常陷入两难的境地，无机保温材料容易受潮，3～5 年就会失去保温性能，但是防火效果好。而有机保温材料的保温防水效果好，但是防火效果差，承载有限，有部分喷涂类保温难以作为装修的基面，燃烧还会有剧毒物质。

而保温防水隔声复合一体板，作为现代建筑领域的创新材料，以其多功能性和卓越性能，在建筑行业中树立了新的标杆。以下是对其优势的深入剖析，其在提升建筑品质、实现节能环保，以及提高居住舒适度等方面具有显著作用。

1）卓越的保温效能

该一体板采用先进的保温技术，确保建筑内部温度的稳定。其高效隔热性能显著减少了能量的传递和散失，为建筑提供了持久的保温效果。在寒冷的冬季，这一优势尤为明显，可有效降低采暖能耗，实现节能减排的目标。

2）出色的防水性能

防水是建筑材料的关键指标之一。保温防水隔声复合一体板通过特殊的防水材料和精密的加工工艺，实现了优异的防水效果。无论是面对雨季的连绵细雨还是突发暴雨，它都能有效阻挡水分渗透，确保建筑内部干燥舒适，避免潮湿和霉变等问题的困扰。

3）优异的隔声效果

在喧嚣的城市环境中噪声污染已成为影响居住品质的重要因素。保温防水隔声复合一体板以其独特的隔声材料和多层结构设计，有效隔绝外部噪声，为居住者营造宁静舒适的生活空间。无论是繁忙的交通噪声还是嘈杂的市井声，都难穿透其坚固的隔声屏障。

4）可持续的发展性

该一体板在材料选择和生产过程中严格遵循环保标准。它采用环保材料，并在生产过程中减少有害物质的排放。同时，废弃后的一体板还可以进行回收再利用，实现了资源的循环利用，符合绿色建筑和可持续发展的理念。

5）高强度与长久耐用

保温防水隔声复合一体板具备出色的力学性能和稳定性。它采用优质原材料和先进生产工艺，确保在承受外力冲击和长期使用过程中保持优异的性能。其坚固耐用的特性显著延长了建筑的使用寿命，为投资者和居住者提供了长期的价值保障。

6）施工便捷与经济效益

该一体板采用工厂化预制和现场快速安装的方式，大大缩短了施工周期，提高了施工效率。同时，其多功能集成的设计简化了建筑构造，减少了材料用量和施工成本。这种既便捷又经济的施工方式，为建筑行业带来了显著的时间和成本效益。

综上所述，保温防水隔声复合一体板以其卓越的保温、防水、隔声性能，环保可持续的特性，高强度与长久耐用的品质，以及施工便捷与经济效益等多重优势，成为现代建筑行业的理想选择。它的广泛应用不仅提升了建筑品质和居住舒适度，还为推动绿色建筑和可持续发展做出了积极贡献。

4 从系统设计到专业交付

4.1 系统设计思想概论

4.1.1 系统设计科学思想体系

世人都说"五年归国路，十年两弹成"是钱学森院士一生最大的成就，但钱学森院士对此却有着与众不同的看法。1991 年 10 月 16 日，一次规格极高的颁奖仪式在北京人民大会堂举行，几乎所有在京的党和国家领导人都出席了仪式，但获奖者却只有一位——他就是有着"中国航天之父""中国导弹之父"等诸多荣誉称号的钱学森。他获得党中央、国务院、中央军委联合授予的"国家杰出贡献科学家"荣誉称号和"一级英雄模范"奖章，且截至目前，"国家杰出贡献科学家"获得者有且仅有一人。

面对如此殊荣，钱学森院士获奖之后却是这样说的："两弹一星工程所依据的都是成熟的理论，我只是把别人和我经过实践证明可行的成熟技术拿过来用，这个没有什么了不起，只要国家需要，我就应该这样做。系统工程与总体设计部思想才是我一生追求的。它的意义可能要远远超出我对中国航天的贡献。"

"系统工程"与"总体设计部"的思想，就是"系统设计"。为什么钱学森院士会给予它如此高的评价？ 1979 年钱学森院士在《经济管理》杂志上发表《组织管理社会主义建设的技术——社会工程》一文，标志着钱学森"社会系统工程"思想的确立。在理论功能上，他将"工程系统工程"定义为组织管理"工程项目"的科学技术，而将"社会系统工程"定义为组织管理"社会建设"的科学技术；在现实依归上，"工程系统工程"主要着眼大规模科学技术工程的组织管理，"社会系统工程"着眼社会和国家规模

的协调平衡，将社会和国家作为一个开放的复杂巨系统进行组织管理；在价值定位上，"工程系统工程"是组织管理大型工程项目的科学思想与技术手段，而"社会系统工程"则是治国理政的科学方法论。

由此，钱学森院士依靠旅美 20 年奠定的先进认知，在中国航天近 30 年的工程实践和毕生总结的近 70 年学术思想，融合了西方"还原论"和东方"整体论"，将系统工程和总体设计部合二为一，最终形成了钱学森"系统设计"这一科学思想的完备体系。

这是一套既有中国特色又有普遍科学意义的认识论和方法论，尤其适用于复杂的超巨系统研究，比如我国的航空航天行业。自 1956 年钱学森院士起草《建立中国国防航空工业意见书》，正式拉开中国航天事业的序幕开始，到 2022 年 12 月 31 日，国家主席习近平在新年贺词中向全世界郑重宣布，"中国空间站全面建成"，中国正式筑梦苍穹。中国无数航天系统工程的成功实践，证明了系统设计思想的科学性和有效性，不仅适用于自然工程，同样也适用于社会工程。

而今天我们谈的绿色建筑，就是一个复杂的超巨系统。它不仅仅是针对一栋建筑、一个项目、一个社区、一个城市或一个国家，也不仅仅只针对规划设计或施工运维，甚至不仅仅只针对当下的时空。而是既包含新建筑又包含老建筑，既包含施工前又包含施工后，既包含单栋建筑也包含群体建筑，既包含中华大地也包含"一带一路"，既包含当下担当也包含未来期许，是一场关乎全民族、全社会、全人类范畴"建筑活动"的"系统设计"。

系统设计，简言之，即对"系统工程"的"总体设计"，它的立论原点是对"系统"的底层认知，并着重强调了系统的"整体关联性"。一是纵向关联性，即局部与整体、要素与系统之间的联系；二是横向关联性，即局部与局部、要素与要素之间的联系。

系统设计的最终目的，就是从"局部与整体、局部与系统"之间的关系着眼，研究客观世界，通过系统协调，让局部服从整体，以整体为主进行，整体着眼、局部着手、全局规划、相互协同，以达到"整体最优解"，使整体效果为最优。

4.1.2 专业交付落地之五步法

像绿色建筑这样干系重大建筑活动的系统设计，要如何开始才能成功地做到专业交付？我想如果有答案，那就是对一场建筑活动提出一系列足够好的问题开始。有了好的问题，才可能有好的答案，没有好的问题，就很难有好的答案。

——我们想让这次建筑活动最终取得的成果是什么？

——我们为什么要让这次建筑活动取得这样的成果？

——我们如何有效地帮助建筑活动取得这样的成果？

——我们如何知道这次建筑活动已取得这样的成果？

以系列性的好问题作为起始，以关乎全生命周期的系统设计判别方向，以里程性和终局性的目标成果为导向，可以用五个步骤，最终达到专业交付，又称专业交付五步法。

1. 确定建筑活动的最终成果

最终成果既是建筑活动的终点，也是其起点。最终成果必须可以清楚表述，也可直接或间接测评，要将其转换成可量化的绩效指标。确定最终成果要充分考虑建筑活动相关者的要求与期望，这些利益相关者既包括业主和政府，也包括设计公司、项目经理和交付人员等。

2. 构建建筑活动的系统体系

系统体系代表了一种能力结构，这种能力主要通过建筑材料的体系构建来实现。因此，建筑材料的体系构建对达成最终成果尤为重要。能力结构与系统体系结构应有一种清晰的映射关系，即系统体系中的每种建筑材料要对实现能力结构有确定的贡献。

3. 确定建筑活动的交付策略

以结果为导向，必须先关注建筑使用者有什么需求和希望得到什么功能，再去关注建材性能能否达成这个功能。如果先从建材的性能出发，往往会忽视掉客户真正需求的功能。

4. 建立建筑活动的评价体系

专业交付采用多元和阶梯的评价标准，评价应强调达成建筑活动的最终成果，而不是片面停留在强调建筑材料之间的比较。根据每种建筑材料能满足功能要求的程度，赋予从不合格到性能卓越的不同评定等级，为专业交付提供参考。

5. 达到建筑活动的逐级交付

将建筑活动的达成划分成不同的阶段或者等级，并确定出不同阶段或者不同等级的交付目标。这些交付目标，从开始到结束，从初级到高级，形成不同评价。这意味着，可将不同性能的建筑材料用近似的系统设计进行统筹，以达成不同的交付目标。

4.1.3 从系统设计到专业交付过程

1. 从系统设计到专业交付的过程分析

站在全生命周期的角度去观察一次成功的建筑活动，是一段相对复杂且漫长的过程。为了让从业者快速理解和掌握，我们尝试用"从系统设计到专业交付"这十个字来总结概括，从起始的新建建筑的概念创造，直到最后，既有建筑的功能再造的整个过程。

1）首先，是系统设计阶段，具备认知能力。

步骤一，创造设计。需要建筑设计师进行艺术设计，将人文艺术、智能科技和自然建筑三者融为一体，是从想法变成说法的过程，这个过程又叫"系统的智慧规划"。

步骤二，构造设计。需要建筑工程师进行技术设计，把结构安全、功能实用和形式美观三者融为一体，是从说法变成办法的过程，这个过程又叫"系统的理想蓝图"。

2）其次，是产业协作阶段，具备资源能力。

步骤一，产业制造。需要研发工程师进行产品设计，把官能属性、效能属性和性能属性三者融为一体，是把原料变成材料的过程，这个过程一般叫"掌握产业制程"。

步骤二，认证打造。需要行业委员会推广产业培训，将技术标准、工艺流程和操作习惯三者融为一体，把验收变成认证的过程，这个工程一般叫"掌握评价体系"。

3）最后，是专业交付阶段，具备落地能力。

步骤一，建造交付。需要工程项目部进行项目管理，把前期深化、中期施工和后期运维三者融为一体，是把商品变成用品的过程，这个过程一般叫"组织项目落地"。

步骤二，再造交付。需要专业队伍进行建筑修缮，把拆迁留并、运维保修和改建加装三者融为一体，是从崭新再次如新的过程，这个过程一般叫"组织建筑更新"。

三大阶段：系统设计、产业协作、专业交付；六个步骤：创造、构造、制造、打造、建造、再造。这是一个完整的"建筑活动"，从最初出发再回归自然的必经之路，也是本书最想传达的核心理念。

2. "从系统设计到专业交付"，也是一个"从制造出发再回到制造"的绿色循环

为了实现建筑的目的，获得更美好的生态环境，就要回到建筑活动的出发点和终

点——建材上来。当以建材为视角观察，或许会发现，从简单的建材到成品建筑，再到建筑完成使命拆除回收，在建筑活动的现实具象表现中，建材会经历以下过程与形态，分别是：制造过程、构造过程（装配式或者现场安装式）、建造过程和再造过程（图 4-1）。

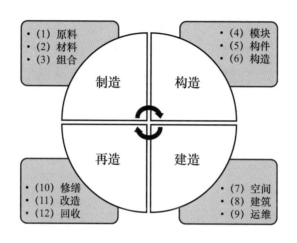

图 4-1　绿色循环过程

1）制造过程

——建材的原料形态。如水泥灰、级配砂、中钙粉、熟胶粉、添加剂、纤维丝等。

——建材的材料形态。用以上六种材料做成的配方，就可用在工厂指导生产，制成防水浆料的粉剂。

——建材的组合形态。把防水浆料的粉剂和乳液组合到一起，就可以构成双组分防水浆料的产品。

2）构造过程（装配式或现场安装式）

——建材的模块形态。防水浆料、防水胶带、堵漏王、密封胶，构成了一套功能齐全的防水套装。

——建材的构件形态。找平套装、防水套装、保温套装、薄贴套装，构成了墙或地的建筑功能层。

——建材的构造形态。结构层、功能层、饰面层，可通过提前装配也可现场组合，构成墙体。

3）建造过程

——建材的空间形态。墙、地、顶加门、窗、管等，围成一个空间，比如卫浴间。

——建材的建筑形态。厨、卫、阳加道、厅、室等，构成一个房屋，比如三居室。

——建材的运维形态。运营、维护、保养等，是运维的过程。

4）再造过程

——建材的修缮形态。会诊、开方、治理等，是修缮的过程。

——建材的改造形态。保留、合并、更新等，是改造的过程。

——建材的回收形态。拆除、处理、回收等，是再造的过程。

3. "从系统设计到专业交付"，要学会抓住主要矛盾，然后预见性防范和解决问题

当对周期性的建筑活动有了丰富的操作经验，建立起整体的框架认知后，就要学会找到成功的关键阶段和失败的关键卡点，然后按照关键阶段褒贬奖惩，关键卡点防范补救，就可以取得更高的投资回报率。有大量统计数据显示，建筑质量出现问题，很少出现在构造的大面部位，而是大量出现在细部构造等节点处，比如：

——不同材料接茬处，如穿墙管道与砌体墙面接茬、地漏与混凝土地面。

——不同位面接茬处，如室内墙面与室内地面、厨房烟道与相邻墙面。

——不同空间接茬处，如室内室外门窗洞口处、冷库与库外空间大门处。

说明细部构造的设计历来是建筑最为困难的部位，是建筑构造设计的重点和保证建筑整体质量的关键。面对这样的问题，我们这时就可以运用这样一种思维：四个现代化，即复杂问题模块化、模块问题标准化、标准问题流程化、流程问题清单化。通过预判问题出现环节及出现的原因，预见性地进行防范和解决。其操作原则如下。

1）复杂问题模块化

所谓复杂问题模块化，就是把一个复杂的大问题拆成一个个具体的小问题，比如屋面建筑，就有"1头2沟3缝4口5根"的说法。1头即防水接头，2沟即天沟、檐沟，3缝即变形缝、分格缝、开裂缝，4口即人员出入口、水落口、过水口、檐口，5根即女儿墙和山墙根、设备基座根、伸出屋面管道根、烟囱根、天窗根等。

2）模块问题标准化

所谓模块问题标准化，就是针对具体的细部节点，给出非常专业的标准工法。细部节点防水层应力变形集中，构造复杂，属于易受外力损害的部位，必须做局部增强。增强处理材料，如用于结构层防开裂的拉筋，用于找平砂浆层防开裂的镀锌钢丝

网，用于抹面砂浆中开裂的氧化锆网格布，用于防水层开裂的丁基自粘胶带、节点橡胶预制件。

3）标准问题流程化

所谓流程化就是工法，细化到了工艺、工序和工具的层面，以留分格缝的密封处理为例。

①开槽，在应力变形集中处，均应预留分格缝；

②清理，把缝隙里的浮灰浮渣清理干净，必要时加以界面处理；

③填充，为了防止密封胶三面受力，在缝隙内预先填充背衬条；

④密封，再用专业的胶枪打胶，必要时配合美纹纸等辅料工具进行密封。

4）流程问题清单化

所谓流程问题清单化，就是把项目中所有的细部节点，从设计环节、交底环节、施工环节，到验收环节、保护环节，都做成一张张可以打钩的校验清单。如把屋面的 1 头、2 沟、3 缝、4 口、5 根等细部节点，全部做成标准化、流程化的交付校验清单。

4.2 建筑工程系统设计

4.2.1 建筑设计重要意义

1. 建筑设计，面向未来

首先是为建筑的未来筹划，进行全生命周期的通盘考虑，做出风险预判，留存共识依据或证据，提供最优的选择。

2. 建筑设计，立足当下

其次是为当下的项目寻找出路，立足现有的现实的基础条件，调整目标路径，调度人财物力，把控质量、工期和成本。

3. 建筑设计，延续过去

最后是为过往的决策使命延续，依靠最初定下的周详规划，进行长期投入，保护延长建筑生命周期，扩大投资收益。

4.2.2 建筑系统设计概论

系统，是人类掌握的最高级的思维结构。那么建筑系统设计，也可以说是人类掌握的最高级的建筑设计思维。在 4.2.1 节，我们也提到建筑的系统设计分成两个阶段，一个是创造的过程，另一个是构造的过程。

在创造的过程里，是把想法变成说法的过程，这个过程叫系统的"全局规划设计"，更多关注的是"艺术和美术"，核心点是"有无可能在黑板上成功"。

在构造的过程里，是从说法变成办法的过程，这个过程叫系统的"建筑构造设计"，更多关注的是"技术和战术"，核心点是"有无可能在现实中落地"。

4.2.3 建筑系统设计价值

1. 系统设计的价值

在我们做一个系统设计时，我们想得到的最大价值是什么？

1）稳定。用持续且稳定的效能，不断交付高质量的项目功能成果。

2）进化。持续不断进化，以适应需求变化、技术变化和环境变化。

2. 稳定和进化的重要性

为什么在今天，稳定和进化这么重要？

1776 年，亚当·斯密写下《国富论》一书，充分肯定了社会化大分工对于增加社会总财富的重大意义。分工确实在成千上万倍地提升一个社会的总生产效率。但随之而来的一个问题就是，因为分工，带来了交付品质的不稳定。

尤其是在建筑行业，内部专业本来就极其繁杂，成百上千的人临时组织起来还要保障高品质的交付，就增加了交付的难度。而建筑系统设计的最大价值就在于此，即解决自 1776 年以来，因为分工带来的交付不稳定这种历史遗留问题。

比如，一个建筑构件的成本提升或者为下一道工序多提供保护措施，站在分包的角度，成本是增加的，但站在建筑活动全生命周期角度，却是极大降低了最终交付品质的综合成本。所以有一些地产商，开始只建房子，后来也接管了物业。

3. 建筑系统设计与 BIM 软件

从系统设计的角度来看，它是一个根据系统分析的结果，运用系统科学的思想和方法，设计出能最大限度满足所要求的目标（或目的）的新系统的过程。包括确定系统功能、设计方针和安装方案，产生理想系统并做出草案，通过收集信息对草案做出修正，产生可选设计方案，将系统分解为若干子系统，进行子系统和总系统的详细设计并进行评价，对系统方案进行论证并做出性能效果预测。系统设计是至关重要的一环，它决定了系统的整体架构、功能实现和性能表现等方面。总之一句话，有备无患，防患于未然，是系统设计的终极目标，而建筑系统设计的集大成者，就是 BIM 软件。

BIM（Building Information Modeling）软件是一种基于数字化技术的建筑设计、施工和运营管理方法。它通过整合多个学科领域的信息，包括建筑结构、机电设备、给排水系统等，以三维模型的形式呈现出来。BIM 软件可以实现三维建模，并且能够在建模的同时自动生成平面图、立面图、剖面图等多种图纸，大大提高了设计效率。此外，BIM 软件还可以进行碰撞检测，帮助设计师及时发现和解决设计中的矛盾和冲突，提高了设计质量。在建筑施工阶段，BIM 模型可以为施工方提供详细的施工信息，帮助施工方更好地理解设计意图，提高施工效率。在建筑运营阶段，BIM 模型可以作为建筑信息的数据库，为建筑的维护和管理提供支持。

因此，系统设计与 BIM 软件之间的关系可以体现在以下方面：在建筑项目的设计阶段，系统设计的理念和方法可以应用于 BIM 软件的使用过程中。通过 BIM 软件，设计师可以将建筑的各个方面，包括结构、设备、材料、造型等方面的信息进行数字化建模，实现建筑信息的集成和共享。这种全方位的信息模型为设计师提供了更为直观和全面的设计工具，有助于设计师更好地理解建筑的结构和功能，从而更好地进行设计。BIM 软件作为一种工具，可以辅助系统设计的实现。通过 BIM 软件的三维建模和碰撞检测等功能，设计师可以更加高效地进行设计，减少错误和冲突，优化项目成本和时间。这符合系统设计追求的高效、准确和优化的目标。在建筑项目的整个生命周期中，BIM 模型可以作为一个持续更新的数据库，为项目的各个阶段提供所需的信息。这与系统设计中对信息的整合和共享的要求相契合。

综上所述，建筑系统设计与 BIM 软件之间存在相互促进的关系。结合系统设计的理念和方法以及 BIM 软件的功能和优势，可以更加高效、准确地完成建筑项目的设计、施工和运营管理工作。

4.3 建筑工程专业交付

4.3.1 建筑工程的三大交付

1. 建造阶段的交付——比较注重管理与监理

将设计意图，通过施工管理和监理验收，落实到真实的世界中去。在这个阶段，要有明确的技术规程，熟练的产业工人，详实的标准图集，接地气的技术交底、量化的质量验收标准，严谨的监管准则，无遗漏的协作方式。

2. 再造阶段的交付——比较注重处理和治理

将不合格处，通过维保运营和治理修缮，使品质能契合最初的设计意图。在这个阶段，要有专业的修补方案、靠谱的协调机制、环保快速的材料、周全的围挡措施、共同认可的修补标准，以建筑医生的眼界，高屋建瓴地解决问题。

3. 交付必须有目标——比较注重成果导向

1）建筑工程的工期目标：完成胜完美

要正确理解"时间就是金钱，进度就是红线"，要正确处理好"误窝工、返赶工、开竣工、停复工"，确保按时完工。

2）建筑工程的质量目标：品质胜品牌

要正确理解"品质就是生命，口碑就是未来"，要时刻注意"讲标准、讲流程，拼专业、拼服务"，确保质量达到预期。

3）建筑工程的成本目标：长期胜短期

要正确理解"节约就是盈利，安全就是效益"，要精打细算"工程费、措施费、合规费、管理费"，确保不能超出预算。

4.3.2 建造阶段的理性交付

建筑的本质是一个系统工程项目，想要做到建造专业交付，除了有极强的项目管理和监理能力，最重要的是，赢在起跑线上。

1. 项目施工入场做到五个到位

1）人员到位：主要是指施工及管理人员，培训到位、责任到位、管理到位。

2）机械到位：主要是指水电及设备机具，运送到位、检修到位、保养到位。

3）材料到位：主要是指进场时物料核验，资料到位、数量到位、质量到位。

4）工法到位：主要是指方案及技术工法，交底到位、细节到位、样板到位。

5）环境到位：主要是指环境条件宜施工，温度到位、湿度到位、季度到位。

2. 安全文明管理做到五个到位

1）专案到位：主要是指专人专区物资管控，建立台账、隔离危险。

2）围护到位：主要是指临边位置洞口位置，围挡到位、拦护到位。

3）避险到位：主要是指避开雨雪五级大风，谨防霜冻、谨防水冲。

4）安防到位：主要是指防火防电防滑防坠，安全管理，人命关天。

5）特殊到位：主要是指特种作业持证上岗，危险作业，必须监控。

3. 基层验收处理做到五个到位

1）基层坚固到位：强度坚固并达到设计要求。基面须坚实稳定，无空鼓，表面无开裂，凡有不合格处应予以清除修补方可施工。

2）基层密实到位：表层密实，无蜂窝、麻面、浮渣。凡是有碍于粘结的浮渣应予以清除，麻面应加以剔除，孔洞需加以修补。

3）基层清洁到位：表面洁净，无油脂、泥灰、锈渍。凡是有碍粘结的物质，均应采用合适的方式予以清除。

4）基层平整到位：水平、垂平、顺平、齐平。基层要做到四个平，地面水平、立面垂平、坡面顺平、缝隙齐平。

5）基层细部到位：连接、交接、拐角做圆弧。所有进出墙地面管道、预埋件、阴阳角部位，应采用堵漏王做圆弧倒角以降低开裂。

4.3.3　再造阶段的修缮交付

1. 建筑修缮的定义

只要是人造的物品，就有可能出现不合格的现象。不合格时，就要进行修缮或者修理。当且仅当维修服务对象是建筑物、构筑物等不动产时，才叫修缮。如果维修服务仅为动产如机器、设备等，则为修理劳务。

建筑修缮工程是指对建筑物或构筑物其附属设施的装饰层、功能层和结构层，进行改造、加固、修理、归方、找平、修补、恢复、翻新、改善、维护、保养等建筑作业，使之恢复原来的使用价值或延长其工作期限的工程，属于建筑服务的一种。

建筑服务是指对各类建筑物、构筑物及其附属设施等，进行"规划、设计、建造、安装、装饰、拆除、回收"和"改造、加固、修理、归方、找平、修补、恢复、翻新、改善、维护、保养"等一系列维修性的作业活动。

可以这么说，没有修缮技能，就别谈专业交付。不可能出现问题就要全部重头来过，能用最小的成本挽回最大的损失，这就是专业；能用最短的时间拯救十万火急的进度，这也是专业；能用匠心的精神和高强的手艺力挽狂澜、化废为宝，这还是专业。

2. 建筑修缮分类

按照修缮的作业范围可分为：结构层修缮、功能层修缮、装饰层修缮等。

1）结构层修缮，主要包含结构改造、结构加固、结构修理等。

2）功能层修缮，主要包含基层修缮、保温修缮、防水修缮等。

3）装饰层修缮，主要包含大面修缮、边角修缮、孔缝修缮等。

3. 建筑修缮市场发展概论

1）建筑业的发展可分为三个阶段，以我国为例

①第一阶段，大规模新建为主。

②第二阶段，新建与修缮并举。

③第三阶段，既有建筑修缮为主。

中国建筑市场，已经进入新建与修缮并举的阶段。

2）中国建筑修缮市场当下概况

在 2001 年中国加入世界贸易组织前后，开始了一个为期 20 年的辉煌地产周期，其间历经三个去库存周期，至 2022 年年初才降速，此期间以大规模新建为主。据 2022 年统计数据，相较 2001 年，近 20 年来我国建筑面积增长了 914%，平均每年约 40 亿平方米新开工，约 32 亿平方米竣工，既有建筑的面积经过 20 年累计，已高达 700 多亿平方米。

在 2015—2016 年，北京和上海的二手房交易量均超过新建商品房。2022—2023 年，全国主要大中型城市都出现了新建建筑数量急速下降的情况。这一时期，建筑修缮

市场已超过新建建筑市场，逐步从过去的以新建建筑为主的市场格局，慢慢过渡到既有建筑改造维修和新建建筑并举的市场格局，正式进入了后建筑时代。

建筑修缮与当前人民对美好生活追求的目标是一致的。但由于不同年代的技术标准和施工水平不同，建筑物都是逐年老化，并非是一下子爆发的。所以既有建筑修缮的市场将继续保持增长，直至迎来以既有建筑修缮为主的建筑市场。依据专业机构预判，距离以既有建筑修缮为主的时代到来，还有 7 ～ 10 年。

3）建筑防水修缮

据中国建筑防水协会统计和公布，目前国内 65% 的新建房屋在投入使用 1 ～ 2 年后就会出现不同程度的渗漏，因建筑的渗漏导致的投诉占房地产质量投诉的 65%，65% 的建筑防水工程在使用 6 ～ 8 年后都需要翻新。这就是著名的"三个 65%"，防水行业使命沉重。依据专业机构 RCC 对"十四五"全国规划老旧小区改造的住宅规模进行测算：2024—2025 年屋面及室内防水规模为 7.1 亿平方米。据国家年鉴统计，2001—2010 年住宅竣工面积约 145.7 亿平方米，2011—2020 年住宅竣工面积约 261.1 亿平方米，每 10 年住宅竣工房屋的面积超百亿平方米。从整体翻新市场看，住宅屋面及室内防水每年将创造 7 亿～ 9 亿平方米的修缮需求。

由此可见，存量时代的到来，使得后建筑防水维修补漏市场潜力巨大，因建筑渗漏已成为除建筑结构安全之外影响建筑质量的第二大问题，被称为"建筑癌症"，特别是 2022 年 10 月，住房城乡建设部发布了《建筑与市政工程防水通用规范》，对不同使用环境下的防水设计工作年限进行了明确规定，各项工程的防水设计工作年限均有大幅度提升。这一规范的出台，进一步加强了对建筑防水材料行业的约束和改进，推动了行业的健康发展。

5 建筑防水：从系统设计到专业交付

5.1 建筑防水系统设计作用

5.1.1 建筑防水系统设计框架

建筑防水工程和建筑工程一样，都属于系统性的工程，作为系统工程就不会太简单。虽然建筑防水工程只是建筑活动中的一个小分支，不会像建筑大系统那样超级复杂，但同样都需要各方人员合作完成。在这种极其复杂的项目中，合作的每一方不仅预期目标和评价标准不同，认知水平和交付能力也可能都不一样。

一个成熟建筑防水系统，会以体系化的顶层设计、泾渭分明的底线思维、逆向思考的危机意识和通盘考虑的投资理念，从系统设计到专业交付，让复杂问题模块化、模块问题标准化、标准问题流程化、流程问题清单化，明确材料性能和系统功能，使项目各个参与方更容易协同目标，直至圆满完成防水项目。

5.1.2 建筑防水系统设计原则

1. 防排结合，因地制宜

中国建筑防水如果从土木时代开始算起，有近一万年的历史。这一万年的防水历史，尤其是大禹治水的故事告诉我们，要想防水长长久久，不能只靠防水，排水能安排就要安排上。防水和排水是一个问题的两个方面，考虑防水的同时必须考虑到排水，应先让水顺利地排走，只要没有积水，自然可减轻防水层的压力。

2. 多道设防，刚柔并济

多道设防是指采用不同性能的防水材料，通过复合和组合形成一个成熟的防水系统。实践证明，采用多道设防，可做到优势相加、劣势互补，有效提高整体防水性能，从全生命周期考虑，相比过去前做后漏的单层做法，是一种更加经济、合理和可靠的做法。

3. 构造材料，双管齐下

材料防水主要是指在防水主体外设防水层，或在防水主体的裂缝、接缝和变形缝处采用相应的防水材料和措施进行设防。

构造防水是指利用防水主体采用一些构造措施，形成如滴水、落水、鹰嘴、坡道等，切断和阻断水的侵入，它是综合考虑了防水工程的功能、项目特性后做的防水设计。

只片面夸大防水材料的作用，重视材料防水，而忽视了构造防水的贡献，是非常不合理也非常不可取的。所以材料防水和构造防水双管齐下，才是正理。

4. 抗放结合，张弛有道

建筑物的受力类型可以分成两类：一种是外力，如结构承重受力；另一种是内力，如冻胀融缩、湿胀干缩、热胀冷缩导致的变形荷载。国内外的研究表明，使建筑物防水功能失效的主要原因，是防水工程同时受到外力和内力这两种力的作用，引起变形开裂导致的。

所谓"十漏九裂，十裂九空"。当变形受到约束，大于建筑主体或者防水层的受力极限时，就会引起建筑主体及防水层的空鼓和开裂。从减少开裂的角度出发解决建筑防水问题，就有了抗放结合的思路。

"抗"即抵抗外荷载和变形的能力，主要用于增强防水层细部节点和接缝密封的整体防水性、抗变形和耐久性。如在聚合物防水涂料施工中，铺无纺布做成二布三涂防水层，再如外墙防水中加入抗裂网格布等，都是这种"抗"的思维。

"放"是指缓减和减少约束，尽量留有伸缩余地，以释放大部分变形。如在结构主体设置变形缝和诱导缝，或在应力集中处设置隔离层、缓冲层、滑动层，使防水层尽量不受基层变形影响。在卷材施工中采取点粘法、条粘法、空铺法或机械固定法也属于"放"的措施。

5. 整体连续，没有遗漏

防水设防应整体连续。不允许出现一些部位设防，而另一些部位不设防或设防薄弱，更不允许防水层不连续。如屋面工程中，在1头2沟3缝4口5根等细部节点不做加强或者加强得不够专业，极易引起渗漏。

6. 具体项目，具体设计

由于设防主体的建筑性质、重要程度、结构特点、使用功能和耐用年限各不相同，尤其是气候环境条件、使用环境条件、施工环境条件都不可能完全相同，所以建筑防水设计与建筑设计一样，应进行独立设计，不能照抄，即具体项目，具体设计。

7. 合理选材，系统匹配

新型防水材料的不断涌现，为防水效果的提高提供了一些可能性。但如何进行合理构造设计，并最终形成一个完善的交付系统，必须采取科学态度，进行必要的材料试验和整体的型式检验。进行建筑防水的系统性设计时，选材可采取以下原则：

1）根据不同的工程部位选材。如屋面长期暴露在风雪交加、寒来暑往、昼夜相间环境中，屋面变形频繁，应选用耐老化性能好、有一定延伸性、耐热度高的防水建材，如TPO和丁基橡胶复合类卷材。

如面积不大但转角多、管线多的卫浴间，还要铺贴瓷砖，宜选用一定的柔性、可承载面层负荷、涂层成膜不受基面凹凸形状影响的防水涂料，如JS类聚合物水泥防水涂料。

2）根据防水主体的功能要求选材。如种植屋面种植土下的防水层需要能阻止植物根穿，须选用具有物理阻根、化学阻根效果的防水卷材。因为一旦渗漏，维修极其困难，宜在开始就做一级设防。

如地下室防水设计工作年限要与建筑同寿命，一旦渗漏，维修同样极其困难，外部开挖甚至会引起建筑不均匀沉降和倒塌，宜在开始就做一级设防。

3）根据工程项目的使用环境选材，气象、土壤、水文也会影响防水建材的选择。如水位较高的地下工程长期浸水，宜选用耐水性强、可在潮湿基层施工的聚氨酯类防水涂料，而不要选用水乳型涂料。

4）根据工程项目的设计标准选材。对高等级和高标准的防水工程要选用高档次的材料（优等或一等品），一般的则可选用档次低一些的合格品，国家现有规范所确定的防水工程等级是选材的重要依据。

5）根据有利施工和方便维修的原则进行选材。施工操作是防水工程保证质量的核心，除了要提高专业防水施工队伍的素质及施工技术水平外，还要在设计时考虑施工及维护因素。若难施工难维护，将大大增加整体成本。

8.绿色低碳，持续发展

节约资源、节约能源、环境友好、可持续发展是绿色建筑的共同课题。防水材料也应力求在实现防水功能的同时，对节能减排、保护环境等做出贡献。

9.通盘考虑，综合成本

防水设计要强调全生命周期的投资，不仅包括一次性投资，更应考虑所有日常维护、大修、翻修时的成本，还要考虑社会效益、经济效益和环境效益。

比如，部分喷涂类聚氨酯材料，对人体健康有着极大的伤害，在进行相应的专业交付前，就要对相关工人进行危险化学品和劳动专业保护培训。

最后，我们再次回到本章开始就强调的点，那就是系统设计，是人类掌握的最高级的思维。而绿色建筑防水系统，则是建筑人掌握的最高级的防水思维。

一个成熟的防水系统，总是考虑全面和目光长远，做到"防排结合、多道设防、双管齐下、抗放结合、整体连续、具体分析、合理选材、绿色低碳、经济合理"十全九美。

5.1.3　防水系统设计落地指南

1.系统设计，三次深化

国内很多防水工程中，由于前期设计对防水系统理解不够，造成了前期系统设计和后期专业交付之间脱节严重。有资料统计，新建建筑 5 年内渗漏的比例基本在 30% 以上，10 年以上乃至 20 年的渗漏比例就更高。

因此就有了三次防水设计的概念。即先由设计单位进行防水初步设计，确定防水等级；再由专业厂家介入提供防水系统设计，确认功能等级；最后由专业防水公司进行防水深化设计，确定施工工艺，绘制节点构造大样。最终使用户获得最大的技术经济效益。

2.三次深化，需要协同

1）三次深化需要项目参与方协同目标，但现实情况是合作方不止有三家，而且大家各有各的能力和想法，联合不易。具体见表 5-1。

表5-1　项目参与方的具体做法和产生的问题

参与方	具体做法	产生的问题
项目业主	指定多个材料品牌或单一品牌甲供材料	施工单位自选会选择最低价产品，甲供材料损耗就成了焦点，使甲乙双方都很不愉快
设计部门	没有标注的部分，应参照相关标准进行	施工一线不会去问什么相关标准，他们个人的施工习惯就是实际的施工标准
	建筑用料用通称，材料标准模糊化	施工单位以成本最低化来进行用材选择
材料厂家	以前仅对材料质量负责	质量问题一旦形成，材料拿去检测当然都能通过，但是否正确应用却是施工单位的事
施工单位	施工一线追求施工效率最大化，承包单位追求差价最大化	建筑通病不少，但维修费用远少于偷工换料的利益
监理单位	采用目测和简单的经验判断进行施工质量监控、验收	缺乏使用客观的检测仪器和手段对项目进行验收，使质量控制偏向于形式化

2）如何才能化解？

也许市场上已经在发生的一些变化可以给您一定的思考。现在市场上已经出来一种组合，那就是材料厂家4.0版本：材料厂家身兼四职，变成了四合一管理，同时具备材料厂家、施工队伍、设计单位、接单平台的功能。

——材料厂家自己出图集、自己出系统、自己出培训；

——然后建平台，从业主那接单，并派单给专业师傅；

——业主就像在淘宝消费一样，给师傅服务打分评级。

3. 构造设计，全面考虑

影响构造成败的因素有很多，归纳起来可分为以下几个方面：

1）功能特性和外界环境

防水建筑主体的使用功能不同，防水材料的性能都有其特殊性，防水外在接触的环境各不相同，防水队伍的技术水平参差不齐，因而防水系统构造失效的原理也就不同。

2）材料性能和效能等级

防水工程标准差距大，不同性质、不同用途的防水工程有着不同的防水设计标准。采用的材料不同、构造方案不同、施工工艺不同，对造价的影响较大。因此要更多地从建筑的全生命周期内去考虑投资回报率，得出综合性价比。

3）施工技术和管理技术

正确施工是保证防水工程质量的关键，而防水系统构造设计则为正确施工提供可靠依据。只有将细部节点构造交底清楚，施工交付才能准确无误。从另一方面讲，施工也是检验构造设计是否合理的重要判断依据。

5.2 建筑防水系统成败分析

5.2.1 建筑防水可能失败的原因

如果一个建筑防水失败，从系统设计的角度，会有什么样的原因？第一，不知道要防御的是什么样的水；第二，不知道用什么样的系统去防御；第三，不知道用什么性质的材料去防御。

1. 不知道要防御的是什么样的水

1）不知道水有哪几种，进而防水材料的性能达不到要求。

从水的化学成分有酸类、碱类、盐类之分，如果防水材料不能正常地抵御酸碱盐的侵蚀，不耐酸、不耐碱、不耐盐，长久的防水就无从谈起。

从水的物理变化有固态、液态、气态之分，如果防水材料不能正常地抵御固液气的侵害，不耐热、不耐冻、不耐泡，长久的防水就无从谈起。

从水的温度变化有冷水、热水、潮气之分，如果防水材料不能正常地解决空间结露问题，不通风、不保温、不隔热，长久的防水就无从谈起。

2）不知道水有多厉害，进而防水材料达不到要求

从宏观到微观，水分成米（m）、毫米（mm）、微米（μm）、纳米（nm）、皮米（pm）、飞米（fm）六级。

1m=1000mm，主要解决积水问题，以排水为主，靠的是坡度和抽送，一般只要结构材料有较大的坡度，积水的高度低于对应建筑高度，就可以完成。针对这个级别的防水，最常见的防水材料类型多是混凝土自防水、陶瓷饰面砖、玻璃瓦等密实坚实材料。

1mm=1000μm，主要解决漏水问题，以堵漏为主，靠的是堵漏和密封，一般只要把管道四周密封起来，结构层的表面没有肉眼可见的裂缝，就可以完成。针对这个级别的防水，最常见的防水材料类型多是密封胶、堵漏王、防水胶带等节点处理材料。

1μm=1000nm，主要解决渗水问题，以抗渗为主，靠的是密实和排水，一般只要

是建筑的立面，且建筑材料或建筑防水材料表面相对密实，就可以完成。针对这个级别的防水，最常见的防水材料类型多是防水砂浆、防水浆料、防水涂料、透明涂层等材料。

1nm=1000pm，主要解决蓄水问题，以防水为主，靠的是耐候和抗裂，一般只要不是长期蓄水，且防水材料足够密实、耐候和高断裂延伸率，就可以完成。针对这个级别的防水，最常见的防水材料类型就是防水涂料、沥青防水卷材、高分子防水卷材等。

1pm=1000fm，主要解决潮气问题，以抗压为主，靠的是负压加防潮，一般只要不是较深蓄水和负压防水状态且防水材料可防御气态水，就可以完成。针对这个级别的防水，最常见的防水材料类型，正压防水以防水卷材为主，负压防水用环氧类防潮材料。

2. 不知道用什么样的系统去防御

1）不知道水压从何方来，往哪个方向使劲

水从迎水面而来，不透其他材料，直接与防水材料面相接触，正面顶住水压，称之为正压防水。如卫浴厨防水、游泳池防水、各种屋面防水。

水从背水面而来，透过其他材料，间接与防水材料面相接触，背面顶住水压，称之为负压防水。如地下室的内墙面防来自地下的潮水，在衣帽间一侧防止卫浴厨的渗水。

水顺正立面而下，不经其他材料，与防水材料平行接触，干湿交替，几乎没有蓄水造成的水压，称之为低压防水。如外墙面防水、外保温防水、坡屋面防水。

2）不知道水从哪里来，只会头痛医头脚痛医脚

局部排水不畅，积水成渊。最典型的是地下室外侧防水，没有排水坡度，外加采用了非满粘卷材，一旦遇到防水层失效，就会绕开防线，形成大量的窜水。

冷热空气交锋，结露成水。最典型的是地下室室内空间，潮气大，通风也不好，室内的空气温度相对高，遇到地下室内墙壁常年低温，冷热交锋，形成结露。

建材不够密实，渗透潮水。最典型的是地下室内侧，用了防水砂浆这种不够致密的材料，只能防住水，却防不住潮气，虽然肉眼不可见，水汽依然会源源不断。

3）不知道水能抄近路，"马其诺防线"有了薄弱环节

首先，系统既讲究整体性，也讲究关节性——因为水的无孔不入性，即使整体做得再到位，由于细部节点处理不到位，或者是工艺不成熟，或者是材料性能不够好，也会失效。

其次，系统既讲究整体性，也讲究层次性——即使整个大面做了防水，但由于只做

了单道设防没多道设防，或有的防水厚度不达标，或是偷工又减料，或是施工机具选得不合适，也会失效。

最后，系统既会有大系统，也会有小系统——站在防水小系统的角度，即使系统做得再好，如果站在建筑大系统角度，或基层不平，或结构沉降，或找平层空鼓，也会失效。

3. 不知道用什么性质的材料去防御

防水层需选取合理的防水材料，如采用防水涂料或防水卷材在建筑的迎水面或者背水面，制成致密的能够隔断水而不使渗透的构造层次。防止水渗透的方式有以下三种：

1）防水方式：防水材料本身致密、无空隙，通常的水压下水不能穿透过去。比如游泳池多采用防水卷材或者高分子防水涂料，才能抗住水压不渗透；再比如地下室，需要用到负压防潮材料，才能在不鼓包的同时，防住蒸汽水。

2）憎水方式：在防水的部位涂敷憎水性涂料，如有机硅、各类油蜡脂等。比如遇到建筑外立面漏水，可以采用有机硅、超清水等无色透明的防水材料进行修缮，以憎水效应的方式，达到防水的效果。

3）化学方式：粉状材料涂敷在混凝土表面，与水泥和混凝土化合生成新物质。比如地下室的混凝土结构自防水，前期设计要求达到 P8 抗渗等级，但实际只有 P6，不符合设计要求，就可以追加使用渗透结晶型防水涂料，对原结构进行抗渗加强措施。

5.2.2　成功防水系统的可取之处

一个成功的建筑防水系统设计，除了厂家在专业方向上持续保持专注，在时间维度上不断地累积迭代外，一般还需要做到以下三条。

1. 是否全面考虑"人""机""料""法""环"五大因素

1）人指的是是否有熟练的产业工人。不仅要有工人，还要成梯队，既要具有匠心的师傅，也要有培训的教练导师，还要有精通管理的带队工长和进行监管交付的监理。

2）机指的是是否有高效的施工机具。不仅要有工具，还要成体系，专业的机具是成套的，是与工人师傅施工的动作——匹配的。过去大师傅多靠手艺就行，今天产业工人则要靠工艺机具弥补经验和提升效能。

3）料指的是是否有适合的全套材料。不仅要有材料，还要成套。材料要有装饰材

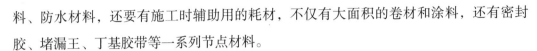

料、防水材料，还要有施工时辅助用的耗材，不仅有大面积的卷材和涂料，还有密封胶、堵漏王、丁基胶带等一系列节点材料。

4）法指的是是否有专业的标准工法。不仅要有工法，还要有规范，有产品技术说明、有施工技术规范、有施工节点详图、有技术交底文件、有施工培训视频、有常见错误的预防及挽救措施、有验收及保护指南。

5）环指的是是否可经受住环境的考验。不仅要考虑环境，还要全方位，有生产环境、有运输环境、有存储环境、有施工环境、有养护环境、有使用环境、有室内环境、有室外环境、有天文地理环境。

2. 想要专业交付，不仅理论上可行，还要久经考验，在现实中有成功的案例

三十年众生牛马走，六十年诸佛龙象卧。纵观国内外世界级知名建筑防水材料公司，任何殿堂级的成熟防水系统，莫不经过雨打风吹、寒来暑往，历经30年到60年的沉淀。

1）有成套的材料标准。任何出现在系统中的材料，都有对应的量化的优异性能标准。

2）有成型的系统标准。从底子到里子再到面子，从大面到细部节点都有对应的构造设计。

3）有成熟的施工标准。从基层验收、局部修补、整平基面、防水施工到成品保护都有施工标准。

4）有成图的安装示意。从底到面，无论大面构造或是细部节点上描述都详尽殷实加视频。

5）更有全程的监管。从事前模拟、进场验收、事中监管到最后的验收过程全面覆盖。

3. 针对不同的区域部位，都有着非常具体的系统性解决方案

过去年代的人，一块肥皂洗全身；到了现代，仅护脸就有卸妆油、洗面奶、粉底液、防晒霜。防水系统也是一样的道理。具体可参见本书第3章3.1.7～3.1.9节的内容。

5.2.3　建筑防水系统设计的分类

1. 建筑防水系统分类与等级

国家标准《建筑与市政工程防水通用规范》（GB 55030—2022）中，关于建筑工程

的分类，除了市政工程，大致可以分成五个大类，分别是屋面工程、外墙工程、室内工程、地下工程、水池工程；又按照重要等级，从高到低划分成甲、乙、丙三个等级。

2. 建筑防水系统的规范与标准

1）《建筑与市政工程防水通用规范》GB 55030—2022

2）《屋面工程技术规范》GB 50345—2012

3）《地下工程防水技术规范》GB 50108—2008

4）《住宅室内防水工程技术规范》JGJ 298—2013

5）《建筑外墙防水工程技术规程》JGJ/T 235—2011

6）《种植屋面工程技术规程》JGJ 155—2013

7）《采光顶与金属屋面技术规程》JGJ 255—2012

8）《坡屋面工程技术规范》GB 50693—2011

9）《中式瓦屋面工程技术规程》T/CECS 1340—2023

10）《倒置式屋面工程技术规程》JGJ 230—2010

11）《单层防水卷材屋面工程技术规程》JGJ/T 316—2013

12）《建筑工程施工质量验收统一标准》GB 50300—2013

13）《混凝土结构工程施工质量验收规范》GB 50204—2015

14）《钢结构工程施工质量验收标准》GB 50205—2020

15）《砌体结构工程施工质量验收规范》GB 50203—2011

16）《建筑防水工程现场检测技术规范》JGJ/T 299—2013

17）《屋面工程质量验收规范》GB 50207—2012

18）《地下防水工程质量验收规范》GB 50208—2011

19）《建筑装饰装修工程质量验收标准》GB 50210—2018

20）《住宅室内装饰装修工程质量验收规范》JGJ/T 304—2013

21）《绿色建筑评价标准》GB/T 50378—2019

3. 建筑防水系统修缮类标准

1）《既有建筑鉴定与加固通用规范》GB 55021—2021

2）《既有建筑维护与改造通用规范》GB 55022—2021

3）《房屋渗漏修缮技术规程》JGJ/T 53—2011

4）《建筑防水维修用快速堵漏材料技术条件》JG/T 316—2011

5)《民用建筑修缮工程施工标准》JGJ/T 112—2019

6)《建筑工程渗漏水治理技术规程》T/CCIAT 0043—2022

5.3 建筑防水修缮技术概论

5.3.1 建筑防水修缮技术简介

1. 建筑修缮系统

建筑修缮是一个系统，可以分成三个组成部分：①底子工程的结构修缮；②里子工程的功能修缮；③面子工程的装饰修缮。

2. 建筑防水修缮系统

尽管防水是建筑的一个功能，按道理来说建筑防水修缮应该属于建筑的里子修缮工程。但在现实中，建筑防水修缮却不太好这么简单地划分。这是因为，尽管防水层承上启下，位于结构层上和装饰层之下，但建筑防水的失效，却不一定只是防水层本身出了问题，问题的根源，还有可能是来自结构层、基础层、保温层、装饰层以及周边环境的突变，才拖累防水层，出现了渗透水问题。而且修理好后，如果不恢复面层的装饰，客户也无法继续使用。所以从严格意义上来说，狭义的建筑防水修缮指的主要是防水层修缮，而广义的建筑防水修缮则可能从结构层开始，直到装饰保护层才算结束，完全覆盖了改造、加固、修理、归方、找平、修补、恢复、翻新、改善、维护、保养等一系列作业，牵一发而动全身。

1）当结构层出现问题，影响建筑防水时，则需要进行改造、加固、修理作业。

2）当基础层出现问题，影响建筑防水时，则需要进行归方、找平、修补作业。

3）当防水层出现问题，影响建筑防水时，则需要进行修补、恢复、翻新作业。

4）当饰面层想要持久，影响建筑防水时，则需要进行改善、维护、保养作业。

5）室内出现了返潮，不一定是建筑防水出了问题，还有可能是遇到冷热空气交锋导致的结露冷凝现象，则需要进行保温、通风、除湿作业，手段方法不一而足。

3. 建筑防水修缮常用术语

1）建筑渗漏：指建筑外部的水透过建筑结构进入建筑内部空间，并在该内部空间表面形成肉眼可见的湿渍或渗流的现象。建筑渗漏通常包含以下类型：

①屋面工程渗漏，包括种植顶、金属顶、采光顶、瓦屋顶、平屋顶等渗漏；

②地下工程渗漏，包括地下室、水下隧道、地下铁道等渗漏；

③外墙工程渗漏，包括涂料外墙面、瓷砖外墙面、保温外墙面等渗漏；

④室内工程渗漏，包括厨房间、卫浴间、阳露台等渗漏；

⑤水池工程渗漏，包括游泳池、景观池、蓄水箱等渗漏。

2）渗漏查勘：采用实地调查、观察、仪器检测、淋水、蓄水或雨后观察，及不影响安全的局部微创的检查方法，查找渗漏原因和渗漏范围的工作。

3）渗漏治理：对影响建筑渗漏现象，采用封堵、疏排、抽取、设防、密封等方法措施，将渗漏水封堵在防水系统外，或通过导流将水排出的工程维修活动。

4）防水维修：对民用及工业建筑，局部不能满足正常使用要求的防水层，采取定期检查更换、整修等措施进行修复的工作。

5）防水翻修：对建筑渗漏水部位的对应区域或整体区域，采取清除原防水层乃至构造层，按原建筑防水系统设计方案或全新建筑防水系统设计方案，重新恢复建筑防水及其他功能的治理方法。

6）加固改造：针对结构性导致的渗漏，采用增加和改建建筑构造，加强结构层安全刚度，增强结构性防水性能，降低结构性断裂和开裂可能，加大结构性疏排抽水措施的施工作业。

7）钻孔注浆：在基层表面采用机械钻孔的方法使注入口与浆液到渗漏点形成通道，并在注入口埋置单向注浆嘴（针头），在注浆机压力作用下，注入止水浆液，以切断渗漏水通道的方法。

8）密封堵漏：采用砂浆类、密封类、胶带类等修补材料，对建筑结构及建筑构造节点处如管道、地漏、结构缝、阴阳角、装饰缝等渗漏部位，进行桥接、封堵、止水的施工作业。

9）找平处理：利用界面处理材料阻隔电腐蚀、防止水侵蚀、加强基层强度、增加界面黏合，利用找平材料、纤维网格、钢丝网架抵抗开裂，为防水层提供坚实、稳定、平整的作业处理。

10）保温隔热：利用保温隔热材料，为原建筑增设密封隔气、保温和隔热功能，降低室内空间因冷热空气交锋冷凝结露导致的返潮所采取的一系列施工作业。

11）装饰保护：利用渗透或成膜等防水、抗渗、耐磨、耐候材料，定期或不定期在装饰层表面施涂一层防护材料，以达到加强建筑结构防水功能、延长饰面材料使用寿命的施工作业。

12）二次结构：原建筑防水失效的结构面已经不具备维修可能，可以在原结构面外通过设立二次结构进行防水修缮的方法，包括但不限于幕墙、止水台、轻质隔墙、架空地板等。

5.3.2 建筑防水修缮设计原则

1. 建筑防水修缮基本原则

1）渗漏水治理不应影响结构安全和使用功能。如果结构不够安全应预先予以处理，如影响到使用功能应予以恢复。

2）渗漏水治理应遵循"因地制宜，抽排防保相结合，合理选材，综合治理"的原则，并做到安全可靠、经济合理、节能环保。

3）除业主或设计单位同意调整防水等级外，治理后防水等级应不低于原设计要求。如：地下工程不低于结构设计工作年限，室内工程不低于25年，屋面工程不低于20年。

4）渗漏水治理施工前应查勘现场，收集相关技术及施工资料，并编制渗漏水治理方案。必要时应确认缺陷部位，是否需要对结构进行补强和加固。

2. 建筑防水修缮基本流程

1）防水堵漏——现场勘查分析；

2）防水堵漏——推荐治理方案；

3）防水堵漏——入场施工准备；

4）防水堵漏——基层验收处理；

5）防水堵漏——大面防水施工；

6）防水堵漏——防水质量验收。

3. 建筑防水修缮补充流程

除了针对防水层有明确的施工方案外，假如防水是因为结构层或基础层引起的，也需要有对应的成套方案，包括但不限于：结构层的归方、找平、修补方案措施，基面层的改造、加固、修理方案措施和装饰面层的恢复、增强、维护措施等。

5.3.3　建筑防水修缮方案细则

1. 防水堵漏——现场查勘方案应包括下列内容

1）工程所在位置周围的环境，使用条件、气候变化对工程的影响；

2）渗漏发生的部位、现状；

3）渗漏变化规律；

4）渗漏部位防水层质量现状及损坏程度，细部防水构造现状；

5）渗漏原因；

6）渗漏对结构安全影响和对其他功能的损害程度。

2. 防水堵漏——现场查勘方法宜采用下列方法

1）走访、咨询相关技术人员、物业管理单位等；

2）肉眼观察检查；

3）设备仪器检测；

4）必要时进行淋水、蓄水试验或雨后观察；

5）局部剔凿、拆除、剥露等微损勘验。

3. 防水堵漏——收集资料方案宜包括下列内容

1）原防水设计文件；

2）原防水系统使用的构配件、防水材料及其性能指标；

3）原施工组织设计、施工方案及验收资料；

4）历次修缮技术资料。

4. 防水堵漏——整体设计方案应符合下列规定

1）因结构损害造成的渗漏水，应先进行结构修复；

2）不得采用损害结构安全的施工工艺及材料；

3）严禁采用国家和行业明令禁止使用的防水材料和施工工艺；

4）渗漏修缮中，宜改善提高渗漏部位的无害导水功能；

5）渗漏修缮应统筹考虑保温和防水的要求；

6）施工应符合国家有关安全、劳动保护和环境保护的规定。

5. 防水堵漏——系统修缮方案设计宜包括下列内容

1）确定采用局部修复或整体翻修的修缮方式；

2）整体翻修时，防水堵漏材料应按相应防水工程标准进行现场见证抽样复验；

3）局部维修应根据用量及工程重要程度，防水材料复验由委托方与施工方协商；

4）防水与防水相关层次构造及施工工艺；

5）修缮材料及主要物理性能进场抽检频次由委托方、设计方和施工方协商确定；

6）质量要求与检验方法应进行施工过程检查、隐蔽工程验收、竣工项目验收；

7）安全注意事项与环保措施；

8）成品保护措施；

9）渗漏水治理采用的新材料、新技术、新工艺应经论证可行后实施。

6. 防水堵漏——材料选用方案应符合下列规定

1）材料应按修缮部位、修缮方式、施工可操作性等因素选用；

2）应满足施工条件和使用环境的要求，且应配置合理、安全可靠、节能环保；

3）局部修缮选用的材料应与原防水材料相容、耐用年限相匹配；

4）外露使用的防水材料，其耐老化等性能应满足使用要求；

5）应满足由热胀冷缩、冻胀融缩、湿胀干缩等引起的变形要求；

6）材料的质量、性能指标、试验方法等应符合相关标准的规定；

7）渗漏修缮施工应由专业施工队伍承担，作业人员应经过专业培训；

8）材料性能应符合相关标准规定与设计要求，有相应合格证等相关质量证明资料；

9）与原防水层搭接或相邻施工的防水材料应具有相容性；

10）用于饮用水池维修的防水堵漏材料，应符合现行国家标准 GB/T 17219 的规定。

7. 防水堵漏——施工作业方案应符合下列规定

1）渗漏水治理应由专业队伍施工，施工前应根据修缮设计方案进行技术、安全交底，施工过程需要变更方案时应办理变更手续。

2）进入现场的防水材料及配套材料应有出厂检验报告、产品合格证和型式检验报告，材料的性能指标应符合相关标准的规定。

3）整体翻修或大面积维修时，应对防水材料进行现场见证抽样复验；局部维修时，应根据用量及工程重要程度，由委托方和施工方协商防水材料的复验。

4）对易受施工影响的作业区应进行遮挡与防护，作业区域应有可靠的安全防护措施，施工人员应根据需要配备安全防护服装、设备。

5）基层应符合修缮方案要求，并经验收合格；施工作业应采取防止扬尘、减少噪声的措施，对可能受到污染部位进行保护，文明施工。

6）不得破坏原有完好防水层和保温层，局部修复铲除原防水层时，应预留新旧防水层搭接宽度，新旧防水层应顺茬搭接，并做密封处理。

7）施工过程中应随时检查修缮效果，并应做好隐蔽工程施工记录；修缮施工过程中的隐蔽工程，应在隐蔽前进行验收。

8）维修施工作业区域应确保施工环境安全和施工作业安全；对已完成渗漏修缮的部位应采取保护措施。

9）施工环境温度应符合选用的材料要求，不得在雨雪天、四级风以上天气进行露天作业，冬期施工时应采取相应保温措施。

实战篇

6 屋面防水实战：从系统设计到专业交付

6.1 屋面防水系统设计概论

6.1.1 建筑屋面概论

1. 屋面的定义

屋面是屋顶或者屋盖的外表面，是建筑物最上层的构造层，需要抵御寒来暑往、雨打风吹、霜雪交加、冰雹加身、高空坠物等侵蚀与冲击，会遭遇热胀冷缩、湿胀干缩、冻胀融缩等应力变化，是建筑与天空的分界。

2. 屋面的分类

——按照外形划分：平屋顶屋面、坡屋顶屋面等；

——按照建材划分：瓦屋顶屋面、金属顶屋面等；

——按照功能划分：种植顶屋面、采光顶屋面等。

3. 屋面的常见构造

屋顶是一项系统性的工程，其构造包含了屋面结构层及以上所有层次。

——基础结构层，如钢结构、混凝土结构、木结构。

——特殊功能层，如隔汽层、阻根层、隔离层。

——保温隔热层，如保温层、隔热层、隔声层。

——防水防潮层，如涂膜层、卷材层、复合层。

——饰面装饰层，如光伏板、防水瓦、饰面砖。

作为细部构造，有"1头2沟3缝4口5根"之说，包括收头、天沟、檐沟、变形

缝、分格缝、开裂缝、出入口、水落口、过水口、檐口、墙根、设备根、烟囱根、管道根、天窗根。

6.1.2 屋面防水概论

1. 建筑屋面防水系统设计的原则

建筑屋面防水系统设计是确保建筑屋面防水工程质量的前提，又是施工和质量检验的依据。设计一旦错误或考虑不周，造成质量问题，往往很难弥补，损失严重。因此，为了切实做好建筑屋面防水工程，建筑屋面防水的系统设计应遵循如下原则：

1）顶层设计、底线思维、逆向溯因、通盘考虑——全局预判很重要。

2）从底到面、从零到整、因地制宜、综合治理——万全之策很必要。

3）构造合理、优选材料、确保工艺、严格把关——流程监管很扼要。

可以说，建筑屋面防水的成功，不仅仅是依靠防水层本身，所谓牵一发而动全身，其成功，有赖于整个建筑屋面工程的"每一种材料、每一项指标、每一道工序、每一层构造、每一处细节、每一个功能、每一句指令、每一次核验"的有机结合和共同发力。

2. 建筑屋面防水系统设计的目标

1）防水系统的设计工作年限

工程防水设计工作年限是指工程的防水体系不需要进行大修即可达到设计预期目标的工作年限。其依据工程的重要程度、破坏或性能降低导致的经济损失、维修的时间周期、现有的材料、构造性能等因素而确定，是工程防水的基本要求。在工作年限内，工程防水的系统设计、材料选择、实施过程等均应满足防水设计要求。

2）屋面防水系统设计新变化

屋面防水工程是建筑工程中要求比较严格的一个分项工程，要确保建筑屋面防水的工程质量在设计工作年限内不出现问题，就要提前做好与设计要求相匹配的全案设计。国家强制性标准《建筑与市政工程防水通用规范》（GB 55030—2022）实施后，将防水设计工作年限，从之前的 5 年提高到了 20 年，要求 4 倍起飞之后，屋面防水系统设计的逻辑就改变了。

3）传统防水需求的当代建构

在过去，屋面防水工程主要是防止雨水侵入建筑物内，保障室内环境。如今的时代，还要加上对屋面有综合利用的要求，比如屋面作为活动场所、停车场、屋顶花园、蓄水隔热、光伏发电等，这些建筑活动对屋面防水层的要求更高。

如今的防水层，不仅仅要防止因毛细孔、裂缝、孔洞、间隙形成的传统的渗漏水通道，更要能抵御阳光、大气、紫外线、臭氧等造成的老化，风霜雨雪的冲刷，耐酸碱盐等化学介质的侵蚀，承受各种变形疲劳和根系穿刺，保证防水层不受损坏而发生渗漏。

再加上新国标将防水工作年限要求4倍起后，有个假设大家应该接受，那就是以前做防水时攒下的设计的思路，如选品的渠道、工艺的细节、师傅的经验、验收的标准、保护的措施、分项的衔接等，可能都要推倒重来，直至防水系统再度成熟可靠。

所以在当下，建筑屋面防水的系统设计，要尽可能充分地预估到各种不利因素的综合影响和发生概率，方有可能达到在更长久的防水耐用年限内不出现渗漏的预期目标。为了提升系统的可靠性，就必须充分考虑系统设计方案的适用性，包括但不限于：

——施工以及使用环境的影响性；

——采用材料的合理性及稳定性；

——细部节点的特殊性及全面性；

——构造层间的匹配性和相容性；

——施工工艺的操作性和可行性；

——成品保护的时段性和有效性；

——出现纰漏的概率性和危害性。

只有充分考虑到以上提到的所有影响防水工程质量的诸多因素，并在此基础上做出的屋面防水系统设计，防水设计才算真正具有了可靠性。

3. 屋面防水系统设计的手法

1）从底到面——归根结底，这是一项系统工程。

基础结构层，如钢结构、混凝土结构、木结构，可以为建筑结构提供最为基础的排水功能，特别是排水的构造和坡度。只是结构本身的防水耐水功能有限。

隔汽疏排水层，如隔汽层、排水层，可以为建筑结构提供隔绝冷凝水、排走冷凝水的构造和坡度，尤其是在冷桥部位，难免会存在一些冷凝水问题。

保温隔热层，如保温层、隔热层，可以为建筑构造提供保温隔热作用，让屋面不产生冷凝水或少产生冷凝水，同时可以保护防水层，延长防水层寿命。

防水防潮层，如涂膜层、卷材层，可以为建筑构造提供核心的防水功能，适应冻胀

融缩、湿胀干缩、热胀冷缩、承受荷载的主体变形，长效防水。

饰面装饰层，如光伏板、防水瓦、种植顶，可以为建筑构造提供采光遮阳、清洁能源和靓丽装饰的同时，还兼具了防排水功能，装饰功能消碳一体化。

2）防排结合——万年防水史，无非排水与防水。

利用水向下流的特性，不使水在防水层上积滞，尽快流出，为良好的排水。利用防水材料的致密性和憎水性，构成一道封闭的防线，隔绝水的渗透为防水。排水设计让屋面积水能迅速排走，可减轻屋面防水层负担，减少了屋面渗漏机会。致密的屋面防水又为排走积水提供了充裕的时间，同样减少了屋面渗漏的机会。防水与排水相辅相成、互为犄角，都是一个成熟的防水系统不可或缺的一部分。

3）达到厚度——无厚度，不防水。

单道防水设防是在屋面构造中仅设计一道具有独立防水能力的防水层进行防水设防，防水层可以是卷材，也可以是涂膜，但其最小厚度必须满足规范中有关条款的规定，小于规定厚度不能算作一道防水设防。

4）多道设防——优势相加，劣势互补，刚柔并济。

多道防水设计原则，可充分提高屋面防水的可靠性，以应对诸多不利因素，第一道防线被突破，还有第二道、第三道防线可以弥补，使得防水系统的安全呈指数级地增长。

需要特别提示的是，两种不同卷材或同一种卷材上下并用时称为叠层，如果叠层厚度仅为一道设防的厚度，也只能算一道，而不能算多道设防。

多道防水设防的重点，是可以充分发挥不同材料的性能特点，通过材料性能之间的优势相加、劣势互补，以达到多道防水层的最佳组合效果。如卷材防水层与涂膜防水层组合，就既可以充分发挥涂膜的整体性，也可以发挥卷材材质稳定的优势，互相弥补存在的缺点。

屋面防水进行多道设防时，可采用同种卷材叠层或不同卷材复合；也可采用卷材、涂膜复合，刚性防水和卷材或涂膜复合等。

对采用多种防水材料复合的屋面，应充分利用各种材料技术性能上的优势，做到优势互补，如将耐老化、耐穿刺的防水材料放在最上面，以提高屋面工程的整体防水功能。

同时多道设防，也要充分考虑相邻材料之间应具相容性。如果彼此之间存在不相容问题就需要提前规避，比如采用更换材料、更换构造层次或者增加隔离层等措施。

无论是单道防水设防还是多道防水设防，节点部位均应采取合适的处理措施，以提高屋面防水的可靠性，并使节点部位的耐久性与屋面防水层匹配。

附加层材料同样也要与大面使用的防水材料相容，同时还要有自身的性能特点，以应对细部节点处更大的挑战，如更大的变形应力、更多的施工接头等。

5）特殊需求——防火阻燃，警钟长鸣。

屋面工程应采取必要的防火阻燃材料及构造措施，所用材料的燃烧性能和耐火极限应符合有关规定，以保证安全。现场堆放有材料时，要有可靠的防火阻燃管理措施。

6.1.3 屋面防水分类

屋面防水系统最常见的分类，可以按照屋顶类型以及设防等级进行。

按照屋顶的类型，最常见的屋顶可分为平屋顶、瓦屋顶、彩钢顶、种植顶、采光顶等，其中坡屋顶又因为经常和瓦屋面高度重合，可以加以合并。近年来特别流行的光伏屋面，又常常是做在瓦屋面和平屋面上的，所以只作为平屋面、瓦屋面中的特殊案例。综上所述，我们选取了五个类型的屋面，合计5个系统，纳入本书重点深入研讨的范畴。

1）种植顶屋面防水系统

通常由以下构造层构成：种植层、保护层、耐根穿刺防水层、防水层、找平层、保温层、找平层、找坡层、结构层。

2）金属顶屋面防水系统

通常由以下构造层构成：金属板/面层金属板/底层金属板、防水层/防水垫层、保温层、承托层、支撑结构层。

3）采光顶屋面防水系统

通常由以下构造层构成：玻璃面板/光伏采光一体板、金属框架/支撑框架、支撑结构、细部密封胶和防水胶带构造。

4）瓦屋顶屋面防水系统

通常由以下构造层构成：块瓦/沥青瓦、挂瓦条、顺水条（或内嵌保温）、持钉层、防水层/防水垫层、保温层、结构层。

5）平屋顶屋面防水系统

通常由以下构造层构成：架空层、蓄水隔热层、保护层、隔离层、防水层、找平层、保温层、找坡层、结构层。

6.1.4 屋面防水等级

屋面的防水等级，按照甲、乙、丙的防水级别和Ⅰ、Ⅱ、Ⅲ的防水使用环境，可分为一级、二级、三级。一级防水工程不允许渗水，结构表面无湿渍；二级防水工程不允许漏水，结构表面可有少量湿渍；三级防水工程有少量漏水点，不得有线流和漏泥沙。

1. 工程防水级别（表6-1）

表6-1 工程防水级别

工程类型	工程防水类别		
	甲类	乙类	丙类
屋面防水	民用建筑或对渗漏敏感的工业建筑屋面	除甲类和丙类以外的建筑屋面	对渗漏不敏感的工业建筑屋面

2. 工程防水使用环境（表6-2）

表6-2 工程防水使用环境

工程类型	工程使用环境类别（按照年降水量 P 区别）		
	Ⅰ类	Ⅱ类	Ⅲ类
屋面防水	$P \geqslant 1300\text{mm}$	$400\text{mm} \leqslant P < 1300\text{mm}$	$P < 400\text{mm}$

3. 工程防水等级的划分（表6-3）

表6-3 工程防水等级的划分

工程使用环境类别	工程防水级别		
	甲类	乙类	丙类
Ⅰ类	一级	一级	二级
Ⅱ类	一级	二级	三级
Ⅲ类	二级	三级	三级

6.1.5 不同类型屋面防水做法

1. 平屋顶屋面防水系统设计（表6-4）

表6-4 平屋顶屋面防水系统设计

平屋顶防水等级	防水做法	防水层	
		防水卷材	防水涂料
一级	不应少于3道	防水卷材层不少于1道	
二级	不应少于2道	防水卷材层不少于1道	
三级	不应少于1道	任选	

2. 瓦屋顶屋面防水系统设计（表6-5）

表6-5 瓦屋顶屋面防水系统设计

瓦屋顶防水等级	防水做法	防水层		
		屋面瓦	防水卷材	防水涂料
一级	不应少于3道	为1道，应选	防水卷材层不少于1道	
二级	不应少于2道	为1道，应选	任选	
三级	不应少于1道	为1道，应选	—	

3. 金属顶屋面防水系统设计（表6-6）

表6-6 金属顶屋面防水系统设计

金属顶防水等级	防水做法	防水层	
		金属板	防水卷材
一级	不应少于2道	为1道，应选	不应少于1道（加厚）
	不应少于1道	为1道，全焊接	—
二级	不应少于2道	为1道，应选	不应少于1道
三级	不应少于1道	为1道，应选	—

4. 种植顶屋面防水系统设计（表6-7和表6-8）

表6-7　种植顶平屋面防水系统设计

平屋顶 防水等级	防水做法	防水层	
		防水卷材	防水涂料
一级	不应少于3道	防水卷材层不少于1道（耐根穿刺）	

表6-8　种植顶金属屋面防水系统设计

金属顶 防水等级	防水做法	防水层	
		金属板	防水卷材
一级	不应少于2道	为1道，应选	不应少于1道（耐根穿刺）

注：1. 根据种植屋面对防水工程的要求，同时鉴于种植屋面工程一次性投资大、维修费用高，若发生渗漏则不易查找与修缮，因此本书只推荐一级防水等级设防要求，且为防止植物根系的破坏作用，最上层必须设置一道可以耐根穿刺的防水层。

2. 在德国等发达国家，花园式种植更多适用于钢筋混凝土屋面，较多采用含化学阻根剂的改性沥青防水卷材，以满粘法施工为主；装配式结构、压型金属板等屋面更多采用简单式种植，较多采用高分子类防水卷材作为耐根穿刺防水材料，以机械固定法为主。

5. 采光顶屋面防水系统设计（本系统为企业标准，主要针对阳光房和光伏屋面）（表6-9）

表6-9　采光顶屋面防水系统设计

采光顶 防水等级	防水做法	防水层	
		普通采光顶/光伏采光顶	其他材料
一级	不应少于2道	为1道，应选	丁基胶带、MS密封胶
二级	不应少于2道	为1道，应选	—
三级	不应少于1道	为1道，应选	—

6.1.6 不同类型屋面防水材料厚度要求

1. 卷材类防水材料最小厚度（表6-10）

表6-10 卷材类防水材料最小厚度

防水卷材类型			最小厚度（mm）
聚合物改性沥青类防水卷材	热熔法施工聚合物改性防水卷材		3.0
	热沥青粘结和胶粘法施工聚合物改性防水卷材		3.0
	预铺反粘防水卷材（聚酯胎类）		4.0
	自粘聚合物改性防水卷材（含湿铺）	聚酯胎类	3.0
		无胎类及高分子膜基	1.5
合成高分子类防水卷材	均质型、带纤维背衬型、织物内增强型		1.2
	双面复合型（体片材芯材）		0.5
	预铺反粘防水卷材	塑料类	1.2
		橡胶类	1.5
	塑料防水板		1.2

2. 涂料类防水材料最小厚度（表6-11）

表6-11 涂料类防水材料最小厚度

防水涂料类型		最小厚度（mm）
反应型高分子类防水涂料		1.5
水性聚合物沥青类防水涂料		1.5
聚合物乳液类防水涂料		1.5
热熔施工橡胶沥青类防水涂料	单独使用	2
	与卷材配套	1.5
水泥基渗透结晶型防水材料	外涂型	1
聚合物水泥防水砂浆	地下工程	6

6.2　平屋顶屋面防水实战案例 1

6.2.1　项目基本概况

苏州昆山市某台资半导体工厂，厂房内有大量精密生产仪器及设备，因大雨出现严重的渗漏并有窜水现象，由于业主平时生产任务重，希望工期尽量短，经与技术团队沟通后，放弃查找漏点和局部维修那种不能一次根治，陷入反复维修的尴尬局面，而是采取稳健策略，决定在原屋面顶部重新按照一级防水等级要求，进行防水设计及安装。

本案虽是维修项目，但基本可以理解成全新的平屋顶防水项目。依照以往经验，70%的建筑渗漏水来源于细部节点处理不到位，剩余的 30%，大部分源于材料品质，小部分源于施工管理不善。项目开始就定下了项目交付的两个重点：一抓细部交付，二抓品控管理。

6.2.2　系统防水构造

系统防水构造如图 6-1 所示。

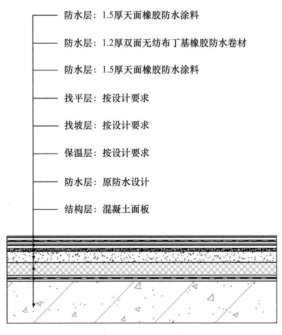

| 防水层：1.5 厚天面橡胶防水涂料
| 防水层：1.2 厚双面无纺布丁基橡胶防水卷材
| 防水层：1.5 厚天面橡胶防水涂料
| 找平层：按设计要求
| 找坡层：按设计要求
| 保温层：按设计要求
| 防水层：原防水设计
| 结构层：混凝土面板

图 6-1　系统防水构造

6.2.3 施工工艺流程

进场施工准备→基层检查处理→细部节点防水（施工及验收）→整体大面防水（施工及自检）→防水竣工验收。

1. 施工工艺流程——细部节点防水（施工及验收）

进场施工准备→基层涂刷第一遍天面橡胶防水涂料→铺设细部节点胎体增强材料→胎体增强材料表面涂刷第二遍天面橡胶防水涂料→细部节点质量检查验收。

2. 施工工艺流程——整体大面防水（施工及自检）

进场施工准备→涂刷第一遍天面橡胶防水涂料，等固化→涂刷第二遍天面橡胶防水涂料，等固化→前两遍防水涂料质量自检→涂刷第三遍天面橡胶防水涂料至设计厚度，随即铺设大面第二道防水双面无纺布丁基橡胶防水卷材，等固化→第二道防水质量自检→涂刷第四遍天面橡胶防水涂料，等固化→涂刷第五遍天面橡胶防水涂料，等固化→涂刷第六遍天面橡胶防水涂料至设计厚度，等固化→第三道防水质量自检→防水竣工验收。

6.2.4 进场施工准备

1. 人——施工队伍准备

为了保护客户的业务秘密、配合业主的日常管理及预防出现安全事故，所有参与或者准备参与项目的施工人员及管理人员，均已提前统一参加由业主组织的项目入场培训及考试，合格后才可以进入现场施工。

2. 机——施工机具清点

钢卷尺、角尺、归方定位仪；手电筒、记号笔、美纹纸；羊角锤、铁錾子、小平铲；冲击钻、切割机；扫把、吸尘器、高压水枪；水桶、裁剪刀、量杯；手套、安全帽、软鞋套；围栏、警示牌；刷子、抹子、抹弧铲刀；手持压辊、打胶枪、吹风机等。

3. 料——施工材料核验

本项目用到的所有防水材料应有产品合格证书及性能检测报告。材料的品种、规格、性能等应符合设计和产品标准的要求。防水材料进场后，必须按规定进行抽检复试，合格后方可进入现场施工。工程中严禁使用不合格材料及过期的材料。

4.法——作业条件核查

防水施工方案已通过审批，细部工艺已深化，防水施工技术交底已完成。如施工中有新人，应安排细部节点的打样，现场展示出合格工艺及工序，确认工艺已被完全掌握。

建立严格的安全管理制度，临边用的安全围栏、消防用的安全设施、成品保护用的设施、劳动保护用的防护装备等，均已到位并做完相关的安全技术培训。

与防水层相关的各构造层次验收合格，并符合工法及设计要求，屋面的各个细部节点如基础设施、设备、水落口、出屋面管道及各种预埋件等均已核查到位，验收到位。

本项目涉及较多防水涂料施工，为了防止淋雨等意外事件破坏成品，时刻关注天气预报，避免在雨天、大风以及尘土天气施工。

5.特——本案特殊需求

1）本项目除了常规机具配置到位，为了不影响精密设备的用电安全，安排了柴油发电机组进行单独发电，以满足现场用电需求。

2）本项目临边女儿墙高度较低，不够安全，因此提前安排护栏进行防护，同时为了成品保护和防止其他意外，每次新施工后的区域会做临时围挡措施。

3）本项目甲方为外资工厂管理严格，规定了午饭时间和休息时间，在规定时间内，乘坐车辆到工厂外集体就餐和休息，也能照顾到烟瘾较大的师傅们。

4）本项目施工面积上万平方米，多个施工班组同时开工，为此特别安排了后勤组，专人专区管理现场物料，通过沟通指挥专人专车及时配送至施工区，并将废水、废固垃圾及时清运。

6.2.5　基层验收处理

1.基层强度坚固

基面须强度坚固，达到设计要求，表面坚实，无空鼓、开裂和松动之处，凡有不合格的部位，均应先予以清除修补，方可进行施工。

2.基层表层密实

基层表面密实，无蜂窝、孔洞、麻面，如有以上情况，先用凿子将松散不牢的石子凿掉，再用钢丝刷清理干净，浇水湿润后刷素浆或直接刷界面处理剂打底，最后用堵漏王填实抹平。

3. 基层表面洁净

基层表面洁净，无油、脂、蜡、锈渍、涂层、浮渣、浮灰等残留物质，凡是有碍粘结的，均应采用合适方式予以清除，包括但不限于手工铲除、高压冲洗、物理拉毛、热风软化。

4. 基层表面平整

基层表面平整，用 2m 直尺检查，直尺与基层平面的间隙不应大于 5mm，允许平缓变化，但每米长度内不得多于 1 处。

5. 基层细部抗裂

所有进出墙地面的管道、预埋件、阴阳角、分格缝等部位，一般用堵漏王或密封胶进行修补并做出圆弧倒角，以降低后期开裂可能。用密封胶处理缝隙前，宜先嵌入背衬条。

6. 基层含水率低

基层含水率满足施工要求，做到湿润无明水。基层吸收性过大或遭受暴晒过高，易导致聚合物水泥防水涂料失水过快而粉化或有针眼气泡，须在施工前洒水润湿和避开暴晒。

7. 基坑排水顺畅

基层坡度要达到设计要求，并清查排水系统是否保持畅通，严防水落口、天沟、檐沟等部位处堵塞或积水，且不能有高低不平或空间不够的地方，如有应先行修补和处理。

8. 裂缝凸凹处理

1）基层的裂缝宽度超过 0.3mm 或有渗漏时，应进行开缝处理。先将裂缝开凿成 V 形槽，在槽内先用背衬条填充，再用堵漏王或密封胶密封。

2）遇到混凝土结构板局部有渗漏水现象时，可采用水性聚氨酯注浆材料对渗漏水部位先进行注浆封堵，再进行本处的防水施工。

3）基层表面的凸起部位，直接开凿剔除做成顺平，凹槽部位深度小于 10mm 时，用凿子将其打平或凿成斜坡并打毛，用钢丝刷把表面清理干净。

4）凹槽深度大于 10mm 时，用凿子凿成斜坡，用钢丝刷把表面清理干净，再浇水湿润后抹素水泥浆打底或直接用界面处理剂在表面打底，最后用堵漏王进行填平修补。

9. 涂基层处理剂

1）为避免基面的浮灰影响到防水材料与基层之间粘结的牢固度，可按材料厂家指导，选用与防水材料相容的界面剂，预先对基层表面涂刷处理。

2）使用专用施工机具，在细部节点的基层上先行涂刷，然后在大面基层上涂刷，涂刷要均匀一致，基层应满涂，不得有漏涂。

3）基层处理剂干燥后，要及时进行防水材料施工，长时间不进行防水施工的基面要清理干净并重新涂刷，基层处理剂被损坏的区域也要重新进行涂刷。

4）基层处理剂涂刷后，如果遇到下雨，需及时清理积水，等待基层干燥后重新涂刷才能进行后续防水材料施工。

5）基层处理剂涂刷后需要一定的干燥时间，未干燥完成的基面，既不能被踩踏，也不能堆放杂物和材料，更不能立即进行下道工序施工。为防止意外，必须拉线警示和设置标牌提示，以阻止非施工人员的随意进出。

6.2.6　细部节点防水（施工及验收）

1. 施工前期准备

细部节点施工前，应对基层进行验收处理并满足本章 6.2.5 节提到的各项要求，以防止防水涂料与基层之间粘结不牢出现脱层，涂抹层厚薄不均匀和出现针眼气孔，胎体增强材料铺贴时出现起包、褶皱、虚粘、脱层等质量问题。

2. 施工处理部位

细部节点的 1 头、2 沟、3 缝、4 口、5 根部位均应做加强处理。

3. 施工材料配备

细部节点施工处理可采用丁基自粘防水胶带、节点防水预制件、双面无纺布丁基橡胶防水卷材等胎体增强材料，配合防水涂料进行加强处理。本项目胎体增强材料选用双面无纺布丁基橡胶防水卷材，防水涂料选用天面橡胶防水涂料。

天面橡胶防水涂料为单组分产品，开桶即用，可采用喷涂、滚涂及刷涂等多种方式施工。开桶后余料应尽快用完，开桶后超过 4h 应及时密封。胎体增强材料应依据要处理的具体细部节点的部位尺寸及工艺要求，事先裁切和加工好对应的形状和尺寸。

4. 施工工艺工序

1）先用防水涂料打底

用毛刷进行细部节点的防水涂料涂刷打底工序，涂刷时应纵横交错，注意相互接茬，不得有漏刷，单遍涂刷厚度约 0.5mm。

2）随即铺设胎体增强材料

防水涂料打底完成后，随即将事先剪切好的胎体增强材料按压到打底防水涂料中。

应先从交界处开始按压，再沿着中心，往两边按压。让胎体增强材料与打底防水涂料充分浸润和紧密贴合，达到满粘效果，没有褶皱、气泡、虚粘、脱层等现象。

胎体增强层与基面的搭接边缘，在正常按压下会自然溢出防水涂料，不得强行挤出涂料，以防出现假封边现象。如果遇到基层高低不平，可在基层和胎体增强层底面做双面涂刷。

3）再刷防水涂料覆盖

确认胎体增强材料被充分浸润，紧密结合后，随即涂刷下一遍防水涂料，充分覆盖胎体增强材料。

5. 常见细部节点工艺

1）阴阳角部位的增强处理

阴阳角防水增强层的规格为500mm，根据阴角的尺寸大小灵活调整，一般不应小于300mm。卷材规格一般为1m×10m，将卷材对折，用钢直尺和壁纸刀割开，宽度正好为500mm，再对折，上、下各250mm。

2）水落口部位的增强处理

水落口分直式水落口部位和横式水落口部位，无论哪种，其周边500mm范围内坡度均不应小于5%。处理时，先用堵漏胶或密封胶做圆弧角处理，再用节点处理橡胶预制件，配合防水涂料进行局部加强处理。

3）出屋面管根的增强处理

出屋面管根部位的增强处理方式，应先在管道周边抹成馒头状的圆锥台，并高出屋面找平层约30mm，再用防水涂料配合管根节点预制件进行节点加强处理。

4）女儿墙根部处理

①女儿墙压顶可采用混凝土或金属制品，压顶向内排水坡度不应小于5%，压顶内侧下端应做滴水处理。

②女儿墙泛水处的防水层下应增设附加增强层，附加增强层在平面和立面的宽度均不应小于250mm。

③女儿墙高度较低时，泛水处的防水层可直接铺贴或涂刷到女儿墙压顶下，女儿墙高度较高时，泛水处的防水层高度不应小于250mm。

④最后一道卷材泛水处上方，防水收口应开凹槽并将卷材端头裁齐压入，先用改性硅烷密封材料进行密封，再用堵漏王抹平凹槽，最后用防水涂料涂刷收口部位，应多涂刷几遍。

6.2.7　整体大面防水（施工及自检）

1. 大面第一道防水涂料——天面橡胶防水涂料

1）进场施工须知

等待细部节点增强层完工固化后（以不粘手为准），可以开始大面区域作业。

2）施工材料准备

参见本章 6.2.6 节天面橡胶防水涂料相关简介。

3）施工工艺要点

①首先进行第一遍防水涂料的涂刷，单遍涂刷厚度约 0.5mm，大面无漏涂。

②等第一遍涂料固化后，方可涂刷第二遍，第二遍涂刷要与上一遍涂刷方向垂直。

③两遍施工间隔时间 8～12h（以厂家产品指导说明书为准）。

④第二遍涂刷干燥固化后，方可涂刷第三遍，第三遍要与第二遍涂刷方向垂直。

⑤最后一遍施工完毕，达到第一道防水设计 1.5mm 厚度的要求。

⑥涂刷最后一遍时，同时用于大面卷材的湿铺。

4）质量基本要求

①至少涂刷 3 遍，涂布均匀，不得露底、不得堆积，平均厚度不小于 1.5mm。

②防水层与基层应粘结牢固，表面应平整，不得有气泡和针眼现象。

5）成品保护措施

①涂膜防水层完工后，应及时采取保护措施，防止涂膜损坏。

②不得在其上直接堆放物品，以免刺穿或者损坏防水涂层。

③应提前关注天气预报，做好防风雨措施。

2. 大面第二道防水卷材——双面无纺布丁基橡胶防水卷材

1）进场施工须知

①大面防水卷材铺贴前，确认底层防水涂料头两遍已固化，质量符合要求，方可入场。入场时所有人员必须脚穿鞋套，以免破坏底层的成品防水涂膜。

②双面无纺布丁基橡胶防水卷材自身无粘结力，需要用第一道防水涂料的最后一遍涂抹，作为卷材满铺用的黏合剂。

③卷材搭接边必须施加一定压力方能获得良好的密实粘结。施工时必须使用合适的工具，如压辊，进行搭接边的压实。

④大面卷材铺贴前，应在基层上通过专业定位仪进行定位试铺，以确定卷材搭接位置，保证卷材铺贴的方向顺直美观。

⑤一般两人一组配合，根据大面分格定位，先将卷材摊开铺平，目的是释放卷材应力使之易施工，避免翘边、张口现象，以提高满粘率。将卷材从两头向中间卷起，准备施工。

2）施工工艺要点

①在涂刷完底层防水涂料的最后一遍，确认达到第一道防水层设计厚度要求后，随即开始大面防水卷材的铺贴。

②铺设时可以先手持压辊施加一定的压力对大面防水卷材进行均匀的压实，再采用压辊对搭接带边缘进行二次条形压实。

③应先从交界处开始按压，再沿着中心，往两边按压，以便让大面卷材防水与底部防水涂料充分浸润和紧密贴合，达到满粘效果，避免出现褶皱和气泡现象。

④通过专业的辊压手法，让大面防水卷材与底面的搭接边缘自然地溢出防水涂料，而不是强行挤出涂料，导致出现假封边的现象。

3）卷材铺贴要点

①防水卷材粘结面和基层表面均应涂刷涂料，粘贴紧密，不得有空鼓和分层现象。

②铺贴的卷材应平整顺直，搭接尺寸应准确，不得扭曲、出现褶皱。

③满粘法施工，防水卷材在基层应力集中开裂的部位宜选用空铺、点粘、条粘等方法。

④收头接缝口应用密封材料封严，宽度不应小于10mm。

⑤屋面坡度小于3%，屋面防水卷材的铺贴方向平行于屋脊方向。

⑥当卷材平行于屋脊方向铺贴时，搭接缝顺流水方向。

⑦卷材搭接宽度应符合要求，卷材防水层长短边的搭接宽度为100mm。

⑧相邻两幅卷材短边搭接缝应错开，且不得小于500mm。

⑨特别重要或对搭接有特殊要求时，接缝宽度按设计要求。

4）成品保护措施

①施工完毕后禁止踩踏，保护防水层不受损坏。

②待铺贴卷材用的防水涂膜干燥后，方可进行后续工作。

3. 大面第三道防水涂料——天面橡胶防水涂料

1）入场施工须知

待大面卷材铺设干燥后方可入场，进行第三道防水涂料的施工。

2）施工工艺要点

参见本章节"1. 大面第一道防水涂料"第3）条①～⑤的相应内容。

3）质量基本要求

参见本章节"1. 大面第一道防水涂料"第4）条的相应内容。

4）成品保护措施

参见本章节"1. 大面第一道防水涂料"第5）条的相应内容。

6.2.8　成品保护措施及防水质量验收

1. 成品保护措施

1）施工完毕后禁止踩踏，保护防水层不受损坏，必要时铺设临时地毯及围挡警示。

2）待防水涂层完全干燥72h后，方可进行闭水试验和工程验收。

3）出入防水区域验收需穿鞋套，避免损伤防水。

2. 防水质量验收

1）防水材料及其配套材料的质量应符合设计要求。

检验方法：检查出厂合格证、质量检验报告和进场检验报告。

2）防水层不得有渗漏和积水现象。

检验方法：雨后观察或蓄水试验。

3）防水层在1头、2沟、3缝、4口、5根等细部节点的构造应符合设计要求。

检验方法：观察检查。

4）防水材料搭接缝应粘结牢固、密封严密，不得扭曲、褶皱、翘边、起泡和露胎。

检验方法：观察检查。

5）防水层的收头应与基层粘结，粘结应牢固、密封应严密。

检验方法：观察检查。

6）各道防水层的平均厚度应符合设计要求。

检验方法：取样检查。

▌ 6.3 平屋顶屋面防水实战案例 2

6.3.1 项目基本概况

上海市某知名德资企业在其浙江工厂内建设一栋新的研发办公大楼。项目原计划在2022 年完工，在原屋面工程系统设计中，工程防水等级为一级，采用 1.2mm 厚合成高分子防水卷材一道和 1.5mm 厚合成高分子防水涂料一道，共计两道设防，倒置式非上人屋面。后因为疫情，工期延误，防水项目实际动工在 2023 年。

2023 年 4 月 1 日起，新的防水规范《建筑与市政工程防水通用规范》（GB 55030—2022）正式实施，屋面工程原防水设计已不能满足一级设防需求。因此经与设计院和业主方进行沟通，最终确认从原 2 道防水变更为 3 道防水设计，增设一道 1.5mm 厚的聚合物水泥防水涂料层。

6.3.2 系统防水构造

系统防水构造如图 6-2 所示。

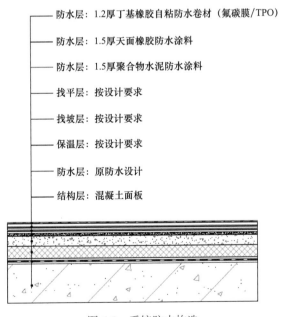

图 6-2　系统防水构造

6.3.3　施工工艺流程

进场施工准备→基层检查处理→细部节点防水（施工及验收）→整体大面防水（施工及自检）→防水竣工验收。

1. 施工工艺流程——细部节点防水（施工及验收）

进场施工准备→基层涂刷第一遍聚合物水泥防水涂料→铺设细部节点胎体增强材料→增强材料表面涂刷第二遍聚合物水泥防水涂料→细部节点质量检查验收。

2. 施工工艺流程——整体大面防水（施工及自检）

进场施工准备→涂刷第一遍聚合物水泥防水涂料，等固化→涂刷第二遍聚合物水泥防水涂料，等固化→涂刷第三遍聚合物水泥防水涂料直至设计厚度，等固化→第一道防水涂料质量自检→涂刷第一遍天面橡胶防水涂料，等固化→涂刷第二遍天面橡胶防水涂料，等固化→涂刷第三遍天面橡胶防水涂料直至设计厚度，等固化→第二道防水质量自检→铺设大面第三道丁基橡胶自粘防水卷材→第三道防水质量自检→防水竣工验收。

6.3.4　进场施工准备

1. 人——施工队伍准备

外企客户非常重视工厂的安全，为了配合业主的日常管理和预防出现安全事故，所有参与或者准备参与项目的施工人员及管理人员，均已提前统一参加由业主组织的项目入场培训及考试，合格后才可以进入现场施工。

2. 机——施工机具清点

钢卷尺、角尺、归方定位仪；手电筒、记号笔、美纹纸；羊角锤、铁錾子、小平铲；冲击钻、切割机；扫把、吸尘器、高压水枪；水桶、裁剪刀、量杯；手套、安全帽、软鞋套；围栏、警示牌；刷子、抹子、抹弧铲刀；手持压辊、打胶枪、吹风机等。

3. 料——施工材料核验

本项目用到的所有防水材料应有产品合格证书及性能检测报告。材料的品种、规格、性能等应符合设计和产品标准的要求。防水材料进场后，必须按规定进行抽检复试，合格后方可进入现场施工。工程中严禁使用不合格材料及过期的材料。

4. 法——作业条件核查

防水施工方案已通过审批，细部工艺已深化，防水施工技术交底已完成。如施工中有新人，还应安排细部节点的打样，现场展示出合格工艺及工序，确认工艺已被工人完全掌握。

建立严格的安全管理制度，临边用的安全围栏、消防用的安全设施、成品保护用的设施、劳动保护用的防护装备等，均已到位并做完相关的安全技术培训。

与防水层相关的各构造层次验收合格，并符合工法及设计要求，屋面的各个细部节点如基础设施、设备、水落口、出屋面管道及各种预埋件等均已核查到位、验收到位。

本项目涉及较多防水涂料施工，为了防止淋雨等意外事件破坏成品，时刻关注天气预报，避免在雨天、大风以及尘土天气施工。

5. 特——本案特殊需求

1）本项目业主因为刚经历了疫情，担心会有新一波的疫情发生而再次延误工期，为打消客户的顾虑，预备了双倍的施工人员参与培训，以防中途减员。

2）本项目防水施工面积相对较小，施工班组每天因施工而产生的固废垃圾并不是特别多。经与客户协商，指定了专区用来临时存放建筑垃圾，等施工完毕一次性清运出厂。

6.3.5 基层验收处理

1. 基层强度坚固

基面须强度坚固，达到设计要求，表面坚实，无空鼓、开裂和松动之处，凡有不合格的部位，均应先予以清除修补，方可进行施工。

2. 基层表层密实

基层表面密实，无蜂窝、孔洞、麻面，如有以上情况，先用凿子将松散不牢的石子凿掉，再用钢丝刷清理干净，浇水湿润后刷素浆或直接刷界面处理剂打底，再用堵漏王填实抹平。

3. 基层表面洁净

基层表面洁净，无油、脂、蜡、锈渍、涂层、浮渣、浮灰等残留物质，凡是有碍粘结的，均应采用合适方式予以清除，包括但不限于手工铲除、高压冲洗、物理拉毛、热风软化。

4. 基层表面平整

基层表面平整，用 2m 直尺检查，直尺与基层平面的间隙不应大于 5mm，允许平缓变化，但每米长度内不得多于 1 处。

5. 基层细部抗裂

所有进出墙地面的管道、预埋件、阴阳角、分格缝等部位，一般用堵漏王或密封胶进行修补并做出圆弧倒角，以降低后期开裂可能。用密封胶处理缝隙前，宜先嵌入背衬条。

6. 基层湿润无水

基层含水率满足施工要求，做到湿润无明水。基层吸收性过大或遭受暴晒过高，易导致聚合物水泥防水涂料失水过快而粉化或有针眼气泡，须在施工前洒水润湿和避开暴晒。

7. 基坑排水顺畅

基层坡度要达到设计要求，并清查排水系统是否保持畅通，严防水落口、天沟、檐沟等部位处堵塞或积水，且不能有高低不平或空间不够的地方，如有应先行修补和处理。

8. 裂缝凸凹处理

1）基层的裂缝宽度超过 0.3mm 或有渗漏时，应进行开缝处理。先将裂缝开凿成 V 形槽，在槽内先用背衬条填充，再用堵漏王或密封胶密封。

2）遇到混凝土结构板局部有渗漏水现象时，可采用水性聚氨酯注浆材料对渗漏水部位先进行注浆封堵，再进行本处的防水施工。

3）基层表面的凸起部位，直接开凿剔除做成顺平，凹槽部位深度小于 10mm 时，用凿子将其打平或凿成斜坡并打磨，用钢丝刷把表面清理干净。

4）凹槽深度大于 10mm 时，用凿子凿成斜坡，用钢丝刷把表面清理干净，再浇水湿润后抹素水泥浆打底或直接用界面处理剂在表面打底，最后用堵漏王进行填平修补。

9. 涂基层处理剂

本项目中的第一道防水涂料选用的是聚合物水泥基防水涂料，对水泥基层有着更高的粘结力，所以无须为提高粘结力额外准备基层处理剂。

6.3.6 细部节点防水（施工及验收）

1. 施工前期准备

细部节点施工前，应对基层进行验收处理并满足本章 6.3.5 节提到的各项要求，以防止防水涂料与基层之间粘结不牢出现脱层，涂抹层厚薄不均匀和出现针眼气孔，胎体增强材料铺贴时出现起包、褶皱、虚粘、脱层等质量问题。

2. 施工处理部位

细部节点的 1 头、2 沟、3 缝、4 口、5 根部位均应做加强处理。

3. 施工材料配备

1）材料配备说明

细部节点施工处理可采用丁基自粘防水胶带、节点防水预制件、双面无纺布丁基橡胶防水卷材等胎体增强材料，配合防水涂料进行加强处理。本项目胎体增强材料选用丁基自粘防水胶带，细部节点加强用的涂料选用聚合物水泥防水涂料。

胎体增强材料应依据要处理的具体细部节点的部位尺寸及工艺要求，事先裁切和加工好对应的形状和尺寸。聚合物水泥防水涂料为双组分产品，需按照厂家指导的配备方式进行混合搅拌后，再采用滚涂及刷涂等方式进行施工。

2）聚合物水泥防水涂料配备指南

①按照产品包装上所写的乳剂与粉剂的配比，进行聚合物水泥防水材料的搅拌。

②必须采用高功率、低转速和配备了适合搅拌头的电动机械搅拌器进行搅拌。

③为搅拌充分、混合均匀，应先往桶内倒乳液，再倒部分粉料，边搅拌边加粉料。

④科学搅拌，遵循 3-2-1 原则，即搅拌 3min，再静止 2min，最后搅拌 1min。

⑤如施工间隔时间较长，桶中涂料在再次使用前应低速搅匀，以免浆料沉淀。

⑥搅拌好的聚合物水泥防水涂料桶中待料时间有限，尽可能在 1h 内及时使用。

4. 施工工艺工序

1）先用防水涂料打底

用毛刷进行细部节点的聚合物水泥防水涂料涂刷打底工序，涂刷时注意相互接茬，不得有漏刷，单遍涂刷厚度约 0.5mm。

2）随即铺设胎体增强材料

防水涂料打底完成后，随即将事先剪切好的胎体增强材料，先撕去粘结面的隔离膜，再按压到打底防水涂料中。应先从交界处开始按压，再沿着中心，往两边按压。让胎体增强材料与打底防水涂料充分浸润和紧密贴合，达到满粘效果，没有褶皱、气泡、虚粘、脱层等现象。

胎体增强层与基面的搭接边缘，在正常按压下会自然溢出防水涂料，不得强行挤出涂料，以防出现假封边现象。如果遇到基层高低不平，可在基层和胎体增强层底面做双面涂刷。

3）再刷防水涂料覆盖

确认胎体增强材料被充分浸润，紧密结合后，随即涂刷下一遍防水涂料，充分覆盖胎体增强材料。

5. 常见细部节点工艺

1）阴阳角部位的增强处理

阴阳角防水增强层的规格为500mm，根据阴角的尺寸大小灵活调整，一般不应小于300mm。卷材规格一般为1m×10m，将卷材对折，用钢直尺和壁纸刀割开，宽度正好为500mm，再对折，上、下各250mm。

2）水落口部位的增强处理

水落口分直式水落口部位和横式水落口部位，无论哪种，其周边500mm范围内坡度均不应小于5%。处理时，先用堵漏胶或密封胶做圆弧角处理，再用节点处理橡胶预制件，配合防水涂料进行局部加强处理。

3）出屋面管根的增强处理

出屋面管根部位的增强处理方式，应先在管道周边抹成馒头状的圆锥台，并高出屋面找平层约30mm，再用防水涂料配合管根节点预制件进行节点加强处理。

4）女儿墙根部的增强处理

①女儿墙压顶可采用混凝土或金属制品，压顶向内排水坡度不应小于5%，压顶内侧下端应做滴水处理。

②女儿墙泛水处的防水层下应增设附加增强层，附加增强层在平面和立面的宽度均不应小于250mm。

③女儿墙高度较低时，泛水处的防水层可直接铺贴或涂刷到女儿墙压顶下，女儿墙

高度较高时，泛水处的防水层高度不应小于250mm。

④最后一道卷材泛水处上方，防水收口应开凹槽并将卷材端头裁齐压入，先用改性硅烷密封材料进行密封，再用堵漏王抹平凹槽，最后用防水涂料涂刷收口部位，应多涂刷几遍。

6.3.7 整体大面防水（施工及自检）

1. 大面第一道防水涂料——聚合物水泥防水涂料

1）进场施工须知

等待细部节点增强层完工固化后（以不粘手为准），可以开始大面区域作业。然后按照先高处再低处、先远处再近处的原则，进行大面涂刷。产品必须在5～35℃之间使用，温度过高或者过低均不利于聚合物水泥防水涂料施工。

2）施工材料准备

聚合物水泥防水涂料材料配备工艺可参见本章6.3.6中"3. 施工材料配备"第2）部分的相关内容。

3）施工工艺要点

①首先进行第一遍防水涂料的涂刷，单遍涂刷厚度约0.5mm，大面无漏涂。

②等第一遍涂料固化后，方可涂刷第二遍，第二遍涂刷要与上一遍涂刷方向垂直。

③两遍施工间隔时间8～12h（以厂家产品指导说明书为准）。

④第二遍涂刷干燥固化后，方可涂刷第三遍，第三遍要与第二遍涂刷方向垂直。

⑤最后一遍施工完毕，达到第一道防水设计1.5mm厚度的要求。

4）质量基本要求

①至少涂刷3遍，涂布均匀，不得露底、不得堆积，平均厚度不小于1.5mm。

②防水层与基层应粘结牢固，表面应平整，不得有气泡和针眼现象。

5）成品保护措施

①涂膜防水层完工后，应及时采取保护措施，防止涂膜损坏。

②不得在其上直接堆放物品，以免刺穿或者损坏防水涂层。

③应提前关注天气预报，做好防风雨及避开暴晒施工。

2. 大面第二道防水涂料——天面橡胶防水涂料

1）进场施工须知

等待细部节点增强层完工固化后（以不粘手为准），可以开始大面区域作业。

2）施工材料简介

本道防水选用天面橡胶防水涂料，为单组分产品，开桶即用，可采用喷涂、滚涂及刷涂等多种方式施工。开桶后余料应尽快用完，开桶后超过 4h 应及时密封。

3）施工工艺要点

①首先进行第一遍防水涂料的涂刷，单遍涂刷厚度约 0.5mm，大面无漏涂。

②等第一遍涂料固化后，方可涂刷第二遍，第二遍涂刷要与上一遍涂刷方向垂直。

③两遍施工间隔时间 8 ~ 12h（以厂家产品指导说明书为准）。

④第二遍涂刷干燥固化后，方可涂刷第三遍，第三遍要与第二遍涂刷方向垂直。

⑤最后一遍施工完毕，达到第一道防水设计 1.5mm 厚度的要求。

4）质量基本要求

①至少涂刷 3 遍，涂布均匀，不得露底、不得堆积，平均厚度不小于 1.5mm。

②防水层与基层应粘结牢固，表面应平整，不得有气泡和针眼现象。

5）成品保护措施

①涂膜防水层完工后，应及时采取保护措施，防止涂膜损坏。

②不得在其上直接堆放物品，以免刺穿或者损坏防水涂层。

③应提前关注天气预报，做好防风雨措施。

3. 大面第三道防水卷材——丁基橡胶自粘防水卷材（氟碳膜 /TPO）

1）进场施工须知

大面防水卷材铺贴前，确认第二道防水涂料已固化，质量符合要求，方可入场。入场时所有人员必须脚穿鞋套，以免破坏底层的成品防水涂膜。

2）施工材料简介

①本道防水采用丁基橡胶自粘防水卷材，自带丁基胶，表层覆面为氟碳膜 /TPO。进行大面铺贴及搭接时，在卷材与基层或卷材与卷材的贴合面上，必须施加足够压力，方能获得良好的密实粘结。

②施工时必须使用合适的工具进行压实，如采用手持压辊先施加一定的压力对贴合面进行均匀的压实，再采用压辊对贴合面边缘进行二次条形压实。

③大面卷材铺贴前，应在基层上通过专业定位仪进行定位试铺，以确定卷材搭接位置，保证卷材铺贴的方向顺直美观。

④一般两人配合，根据大面分格定位，先将卷材摊开铺平，目的是释放卷材应力使之易施工，避免翘边、张口现象，以提高满粘率。将卷材从两头向中间卷起，准备施工。

3）施工工艺要点

①铺设时可以先手持压辊施加一定的压力对大面防水卷材进行均匀的压实，再采用压辊对搭接带边缘进行二次条形压实。

②应先从交界处开始按压，再沿着中心，往两边按压，以便让大面卷材防水与底部防水涂料紧密贴合，达到满粘效果，避免出现褶皱和起鼓现象。

4）卷材铺贴要点

①防水卷材粘结面和基层表面均应涂刷涂料，粘贴紧密，不得有空鼓和分层现象。

②铺贴的卷材应平整顺直，搭接尺寸应准确，不得扭曲、出现褶皱。

③满粘法施工，防水卷材在基层应力集中开裂的部位宜选用空铺、点粘、条粘等方法。

④收头接缝口应用密封材料封严，宽度不应小于10mm。

⑤屋面坡度小于3%，屋面防水卷材的铺贴方向平行于屋脊方向。

⑥当卷材平行于屋脊方向铺贴时，搭接缝顺流水方向。

⑦卷材搭接宽度应符合要求，卷材防水层长短边的搭接宽度为100mm。

⑧相邻两幅卷材短边搭接缝应错开，且不得小于500mm。

⑨特别重要或对搭接有特殊要求时，接缝宽度按设计要求。

5）第三道防水卷材质量自检

施工完毕后，即可进行质量自检，出入防水区域自检需穿鞋套，避免损伤防水。

6.3.8 防水质量验收

1. 防水质量验收

质量自检合格后，即可进行防水竣工验收和闭水试验。出入防水区域验收需穿鞋套，避免损伤防水。

2. 质量验收

1）防水材料及其配套材料的质量应符合设计要求。

检验方法：检查出厂合格证、质量检验报告和进场检验报告。

2）防水层不得有渗漏和积水现象。

检验方法：雨后观察或蓄水试验。

3）防水层在1头、2沟、3缝、4口、5根等细部节点的构造应符合设计要求。

检验方法：观察检查。

4）防水材料搭接缝应粘结牢固、密封严密，不得扭曲、褶皱、翘边、起泡和露胎。

检验方法：观察检查。

5）防水层的收头应与基层粘结，粘结应牢固、密封应严密。

检验方法：观察检查。

6）各道防水层的平均厚度应符合设计要求。

检验方法：取样检查。

6.4 平屋顶屋面防水实战案例3

6.4.1 项目情况简介

1. 项目基本情况

上海浦东新区金桥某工业厂区，车间屋顶为广场式停车坪，上面长期停放几千辆车辆，不久前遭遇特大暴雨，值班人员发现屋顶产生渗漏，危及车间内上亿美元的智慧生态平台。应业主要求，连夜奔赴现场，进行紧急勘察。

2. 现场勘察情况

1）从内部水滴水痕判断，主要发现了三种渗漏痕迹：第一种渗漏主要从屋顶水落口管道处蔓延而出，呈点状滴落；第二种渗漏也是顺着屋顶的变形缝处，以一条直线的方式，滴落而下；第三种渗漏是沿着生产车间屋顶的立柱，顺流而下。

2）经安全通道，登上屋顶进行室外勘察。楼顶有50多个水落口，经逐一排查发现，水落口处的防水卷材上翻部位接头位置均有不同程度的密封不严密情况，当暴雨来临时，水落口来不及泄洪，水势蔓延，水顺着接头缝隙进入建筑内部。

3）变形缝上有活动承载金属盖板，经拧掉螺钉打开发现，渗漏原因主要有两条：首先，因为变形缝头尾排水通道被堵塞，变形缝内盛满了积水；其次，变形缝处的倒置 Ω 防水卷材有多处撕裂、破损，来不及排走的积水越过破损处，进入建筑内部。

4）勘察钢结构立柱，发现建筑内部立柱在屋顶的延伸部位是一个照明路灯的基座，基座根部转弯角和基座螺钉处均没有设置防水密封措施。由于台风暴雨，屋顶出现了临时积水现象，积水透过螺钉和基座根部进入建筑内部。

5）4个小组对整个屋面做了网格分区，进行扫雷式排查，发现女儿墙根部与屋面产生了断裂，金属箱基座和风机基座根部和螺栓处均没有细部节点密封处理措施，也是渗漏的隐患所在，未来有渗漏的可能。

6）该厂房为混凝土结构屋面，在屋面混凝土保护层上发现大量不规则长裂缝，累计数量有几千米，但室内对应位置暂没发现有渗漏痕迹。初步判断，露天停车坪上常年有汽车飞驰，保护层长期受到汽车奔驰带来的振动影响，但也有可能是分格缝距离不够。

7）勘察屋面混凝土保护层上的分格缝。经整体确认，相邻分格缝之间距离不超6m，符合设计要求。但所有分格缝隙内，没有按规范要求做接缝密封处理措施，不排除其他部位渗漏时，水会顺着分格缝流窜至屋面其他防水薄弱点，进入屋面系统内部。

3. 原因总结

1）经勘察，多处屋顶细部节点处理不到位是渗漏的主要原因。经与业主驻场管理人员沟通了解到，本项目因为在建造前期延误了工期，为了不耽误产品投产上线，导致后期返工严重，屋顶防水施工队伍在处理节点时，几乎完全没按技术要求作业。

2）这些渗漏的细部节点，包括但不限于防水接头、水落口、女儿墙根部、分格缝、开裂缝、金属箱基座、风机基座、路灯基座、女儿墙根、设备螺栓等，渗漏部位数量众多，遍及整个屋顶。原因基本相同，都是施工时没处理到位，或者没有处理。

3）其中作为细部节点之一的变形缝，其渗漏原因相对特殊。经勘察确认，一是因为屋顶变形缝变形过大，超出了卷材的承受力，导致变形缝处的倒 Ω 卷材撕裂破损；

二是屋顶变形缝排水口处被垃圾堵塞，积水蔓延，顺着破损部位进入建筑内部，产生渗漏。

4）经过现场勘察与各种验证，屋顶大面部位基本没发现有渗漏痕迹，漏水几乎全部集中在细部节点。但大面部位存在大量开裂缝和没有做密封处理的分格缝，水会顺着这些缝隙进入系统，因此这些渗漏风险点也不可忽视。

6.4.2　推荐防水构造

依照现场统计，近乎 100% 漏水来源于细部节点，但按照施工难度还是可以分成两种情况：第一种属于受力超载，主要集中在变形缝处，需要全部拆除后再重新处理；第二种属于细部节点施工处理不到位，如接头、水落口、分格缝、开裂缝、管道根、基座根、女儿墙根等处。

针对变形缝部位，修复防水构造如图 6-3 所示。

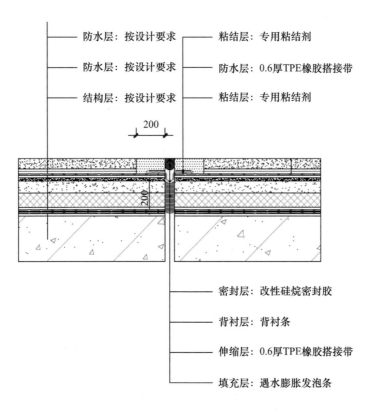

图 6-3　变形缝部位修复

6.4.3 施工工艺流程

进场施工准备→基层检查处理→一般细部节点防水（施工及验收）→变形缝及阴阳角防水修复（施工及自检）→防水竣工验收。

1. 施工工艺流程——阴阳角（设备基座根、风机基座根、管根、女儿墙根等）

进场施工准备→基层涂刷第一遍聚氨酯防水涂料→铺设细部节点胎体增强材料→胎体增强材料表面涂刷第二遍聚氨酯防水涂料，等固化→涂刷第三遍聚氨酯防水涂料，等待固化→细部节点质量验收。

2. 施工工艺流程——变形缝处理

进场施工准备→涂刷第一遍环氧胶粘剂→铺贴 TPE 防水卷材→涂刷第二遍环氧胶粘剂，撒砂，等固化→用瓷砖胶粘剂拌和豆石，做节点保护层→防水质量自检→防水竣工验收。

6.4.4 进场施工准备

1. 人——施工队伍准备

在这个环节中，由于渗漏节点众多、施工人员众多，为了确保施工时任务不重复、不遗漏，提升施工效率，让专业工种做专业事，形成流水作业，对整个屋面做了网格分区，节点编号，进行区域划分，然后将施工工种、分配任务和节点编号做一一对应。

2. 机——施工机具清点

钢卷尺、角尺；手电筒、记号笔、美纹纸；羊角锤、铁錾子、小平铲；冲击钻、切割机；扫把、吸尘器、高压水枪；水桶、裁剪刀、量杯；手套、安全帽、软鞋套；围栏、警示牌；刷子、抹子、抹弧铲刀；手持压辊、打胶枪、热焊机、吹风机等。

3. 料——施工材料核验

本项目用到的所有防水材料应有产品合格证书及性能检测报告。材料的品种、规格、性能等应符合设计和产品标准的要求。防水材料进场后，必须按规定进行抽检复试，合格后方可进入现场施工。工程中严禁使用不合格材料及过期的材料。

4. 法——作业条件核查

防水施工方案已通过审批，细部工艺已深化，防水施工技术交底已完成。因施工中有新人，安排细部节点的打样，现场展示出合格工艺及工序，让工人可以随时对照检查学习。

建立严格的安全管理制度，临边用的安全围栏、消防用的安全设施、成品保护用的设施、劳动保护用的防护装备等，均已到位并做完相关的安全技术培训。

与防水层相关的各构造层次验收合格，并符合工法及设计要求，屋面的各个细部节点如基础设施、设备、水落口、出屋面管道及各种预埋件等均已核查到位、验收到位。

本项目涉及较多防水涂料施工，为了防止淋雨等意外事件破坏成品，时刻关注天气预报，避免在雨天、大风以及尘土天气施工。

多个施工班组同时开工，日产垃圾较多，成立后勤组，专人专区管理现场物料，通过沟通，指挥专人专车及时配送到施工区域，每天将固废垃圾及时清运出厂。

5. 特——本案特殊需求

1）由于是停车屋顶，经常有车辆出没，且视线不好，为了防止交通事故和成品保护，对施工区域做了临时围挡及警示牌，并告知工厂相关人员进行配合。

2）近期暴雨将至，为了防止遭受雨淋，安排了3倍的施工人员，分成白班和夜班两班制，24小时不休息进行施工，最终在雨季来临前完成了所有工作。

6.4.5 基层验收处理

1. 验收处理通则

1）基层强度坚固

基面须强度坚固，达到设计要求，表面坚实，无空鼓、开裂和松动之处，凡有不合格的部位，均应先予以清除修补，方可进行施工。

2）基层表层密实

基层表面密实，无蜂窝、孔洞、麻面，如有以上情况，先用凿子将松散不牢的石子凿掉，再用钢丝刷清理干净，浇水湿润后刷素浆或直接刷界面处理剂打底，再用堵漏王填实抹平。

3）基层表面洁净

基层表面洁净，无油、脂、蜡、锈渍、涂层、浮渣、浮灰等残留物质，凡是有碍粘结的，均应采用合适方式予以清除，包括但不限于手工铲除、高压冲洗、物理拉毛、热风软化。

4）基层表面平整

基层表面平整，尤其是变形缝两侧，如果出现高低不平现象，会导致后期的防水带安装出现褶皱、起鼓等现象，应对不平之处予以处理。

5）基层必须干燥

基层必须干燥，含水率应满足施工要求，一般将 $1m^2$ 塑料薄膜平摊干铺在地面后，四周密封静置 6～7h 后掀开检查，找平层覆盖部位与薄膜上未见水印为宜。

6）基坑排水顺畅

①基层坡度要达到设计要求，并清查排水系统是否保持畅通，严防水落口、天沟、檐沟等部位处堵塞或积水，且不能有高低不平或空间不够的地方，如有应先行修补和处理。

②天沟、檐沟等排水不畅处先行进行疏通措施，清扫、吸尘，在排水沟的十字交叉处采用堵漏王和密封胶做细部加强处理，重新施作排水构造。

③基层表面的凸起部位，直接开凿剔除做成顺平，凹槽部位深度小于 10mm 时，用凿子将其打平或凿成斜坡并打磨，用钢丝刷把表面清理干净。

④凹槽深度大于 10mm 时，用凿子凿成斜坡，用钢丝刷把表面清理干净，再浇水湿润后抹素水泥浆打底或直接用界面处理剂在表面打底，最后用堵漏王进行填平修补。

2. 细部处理细则

1）针对大面开裂缝处理

基层的裂缝宽度超过 0.3mm 或有渗漏时，应进行开槽和扩缝处理。先用电动切割机将裂缝开凿成 V 形槽，再用钢丝刷、吸尘器等对这些部位做清理清洁工作。然后将比分格缝略宽的背衬条嵌入缝隙内，比表面略低 5～10mm，再安排专业打胶师傅用打胶枪配合适合的胶嘴，用改性硅烷密封胶做密封处理。

2）针对设备、路灯、风机、设备的螺栓外露连接处等非连续的小孔洞处的处理

①用钢丝刷、吸尘器、除锈剂等对这些部位做清理清洁工作。

②安排专业打胶师傅用打胶枪配合适合的胶嘴，用改性硅烷密封胶做密封处理。

3）针对所有处理不到位的水落口、水落斗边框与周围混凝土之间有细微裂缝的处理

①用钢丝刷、吸尘器、除锈剂等对这些部位做清理清洁工作。

②安排专业打胶师傅用打胶枪配合适合的胶嘴，用改性硅烷密封胶做密封处理。

4）针对混凝土保护层上的分格缝的处理

①用钢丝刷、吸尘器、除锈剂等对这些部位做清理清洁工作。

②将比分格缝略宽的背衬条嵌入缝隙内，比表面略低 5 ～ 10mm。

③安排专业师傅用打胶枪配合适合的胶嘴，用改性硅烷密封胶做密封处理。

5）针对设备根、基座根、女儿墙根、穿出屋面管道根等阴阳角部位的处理

采用堵漏王、密封胶做圆弧状倒角，以释放和降低会引起根部开裂的集中应力。

6）针对变形缝处的防水前处理

用螺丝刀拧去螺钉，拆除变形缝上所有金属盖板，然后用电动冲击钻和切割机在变形缝两边开凿出各 200mm 宽的基层，直至露出防水层，然后用钢丝刷、吸尘器和高压水枪清除表面浮渣浮灰，在变形缝内部采用遇水膨胀发泡条进行填充，整体不小于 200mm 深。

6.4.6 细部节点防水（施工及验收）

1. 施工前期准备

细部节点施工前，应对基层进行验收处理并满足本章 6.4.5 节提到的各项要求，以防止防水涂料与基层之间粘结不牢出现脱层，涂抹层厚薄不均匀和出现针眼气孔，胎体增强材料铺贴时出现起包、褶皱、虚粘、脱层等质量问题。

2. 施工处理部位

细部节点的 1 头、2 沟、3 缝、4 口、5 根部位均应做加强处理。

3. 施工材料配备

细部节点施工处理可采用丁基自粘防水胶带、节点防水预制件、双面无纺布丁基橡胶防水卷材等胎体增强材料，配合防水涂料进行加强处理。本项目胎体增强材料选用丁基自粘防水胶带，防水涂料选用聚氨酯防水涂料。

聚氨酯防水涂料为单组分产品，开桶即用，可采用喷涂、滚涂及刷涂等多种方式施工。开桶后余料应尽快用完，开桶后超过 4h 应及时密封。胎体增强材料应依据要处理的具体细部节点的部位尺寸及工艺要求，事先裁切和加工好对应的形状和尺寸。

4. 施工工艺工序

1）先用防水涂料打底

用毛刷进行细部节点的防水涂料涂刷打底工序，涂刷时应纵横交错，注意相互接槎，不得有漏刷，单遍涂刷厚度约 0.5mm。

2）随即铺设胎体增强材料

防水涂料打底完成后，随即将事先剪切好的胎体增强材料按压到打底防水涂料中。应先从交界处开始按压，再沿着中心，往两边按压。让胎体增强材料与打底防水涂料充分浸润和紧密贴合，达到满粘效果，没有褶皱、气泡、虚粘、脱层等现象。

胎体增强层与基面的搭接边缘在正常按压下会自然溢出防水涂料，不得强行挤出涂料，以防出现假封边现象。如果遇到基层高低不平，可在基层和胎体增强层底面做双面涂刷。

3）再刷防水涂料覆盖

确认胎体增强材料被充分浸润，紧密结合后，随即涂刷下一遍防水涂料，充分覆盖胎体增强材料。

5. 常见细部节点工艺

1）阴阳角部位的增强处理

阴阳角防水增强层的规格为 500mm，根据阴角的尺寸大小灵活调整，一般不应小于 300mm。卷材规格一般为 1m×10m，将卷材对折，用钢直尺和壁纸刀割开，宽度正好为 500mm，再对折，上、下各 250mm。

2）水落口部位的增强处理

水落口分直式水落口部位和横式水落口部位，无论哪种，其周边 500mm 范围内坡度均不应小于 5%。处理前已提前用堵漏王或密封胶做成了圆弧状倒角，再用节点处理橡胶预制件，配合防水涂料进行局部加强处理。

3）出屋面管根的增强处理

出屋面管根部位的增强处理方式，应先在管道周边抹成馒头状的圆锥台，并高出屋面找平层约 30mm，再用防水涂料配合管根节点预制件进行节点加强处理。

4）女儿墙根部处理

①女儿墙压顶可采用混凝土或金属制品，压顶向内排水坡度不应小于5%，压顶内侧下端应做滴水处理。

②女儿墙泛水处的防水层下应增设附加增强层，附加增强层在平面和立面的宽度均不应小于250mm。

③女儿墙高度较低时，泛水处的防水层可直接铺贴或涂刷到女儿墙压顶下，女儿墙高度较高时，泛水处的防水层高度不应小于250mm。

④变形缝防水带至泛水处上方，收口应开凹槽并将防水带端头裁齐压入，先用改性硅烷密封材料进行密封，再用堵漏王抹平凹槽，最后用防水涂料涂刷收口部位，应多涂刷几遍。

6.4.7 变形缝处节点处理：TPE防水带防水层施工方法

1. 进场施工须知

1）防水带铺贴前，确认变形缝两侧已经按照本章6.4.5中"2.细部处理细则"第6）条的要求处理完毕，质量符合要求，方可入场。

2）避免在露点下施工，施工时最大湿度不宜大于85%（±20℃），基面及环境温度宜在10～30℃。

3）TPE防水带自身无粘结力，需要使用专用的环氧胶粘剂，作为满铺用的黏合剂，进行双面黏合，每一面厚度小于1mm。

4）防水带搭接边必须施加一定压力方能获得良好的密实粘结。施工时必须使用合适的工具，如压辊，进行搭接边的压实。

5）防水带应先从东西方向的导流天沟和变形缝接槎部位开始铺贴，优先处理好十字交叉部位的铺贴和搭接。

6）一般两人一组配合，根据大面分格定位，先将防水带摊开铺平，目的是释放应力使之易施工，避免翘边、张口现象，以提高满粘率。将防水带从两头向中间卷起，准备施工。

2. 施工工艺要点

1）瓷砖胶搅拌

$A:B$=2：1（质量比），采用专用混合搅拌头以400～600r/min，搅拌机先混合

A、B 组分，共 3min，直到材料呈均匀的灰色，搅拌过程中避免夹入空气。为确保充分混合，应使用刮刀将桶边缘及底部的材料仔细刮下后，再低速搅拌约 1min，需注意控制好一次搅拌材料的量，确保每次搅拌好的材料能在可施工操作时间内使用完。

2）防水带清洁

用干或湿抹布将防水带表面上的污染物除去。清理时使用水和非溶剂，检查防水带是否在保存时破损，如有必要可去掉端头部分。

3）涂抹瓷砖胶（底层）+防水带粘贴（Ω 造型，宽度不低于 200mm）

用合适的抹刀将完全混合后的黏合剂抹到已处理后基面接缝两旁。瓷砖胶的厚度是 1mm，且每边最少有 50mm 宽。

在开放空间内将防水带粘上，用合适的辊子压紧，并将夹带的气泡赶走，使防水带两边被压出的瓷砖胶有 5mm。为保证接缝能适应较大位移，用倒 Ω 造型搭接在缝两侧。

4）涂抹瓷砖胶（面层）

等基层瓷砖胶固化后，再进行面层瓷砖胶施工。接缝两边的瓷砖胶厚度约为 1mm，避免附上覆盖物时向外溢出。为提高后续保护层的粘结强度，表干前对瓷砖胶撒砂处理。

5）接缝处处理

胶带末端可用热风焊接来连接。焊接区域必须使用工业研磨布或砂纸打磨粗糙。仅需打磨与焊接区接触的胶带表面，重叠部分至少有 100mm。

3. 防水带铺贴要点

①防水带粘结面和基层表面均应涂刷瓷砖胶，粘贴紧密，不得有空鼓和分层现象。

②铺贴的防水带应平整顺直，搭接尺寸应准确，不得扭曲、出现褶皱。

③满粘法施工，防水带在过桥或应力集中部位宜选用空铺、点粘、条粘等方法。

④收头接缝口应用密封材料封严，宽度不应小于 10mm。

⑤防水带搭接宽度应符合要求，长短边的搭接宽度为 100mm。

⑥特别重要或对搭接有特殊要求时，接缝宽度按设计要求。

4. 成品保护措施

1）施工完毕后禁止踩踏，保护防水层不受损坏。

2）待铺贴防水带用的环氧瓷砖胶干燥后，方可进行后续工作。

3）等待所有防水带成活后，采用微膨胀混凝土或瓷砖胶粘剂回填至原始结构表面。

4）在安装金属盖板前，安装位置可铺设一层丁基橡胶自粘卷材做减振层。

5）应提前关注天气预报，做好防风雨措施。

6.4.8　成品保护措施及防水质量验收

1. 成品保护措施

1）施工完毕后禁止踩踏，保护防水层不受损坏，必要时铺设临时地毯及围挡警示。

2）待所有材料完全干燥72h后，方可进行淋雨观测和工程验收。

2. 防水质量验收

1）防水材料及其配套材料的质量应符合设计要求。

检验方法：检查出厂合格证、质量检验报告和进场检验报告。

2）防水层不得有渗漏和积水现象。

检验方法：雨后观察或蓄水试验。

3）防水层在1头、2沟、3缝、4口、5根等细部节点的构造应符合设计要求。

检验方法：观察检查。

4）防水材料搭接缝应粘结牢固、密封严密，不得扭曲、褶皱、翘边、起泡和露胎。

检验方法：观察检查。

5）防水层的收头应与基层粘结，粘结应牢固、密封应严密。

检验方法：观察检查。

6）各道防水层的平均厚度应符合设计要求。

检验方法：取样检查。

6.5　瓦屋顶屋面防水实战案例

6.5.1　项目情况简介

北京市朝阳区某独栋别墅，为中式瓦屋面结构，业主购置入手后准备装修时在屋内多处发现了渗漏水现象，希望可以恢复屋顶的防水功能，并且经久耐用。

1. 渗漏现象及渗漏部位

1）坡屋面上的瓦片由于破损、老化或移位，产生屋面渗漏水。

2）斜沟或檐沟下方接头处出现渗漏水或潮湿现象。

3）出屋面烟道、山墙交接处、檐沟、反坎梁处开裂渗漏。

2. 渗漏原因

1）材料原因

①由于受到水泥与水产生水化热、混凝土干缩、温度变化等因素的影响，钢筋混凝土结构层容易出现裂缝。随着这些因素的长期影响，裂缝持续扩张，当裂缝宽度达到或超过 0.2mm 且是贯穿性裂缝时，一旦接触雨水，产生一定水压力，就会产生渗漏水。

②柔性防水层以密实粘结的方式附着于水泥砂浆（或细石混凝土）找平基层上，由于找平基层很薄、易于受温度变化等因素产生基层贯穿性裂缝，对防水层造成裂缝反射损伤，防水层破损处产生渗漏水。

③防水材料的使用不当。当屋面坡度较大时，使用防水卷材施工不方便，节点细部采用卷材防水块材较小、搭接面多，无法保证粘贴质量。

④屋面瓦块体铺设的接缝太多，施工中不能保证瓦层的整体性，尤其在暴风雨时易返水引起渗漏。在强降雨时，雨的方向同屋面成一定角度，雨水就会进入屋面瓦下卷材内部。通过观察发现，雨水是通过水泥砂浆结合层、保护层、存在漏点的防水层、水泥砂浆找平层及密实度不理想的混凝土结构层渗入室内，从而形成屋面渗漏。

2）施工原因

①混凝土坍落度控制不当。坍落度过小，影响施工操作，混凝土不易振实，造成屋面渗漏；坍落度过大，混凝土内部多余水分蒸发后会形成微小空隙，容易连通形成毛细孔隙，成为雨水渗入的通道。

②屋面瓦施工不到位。屋面瓦上下接缝搭接尺寸不足，造成屋面雨水渗入基层；贴瓦砂浆未挤满瓦缝，砂浆和板面基层结合不密实，使瓦出现空鼓现象，水汽通过这些空隙渗入内部结构，形成渗漏。

③细部节点处理不当。坡屋面往往形式较复杂，交接面多、节点多，这些部位钢筋绑扎及混凝土振捣都较困难，属于应力集中区。还有一些屋面会配有排风道、下水管、天沟等附加设施，施工时处理不好很容易引起渗漏。

6.5.2 瓦屋面防水系统构造

瓦屋面防水系统构造如图 6-4 所示。

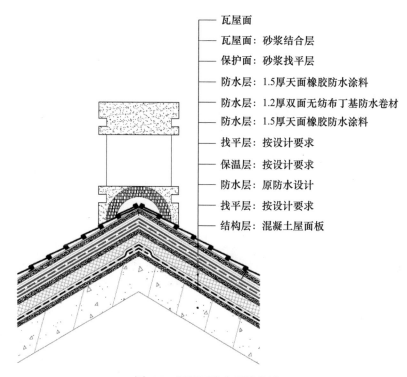

瓦屋面
瓦屋面：砂浆结合层
保护面：砂浆找平层
防水层：1.5厚天面橡胶防水涂料
防水层：1.2厚双面无纺布丁基防水卷材
防水层：1.5厚天面橡胶防水涂料
找平层：按设计要求
保温层：按设计要求
防水层：原防水设计
找平层：按设计要求
结构层：混凝土屋面板

图 6-4 瓦屋面防水系统构造

6.5.3 施工工艺流程

进场施工准备→基层检查处理→细部节点防水（施工及验收）→整体大面防水（施工及自检）→防水竣工验收→恢复瓦屋面。

1. 施工工艺流程——细部节点防水（施工及验收）

进场施工准备→基层涂刷第一遍天面橡胶防水涂料→铺设细部节点胎体增强材料→胎体增强材料表面涂刷第二遍天面橡胶防水涂料→细部节点质量检查验收。

2. 施工工艺流程——整体大面防水（施工及自检）

进场施工准备→涂刷第一遍天面橡胶防水涂料，等固化→涂刷第二遍天面橡胶防水涂料，等固化→前两遍防水涂料质量自检→涂刷第三遍天面橡胶防水涂料至设计厚度，

随即铺设大面第二道双面无纺布丁基橡胶防水卷材，等固化→第二道防水质量自检→涂刷第四遍天面橡胶防水涂料，等固化→涂刷第五遍天面橡胶防水涂料，等固化→涂刷第六遍天面橡胶防水涂料至设计厚度，等固化→第三道防水质量自检→防水竣工验收→安排专业瓦工，恢复瓦屋面。

6.5.4 进场施工准备

1. 人——施工队伍准备

涉及高处作业，安全第一位。为了降低施工人员反复上下屋面导致的风险，应专门安排地面后勤组，为登高人员提供运送物资等支持，并和登高人员交叉检查安全措施。

2. 机——施工机具清点

钢卷尺、角尺、归方定位仪；手电筒、记号笔、美纹纸；羊角锤、铁錾子、小平铲；冲击钻、切割机；扫把、吸尘器、高压水枪；水桶、裁剪刀、量杯；手套、安全带、防滑鞋、安全帽、软鞋套；围栏、警示牌；刷子、抹子、抹弧铲刀；手持压辊、打胶枪、吹风机、灭火器等。

3. 料——施工材料核验

本项目用到的所有防水材料应有产品合格证书及性能检测报告，材料的品种、规格、性能等应符合设计和产品标准的要求。防水材料进场后，必须按规定进行抽检复试，且合格方可进入现场施工。工程中严禁使用不合格材料以及过期的材料。

4. 法——作业条件核查

防水施工方案已经通过审批，细部工艺已深化，并已做好相应的防水施工技术交底。如施工中有新人，应安排细部节点的打样，现场展示出合格工艺及工序，确认完全掌握。

建立严格的安全管理制度，临边用的安全围栏、消防用的安全设施、成品保护用的设施、劳动保护用的防护装备等，均已到位并做完相关的安全技术培训。

与防水层相关的各构造层次验收合格，并符合工法及设计要求，屋面的各个细部节点如基础设施、设备、水落口、出屋面管道及各种预埋件等均已核查到位、验收到位。

5. 特——本案特殊需求

本项目瓦屋面坡度较大，作业师傅必须持证上岗，做好一切防高空坠落风险措施。另外屋面上有保温材料，须配备灭火设备。

6.5.5 基层验收处理

1. 基层强度坚固

基面须强度坚固，达到设计要求，表面坚实，无空鼓、开裂和松动之处，凡有不合格的部位，均应先予以清除修补，方可进行施工。

2. 基层表层密实

基层表面密实，无蜂窝、孔洞、麻面，如有以上情况，先用凿子将松散不牢的石子凿掉，再用钢丝刷清理干净，浇水湿润后刷素浆或直接刷界面处理剂打底，再用堵漏王填实抹平。

3. 基层表面洁净

基层表面洁净，无油、脂、蜡、锈渍、涂层、浮渣、浮灰等残留物质，凡是有碍粘结的，均应采用合适方式予以清除，包括但不限于手工铲除、高压冲洗、物理拉毛、热风软化。

4. 基层表面平整

基层表面平整，用 2m 直尺检查，直尺与基层平面的间隙不应大于 5mm，允许平缓变化，但每米长度内不得多于 1 处。

5. 基层细部抗裂

所有进出墙地面的管道、预埋件、阴阳角、分格缝等部位，一般用堵漏王或密封胶进行修补并做出圆弧倒角，以降低后期开裂可能。密封胶处理缝隙前，宜先嵌入背衬条。

6. 基层含水率低

基层含水率满足施工要求，做到湿润无明水。基层吸收性过大或遭受暴晒过高，易导致聚合物水泥防水涂料失水过快而粉化或有针眼气泡，须在施工前洒水润湿和避开暴晒。

7. 基坑排水顺畅

基层坡度要达到设计要求，并清查排水系统是否保持畅通，严防水落口、天沟、檐沟等部位处堵塞或积水，且不能有高低不平或空间不够的地方，如有应先行修补和处理。

8.裂缝凸凹处理

1）基层的裂缝宽度超过 0.3mm 或有渗漏时，应进行开缝处理。先将裂缝开凿成 V 形槽，在槽内先用背衬条填充，再用堵漏王或密封胶密封。

2）遇到混凝土结构板局部有渗漏水现象时，可采用水性聚氨酯注浆材料对渗漏水部位先进行注浆封堵，再进行本处的防水施工。

3）基层表面的凸起部位，直接开凿剔除做成顺平，凹槽部位深度小于 10mm 时，用凿子将其打平或凿成斜坡并打毛，用钢丝刷把表面清理干净。

4）凹槽深度大于 10mm 时，用凿子凿成斜坡，用钢丝刷把表面清理干净，再浇水湿润后抹素水泥浆打底或直接用界面处理剂在表面打底，最后用堵漏王进行填平修补。

9.涂基层处理剂

1）为避免基面的浮灰影响到防水材料与基层之间粘结的牢固度，可按材料厂家指导选用与防水材料相容的界面剂，预先对基层表面涂刷处理。

2）使用专用施工机具，在细部节点的基层上先行涂刷，然后在大面基层上涂刷，涂刷要均匀一致，基层应满涂，不得有漏涂。

3）基层处理剂干燥后，要及时进行防水材料施工，长时间不进行防水施工的基面要清理干净并重新涂刷，基层处理剂被损坏的区域也要重新进行涂刷。

4）基层处理剂涂刷后，如果遇到下雨，需及时清理积水，等待基层干燥后重新涂刷才能进行后续防水材料施工。

5）基层处理剂涂刷后需要一定的干燥时间，未干燥完成的基面，既不能被踩踏，也不能堆放杂物和材料，更不能立即进行下道工序施工。为防止意外，必须拉线警示和设置标牌提示，以阻止非施工人员的随意进出。

6.5.6 细部节点防水（施工及验收）

1.施工前期准备

细部节点施工前，应对基层进行验收处理并满足本章 6.5.5 节提到的各项要求，以防止防水涂料与基层之间粘结不牢出现脱层，涂抹层厚薄不均匀和出现针眼气孔，胎体增强材料铺贴时出现起包、褶皱、虚粘、脱层等质量问题。

2. 施工处理部位

细部节点的 1 头、2 沟、3 缝、4 口、5 根部位均应做加强处理。

3. 施工材料配备

细部节点施工处理可采用丁基自粘防水胶带、节点防水预制件、双面无纺布丁基橡胶防水卷材等胎体增强材料，配合防水涂料进行加强处理。本项目胎体增强材料选用双面无纺布丁基橡胶防水卷材，防水涂料选用天面橡胶防水涂料。

天面橡胶防水涂料为单组分产品，开桶即用，可采用喷涂、滚涂及刷涂等多种方式施工。开桶后余料应尽快用完，开桶后超过 4h 应及时密封。胎体增强材料应依据要处理的具体细部节点的部位尺寸及工艺要求，事先裁切和加工好对应的形状和尺寸。

4. 施工工艺工序

1）先用防水涂料打底

用毛刷进行细部节点的防水涂料涂刷打底工序，涂刷时应纵横交错，注意相互接茬，不得有漏刷，单遍涂刷厚度约 0.5mm。

2）随即铺设胎体增强材料

防水涂料打底完成后，随即将事先剪切好的胎体增强材料按压到打底防水涂料中。应先从交界处开始按压，再沿着中心，往两边按压。让胎体增强材料与打底防水涂料充分浸润和紧密贴合，达到满粘效果，没有褶皱、气泡、虚粘、脱层等现象。

胎体增强层与基面的搭接边缘在正常按压下会自然溢出防水涂料，不得强行挤出涂料，以防出现假封边现象。如果遇到基层高低不平，可在基层和胎体增强层底面做双面涂刷。

3）再刷防水涂料覆盖

确认胎体增强材料被充分浸润，紧密结合后，随即涂刷下一遍防水涂料，充分覆盖胎体增强材料。

5. 常见细部节点工艺

1）阴阳角部位的增强处理

阴阳角防水增强层的规格为 500mm，根据阴角的尺寸大小灵活调整，一般不应小于 300mm。卷材规格一般为 1m×10m，将卷材对折，用钢直尺和壁纸刀割开，宽度正好为 500mm，再对折，上、下各 250mm。

2）水落口部位的增强处理

水落口分直式水落口部位和横式水落口部位，无论哪种，其周边 500mm 范围内坡度均不应小于 5%。处理时，先用堵漏胶或密封胶做圆弧角处理，再用节点处理橡胶预制件，配合防水涂料进行局部加强处理。

3）出屋面管根的增强处理

出屋面管根部位的增强处理方式，应先在管道周边抹成馒头状的圆锥台，并高出屋面找平层约 30mm，再用防水涂料配合管根节点预制件进行节点加强处理。

4）女儿墙根部处理

①女儿墙压顶可采用混凝土或金属制品，压顶向内排水坡度不应小于 5%，压顶内侧下端应做滴水处理。

②女儿墙泛水处的防水层下应增设附加层，附加层在平面和立面的宽度均不应小于 250mm。

③女儿墙高度较低时，泛水处的防水层可直接铺贴或涂刷到女儿墙压顶下，女儿墙高度较高时，泛水处的防水层高度不应小于 250mm。

④最后一道卷材泛水处上方，防水收口应开凹槽并将卷材端头裁齐压入，先用改性硅烷密封材料进行密封，再用堵漏王抹平凹槽，最后用防水涂料涂刷收口部位，应多涂刷几遍。

6.5.7 整体大面防水（施工及自检）

1. 大面第一道防水涂料——天面橡胶防水涂料

1）进场施工须知

等待细部节点增强层完工固化后（以不粘手为准），可以开始大面区域作业。

2）施工材料准备

参见本章 6.5.6 第 3 项天面橡胶防水涂料相关简介。

3）施工工艺要点

①首先进行第一遍防水涂料的涂刷，单遍涂刷厚度约 0.5mm，大面无漏涂。

②等第一遍涂料固化后，方可涂刷第二遍，第二遍涂刷要与上一遍涂刷方向垂直。

③两遍施工间隔时间 8 ～ 12h（以厂家产品指导说明书为准）。

④第二遍涂刷干燥固化后，方可涂刷第三遍，第三遍要与第二遍涂刷方向垂直。

⑤最后一遍施工完毕，达到第一道防水设计 1.5mm 厚度的要求。

⑥涂刷最后一遍时，同时用于大面卷材的湿铺。

4）质量基本要求

①至少涂刷 3 遍，涂布均匀，不得露底、不得堆积，平均厚度不小于 1.5mm。

②防水层与基层应粘结牢固，表面应平整，不得有气泡和针眼现象。

5）成品保护措施

①涂膜防水层完工后，应及时采取保护措施，防止涂膜损坏。

②不得在其上直接堆放物品，以免刺穿或者损坏防水涂层。

③应提前关注天气预报，做好防风雨措施。

2. 大面第二道防水卷材——双面无纺布丁基橡胶防水卷材

1）进场施工须知

①大面防水卷材铺贴前，确认底层防水涂料头两遍已固化，质量符合要求，方可入场。入场时所有人员必须脚穿鞋套，以免破坏底层的成品防水涂膜。

②双面无纺布丁基橡胶防水卷材自身无粘结力，需要用第一道防水涂料的最后一遍涂抹，作为卷材满铺用的黏合剂。

③卷材搭接边必须施加一定压力方能获得良好的密实粘结。施工时必须使用合适的工具，如压辊，进行搭接边的压实。

④大面卷材铺贴前，应在基层上通过专业定位仪进行定位试铺，以确定卷材搭接位置，保证卷材铺贴的方向顺直美观。

⑤一般两人一组配合，根据大面分格定位，先将卷材摊开铺平，目的是释放卷材应力使之易施工，避免翘边、张口现象，以提高满粘率。将卷材从两头向中间卷起，准备施工。

2）施工工艺要点

①在涂刷完底层防水涂料的最后一遍，确认达到第一道防水层设计厚度要求后，随即开始大面防水卷材的铺贴。

②铺设时可以先手持压辊施加一定的压力对大面防水卷材进行均匀的压实，再采用压辊对搭接带边缘进行二次条形压实。

③应先从交界处开始按压，再沿着中心，往两边按压，以便让大面卷材防水与底部防水涂料充分浸润和紧密贴合，达到满粘效果，避免出现褶皱和气泡现象。

④通过专业的辊压手法，让大面防水卷材与底面的搭接边缘自然地溢出防水涂料，而不是强行挤出涂料，导致出现假封边的现象。

3）卷材铺贴要点

①防水卷材粘结面和基层表面均应涂刷涂料，粘贴紧密，不得有空鼓和分层现象。

②铺贴的卷材应平整顺直，搭接尺寸应准确，不得扭曲、出现褶皱。

③满粘法施工，防水卷材在基层应力集中开裂的部位宜选用空铺、点粘、条粘等方法。

④收头接缝口应用密封材料封严，宽度不应小于 10mm。

⑤屋面坡度小于 3%，屋面防水卷材的铺贴方向平行于屋脊方向。

⑥当卷材平行于屋脊方向铺贴时，搭接缝顺流水方向。

⑦卷材搭接宽度应符合要求，卷材防水层长短边的搭接宽度为 100mm。

⑧相邻两幅卷材短边搭接缝应错开，且不得小于 500mm。

⑨特别重要或对搭接有特殊要求时，接缝宽度按设计要求。

4）成品保护措施

①施工完毕后禁止踩踏，保护防水层不受损坏。

②待铺贴卷材用的防水涂膜干燥后，方可进行后续工作。

3. 大面第三道防水涂料——天面橡胶防水涂料

1）入场施工须知

待大面卷材铺设干燥后方可入场，进行第三道防水涂料的施工。

2）施工工艺要点

参见本章节 6.5.7 "1. 大面第一道防水涂料" 第 3）条的相应内容。

3）质量基本要求

参见本章节 6.5.7 "1. 大面第一道防水涂料" 第 4）条的相应内容。

4）成品保护措施

参见本章节 6.5.7 "1. 大面第一道防水涂料" 第 5）条的相应内容。

5）瓦屋面施工

待防水层竣工验收合格后，安排专业队伍及工种进场作业。

6.5.8 成品保护措施及防水质量验收

1. 成品保护措施

1）施工完毕后禁止踩踏，保护防水层不受损坏，必要时铺设临时地毯及围挡警示。

2）待防水涂膜完全干燥 72h，质量自检合格后，即可进行不少于 30min 的淋水试验和防水竣工验收。

3）出入防水区域验收需穿鞋套，避免损伤防水。

2. 防水质量验收

1）防水材料及其配套材料的质量应符合设计要求。

检验方法：检查出厂合格证、质量检验报告和进场检验报告。

2）防水层不得有渗漏和积水现象。

检验方法：雨后观察或蓄水试验。

3）防水层在 1 头、2 沟、3 缝、4 口、5 根等细部节点的构造应符合设计要求。

检验方法：观察检查。

4）防水材料搭接缝应粘结牢固、密封严密，不得扭曲、褶皱、翘边、起泡和露胎。

检验方法：观察检查。

5）防水层的收头应与基层粘结，粘结应牢固、密封应严密。

检验方法：观察检查。

6）各道防水层的平均厚度应符合设计要求。

检验方法：取样检查。

6.6 金属顶屋面防水实战案例 1

6.6.1 项目情况

苏州市相城区某企业的车间建于 2013 年，屋面为金属屋顶。年久失修，有多处渗漏需要重新翻新。经现场勘察发现，金属屋面原始涂层大量剥落，屋面彩钢板的板接

缝、螺钉处、屋脊处、采光窗、天窗、风机基座、穿出屋面管道、女儿墙转角处，锈渍都相对严重，包括天沟、檐沟也出现了锈蚀现象。

6.6.2　项目推荐方案

金属屋面时间过久，经大风大雨、烈日暴晒、寒来暑往和上人踩踏，造成屋面结构件较大的变形，表面的涂层、节点处的橡胶垫和密封胶等老化失去弹性，屋面逐渐出现磨损、渗漏和锈蚀。如果翻新时对旧有锈蚀基层处理不到位，防水就容易随着锈渍脱落。所以针对本防水翻新项目，除了注意到通常意义上的细部节点施工工艺之外，最重要的就是对金属屋面上各种不坚实和已锈蚀的大面以及各种节点做预处理工作。为了确保达到一级防水等级的要求，环境友好，并能抵抗和适应较大的结构变形，推荐设计如图 6-5 所示。

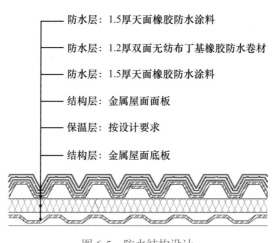

防水层：1.5厚天面橡胶防水涂料
防水层：1.2厚双面无纺布丁基橡胶防水卷材
防水层：1.5厚天面橡胶防水涂料
结构层：金属屋面面板
保温层：按设计要求
结构层：金属屋面底板

图 6-5　防水结构设计

6.6.3　施工工艺流程

进场施工准备→基层检查处理→细部节点防水（施工及验收）→整体大面防水（施工及自检）→防水竣工验收。

1. 施工工艺流程——细部节点防水（施工及验收）

进场施工准备→基层涂刷第一遍天面橡胶防水涂料→铺设细部节点胎体增强材料→胎体增强材料表面涂刷第二遍天面橡胶防水涂料→细部节点质量检查验收。

2.施工工艺流程——整体大面防水（施工及自检）

进场施工准备→涂刷第一遍天面橡胶防水涂料，等固化→涂刷第二遍天面橡胶防水涂料，等固化→前两遍防水涂料质量自检→涂刷第三遍天面橡胶防水涂料至设计厚度，随即铺设大面第二道双面无纺布丁基橡胶防水卷材，等固化→第二道防水质量自检→涂刷第四遍天面橡胶防水涂料，等固化→涂刷第五遍天面橡胶防水涂料，等固化→涂刷第六遍天面橡胶防水涂料至设计厚度，等固化→第三道防水质量自检→防水竣工验收。

6.6.4　进场施工准备

1.人——施工队伍准备

为了保护客户的业务秘密、配合业主的日常管理及预防出现安全事故，所有参与或者准备参与项目的施工人员及管理人员，均已提前统一参加由业主组织的项目入场培训及考试，合格后才可以进入现场施工。

2.机——施工机具清点

钢卷尺、角尺、归方定位仪；手电筒、记号笔、美纹纸；羊角锤、铁錾子、小平铲；冲击钻、切割机；扫把、吸尘器、高压水枪；水桶、裁剪刀、量杯；手套、安全帽、软鞋套；围栏、警示牌；刷子、抹子、抹弧铲刀；手持压辊、打胶枪、吹风机等。

3.料——施工材料核验

本项目用到的所有防水材料应有产品合格证书及性能检测报告。材料的品种、规格、性能等应符合设计和产品标准的要求。防水材料进场后，必须按规定进行抽检复试，合格后方可进入现场施工。工程中严禁使用不合格材料及过期的材料。

4.法——作业条件核查

防水施工方案已通过审批，细部工艺已深化，防水施工技术交底已完成。如施工中有新人，应安排细部节点的打样，现场展示出合格工艺及工序，确认工艺已被完全掌握。

建立严格的安全管理制度，临边用的安全围栏、消防用的安全设施、成品保护用的设施、劳动保护用的防护装备等，均已到位并做完相关的安全技术培训。

与防水层相关的各构造层次验收合格，并符合工法及设计要求，屋面的各个细部节点如基础设施、设备、水落口、出屋面管道及各种预埋件等均已核查到位、验收到位。

本项目涉及较多防水涂料施工，为了防止淋雨等意外事件破坏成品，时刻关注天气预报，避免在雨天、大风以及尘土天气施工。

专人专区管理现场物料，通过沟通，指挥专人及时配送至施工区，并将废水、废固垃圾及时清运。

5. 特——本案特殊需求

一些旧金属屋顶，特别是一些传统单层屋面，可能会存在一些力学安全隐患，所以防水修缮不仅涉及防水问题，还涉及安全问题。修缮前建议业主请专业机构对原有屋顶进行勘察、检测和评估，确认无结构安全隐患方可进行后续工作。

6.6.5　基层验收处理

1. 基层表面施工准备

在施工防水涂料之前，金属屋面的基面需要清理到位，确保表面干燥、平整、洁净。将结构面的疙瘩、浮灰清理干净。

屋面板涂层粉化、起皮、老化、松动、剥落处，用钢丝刷和热吹风机清理干净；表面的油、污、脂等，要用专用的工具、清洁剂清洗干净。

2. 基坑排水情况分析

雨天观察金属屋面的排水系统状况，检查天沟、檐沟、水落口的现状，遇到堵塞或者变形导致的排水不畅应予以清除和纠正。

3. 修补漏洞和损伤

检查彩钢板材表面的破损情况，针对出现锈穿、锈蚀严重部位的板材进行局部的切割打磨，使用新板材安装固定修补。检查彩钢板材拼缝、锚固钉的变形情况，对面板安装缺陷、松动、变形或位移的部位进行机械物理校正，脱落的地方重新锚固。

4. 细部节点加强

防水涂料涂布前，应先对板接缝、螺钉处、屋脊处、采光窗、天窗、风机基座、穿出屋面管道、女儿墙转角、水落口、天沟、檐沟、反梁过水孔、阴阳角、烟囱等细部节点进行处理，用改性硅烷密封材料将所有节点部位嵌填、密封和倒角处理。

5. 基层防锈处理

1）为避免基面的锈渍影响到防水材料与基层之间粘结的牢固度，可按厂家指导选用与防水材料相容的防锈基面处理剂，预先对基层表面涂刷处理。

2）使用专用施工机具在细部节点的基层上先行涂刷，然后在大面基层上涂刷，涂刷要均匀一致，基层应满涂，不得有漏涂。

3）基层处理剂干燥后，要及时进行防水材料施工，长时间不进行防水施工的基面要清理干净并重新涂刷，基层处理剂被损坏的区域也要重新进行涂刷。

4）基层处理剂涂刷后，如果遇到下雨，需及时清理积水，等待基层干燥后重新涂刷才能进行后续防水材料施工。

5）基层处理剂涂刷后需要一定的干燥时间，未干燥完成的基面，既不能被踩踏，也不能堆放杂物和材料，更不能立即进行下道工序施工。为防止意外，必须拉线警示和设置标牌提示，以阻止非施工人员的随意进出。

6.6.6　细部节点防水（施工及验收）

1. 施工前期准备

细部节点施工前，应对基层进行验收处理并满足本章 6.6.5 节提到的各项要求，以防止防水涂料与基层之间粘结不牢出现脱层，涂抹层厚薄不均匀和出现针眼气孔，胎体增强材料铺贴时出现起包、褶皱、虚粘、脱层等质量问题。

2. 施工处理部位

细部节点的 1 头、2 沟、3 缝、4 口、5 根部位均应做加强处理。

3. 施工材料配备

细部节点施工处理可采用丁基自粘防水胶带、节点防水预制件、双面无纺布丁基橡胶防水卷材等胎体增强材料，配合防水涂料进行加强处理。本项目胎体增强材料选用双面无纺布丁基橡胶防水卷材，防水涂料选用天面橡胶防水涂料。

天面橡胶防水涂料为单组分产品，开桶即用，可采用喷涂、滚涂及刷涂等多种方式施工。开桶后余料应尽快用完，开桶后超过 4h 应及时密封。胎体增强材料应依据要处理的具体细部节点的部位尺寸及工艺要求，事先裁切和加工好对应的形状和尺寸。

4. 施工工艺工序

1）先用防水涂料打底

用毛刷进行细部节点的防水涂料涂刷打底工序，涂刷时应纵横交错，注意相互接茬，不得有漏刷，单遍涂刷厚度约 0.5mm。

2）随即铺设胎体增强材料

防水涂料打底完成后，随即将事先剪切好的胎体增强材料按压到打底防水涂料中。应先从交界处开始按压，再沿着中心，往两边按压。让胎体增强材料与打底防水涂料充分浸润和紧密贴合，达到满粘效果，没有褶皱、气泡、虚粘、脱层等现象。

胎体增强层与基面的搭接边缘在正常按压下会自然溢出防水涂料，不得强行挤出涂料，以防出现假封边现象。如果遇到基层高低不平，可在基层和胎体增强层底面做双面涂刷。

3）再刷防水涂料覆盖

确认胎体增强材料被充分浸润，紧密结合后，随即涂刷下一遍防水涂料，充分覆盖胎体增强材料。

5. 常见细部节点工艺

1）阴阳角部位的增强处理

阴阳角防水增强层的规格为500mm，根据阴角的尺寸大小灵活调整，一般不应小于300mm。卷材规格一般为1m×10m，将卷材对折，用钢直尺和壁纸刀割开，宽度正好为500mm，再对折，上、下各250mm。

2）水落口部位的增强处理

水落口分直式水落口部位和横式水落口部位，无论哪种，其周边500mm范围内坡度均不应小于5%。处理时，先用堵漏胶或密封胶做圆弧角处理，再用节点处理橡胶预制件，配合防水涂料进行局部加强处理。

3）出屋面管根的增强处理

出屋面管根部位的增强处理方式，应先在管道周边抹成馒头状的圆锥台，并高出屋面找平层约30mm，再用防水涂料配合管根节点预制件进行节点加强处理。

4）女儿墙根部处理

①女儿墙压顶可采用混凝土或金属制品，压顶向内排水坡度不应小于5%，压顶内侧下端应做滴水处理。

②女儿墙泛水处的防水层下应增设附加层，附加层在平面和立面的宽度均不应小于250mm。

③女儿墙高度较低时，泛水处的防水层可直接铺贴或涂刷到墙顶下，女儿墙高度较高时，泛水处的防水层高度不应小于250mm。

④最后一道卷材泛水处上方，防水收口应开凹槽并将卷材端头裁齐压入，先用改性

硅烷密封材料进行密封，再用堵漏王抹平凹槽，最后用防水涂料涂刷收口部位，应多涂刷几遍。

6.6.7 整体大面防水（施工及自检）

1. 大面第一道防水涂料——天面橡胶防水涂料

1）进场施工须知

等待细部节点增强层完工固化后（以不粘手为准），可以开始大面区域作业。

2）施工材料准备

参见本章 6.6.6 节中"3. 施工材料准备"的相关内容。

3）施工工艺要点

①首先进行第一遍防水涂料的涂刷，单遍涂刷厚度约 0.5mm，大面无漏涂。

②等第一遍涂料固化后，方可涂刷第二遍，第二遍涂刷要与上一遍涂刷方向垂直。

③两遍施工间隔时间 8 ～ 12h（以厂家产品指导说明书为准）。

④第二遍涂刷干燥固化后，方可涂刷第三遍，第三遍要与第二遍涂刷方向垂直。

⑤最后一遍施工完毕，达到第一道防水设计 1.5mm 厚度的要求。

⑥涂刷最后一遍时，同时用于大面卷材的湿铺。

4）质量基本要求

①至少涂刷 3 遍，涂布均匀，不得露底、不得堆积，平均厚度不小于 1.5mm。

②防水层与基层应粘结牢固，表面应平整，不得有气泡和针眼现象。

5）成品保护措施

①涂膜防水层完工后，应及时采取保护措施，防止涂膜损坏。

②不得在其上直接堆放物品，以免刺穿或者损坏防水涂层。

③应提前关注天气预报，做好防风雨措施。

2. 大面第二道防水卷材——双面无纺布丁基橡胶防水卷材

1）进场施工须知

①大面防水卷材铺贴前，确认底层防水涂料头两遍已固化，质量符合要求，方可入场。入场时所有人员必须脚穿鞋套，以免破坏底层的成品防水涂膜。

②双面无纺布丁基橡胶防水卷材自身无粘结力，需要用第一道防水涂料的最后一遍涂抹作为卷材满铺用的黏合剂。

③卷材搭接边必须施加一定压力方能获得良好的密实粘结。施工时必须使用合适的工具，如压辊，进行搭接边的压实。

④大面卷材铺贴前，应在基层上通过专业定位仪进行定位试铺，以确定卷材搭接位置，保证卷材铺贴的方向顺直美观。

⑤一般两人配合，根据大面分格定位，先将卷材摊开铺平，目的是释放卷材应力使之易施工，避免翘边、张口现象，以提高满粘率。将卷材从两头向中间卷起，准备施工。

2）施工工艺要点

①在涂刷完底层防水涂料的最后一遍，确认达到第一道防水层设计厚度要求后，随即开始大面防水卷材的铺贴。

②铺设时可以先手持压辊施加一定的压力对大面防水卷材进行均匀的压实，再采用压辊对搭接带边缘进行二次条形压实。

③应先从交界处开始按压，再沿着中心，往两边按压，以便让大面卷材防水与底部防水涂料充分浸润和紧密贴合，达到满粘效果，避免出现褶皱和气泡现象。

④通过专业的辊压手法，让大面防水卷材与底面的搭接边缘自然地溢出防水涂料，而不是强行挤出涂料，导致出现假封边的现象。

3）卷材铺贴要点

①防水卷材粘结面和基层表面均应涂刷涂料，粘贴紧密，不得有空鼓和分层现象。

②铺贴的卷材应平整顺直，搭接尺寸应准确，不得扭曲、出现褶皱。

③满粘法施工，防水卷材在基层应力集中开裂的部位宜选用空铺、点粘、条粘等方法。

④收头接缝口应用密封材料封严，宽度不应小于10mm。

⑤屋面坡度小于3%，屋面防水卷材的铺贴方向平行于屋脊方向。

⑥当卷材平行于屋脊方向铺贴时，搭接缝顺流水方向。

⑦卷材搭接宽度应符合要求，卷材防水层长短边的搭接宽度为100mm。

⑧相邻两幅卷材短边搭接缝应错开，且不得小于500mm。

⑨特别重要或对搭接有特殊要求时，接缝宽度按设计要求。

4）成品保护措施

①施工完毕后禁止踩踏，保护防水层不受损坏。

②待铺贴卷材用的防水涂膜干燥后，方可进行后续工作。

3. 大面第三道防水涂料——天面橡胶防水涂料

1）入场施工须知

待大面卷材铺设干燥后，方可入场，进行第三道防水涂料的施工。

2）施工工艺要点

参见本节第 1 项 3）中①～⑤的相应内容。

3）质量基本要求

参见本节第 1 项 4）的相应内容。

4）成品保护措施

参见本节第 1 项 5）的相应内容。

6.6.8　成品保护措施及防水质量验收

1. 成品保护措施

1）施工完毕后禁止踩踏，保护防水层不受损坏，必要时铺设临时地毯及围挡警示。

2）待防水涂膜完全干燥 72h，质量自检合格后，即可进行不少于 30min 的淋水试验和防水竣工验收。

3）出入防水区域验收需穿鞋套，避免损伤防水。

2. 防水质量验收

1）防水材料及其配套材料的质量应符合设计要求。

检验方法：检查出厂合格证、质量检验报告和进场检验报告。

2）防水层不得有渗漏和积水现象。

检验方法：雨后观察或蓄水试验。

3）防水层在 1 头、2 沟、3 缝、4 口、5 根等细部节点的构造应符合设计要求。

检验方法：观察检查。

4）防水材料搭接缝应粘结牢固、密封应严密，不得扭曲、褶皱、翘边、起泡和露胎体。

检验方法：观察检查。

5）防水层的收头应与基层粘结，粘结应牢固、密封应严密。

检验方法：观察检查。

6）各道防水层的平均厚度应符合设计要求。

检验方法：取样检查。

6.7 金属顶屋面防水实战案例2

6.7.1 项目情况简介

天津市津南区一民企工厂，车间厂房屋面为金属顶，年久失修，有多处渗漏水，屋面出现大量锈蚀，需要重新翻新。给业主制订两套方案，一个类似本章6.6节案例的三道设防系统，另一个采用如图6-6所示双道设防系统。经综合考虑，采用了第二个相对经济的系统方案。

6.7.2 系统防水构造

系统防水构造如图6-6所示。

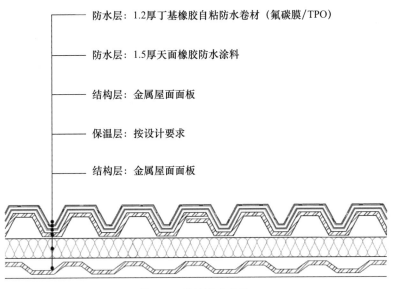

图6-6 系统防水构造

6.7.3　施工工艺流程

进场施工准备→基层检查处理→细部节点防水（施工及验收）→整体大面防水（施工及自检）→防水竣工验收。

1. 施工工艺流程——细部节点防水（施工及验收）

进场施工准备→基层涂刷第一遍天面橡胶防水涂料→铺设细部节点胎体增强材料→胎体增强材料表面涂刷第二遍天面橡胶防水涂料→细部节点质量检查验收。

2. 施工工艺流程——整体大面防水（施工及验收）

进场施工准备→涂刷第一遍天面橡胶防水涂料，等固化→涂刷第二遍天面橡胶防水涂料，等固化→涂刷第三遍天面橡胶防水涂料直至设计厚度，等固化→第一道防水质量自检→铺设大面第二道丁基橡胶自粘防水卷材→第二道防水质量自检→防水竣工验收。

6.7.4　进场施工准备

1. 人——施工队伍准备

为了保护客户的业务秘密、配合业主的日常管理及预防出现安全事故，所有参与或者准备参与项目的施工人员及管理人员，均已提前统一参加由业主组织的项目入场培训，才可以进入现场施工。

2. 机——施工机具清点

钢卷尺、角尺、归方定位仪；手电筒、记号笔、美纹纸；羊角锤、铁錾子、小平铲；冲击钻、切割机；扫把、吸尘器、高压水枪；水桶、裁剪刀、量杯；手套、安全帽、软鞋套；围栏、警示牌；刷子、抹子、抹弧铲刀；手持压辊、打胶枪、吹风机等。

3. 料——施工材料核验

本项目用到的所有防水材料应有产品合格证书及性能检测报告。材料的品种、规格、性能等应符合设计和产品标准的要求。防水材料进场后，必须按规定进行抽检复试，合格后方可进入现场施工。工程中严禁使用不合格材料及过期的材料。

4. 法——作业条件核查

防水施工方案已通过审批，细部工艺已深化，防水施工技术交底已完成。如施工

中有新人，应安排细部节点的打样，现场展示出合格工艺及工序，确认工艺已被完全掌握。

建立严格的安全管理制度，临边用的安全围栏、消防用的安全设施、成品保护用的设施、劳动保护用的防护装备等，均已到位并做完相关的安全技术培训。

与防水层相关的各构造层次验收合格，并符合工法及设计要求，屋面的各个细部节点如基础设施、设备、水落口、出屋面管道及各种预埋件等均已核查到位、验收到位。

本项目涉及较多防水涂料施工，为了防止淋雨等意外事件破坏成品，时刻关注天气预报，避免在雨天、大风以及尘土天气施工。

专人专区管理现场物料，通过沟通，指挥专人及时配送至施工区，并将废水、废固垃圾及时清运。

5. 特——本案特殊需求

旧金属屋顶，特别是一些传统单层屋面，可能会存在一些力学安全隐患，所以防水修缮不仅涉及防水问题，还涉及安全问题。修缮前建议业主请专业机构对原有屋顶进行勘察、检测和评估，确认无结构安全隐患方可进行后续工作。

6.7.5 基层验收处理

1. 基层表面施工准备

在施工防水涂料之前，金属屋面的基面需要清理到位，确保表面干燥、平整、洁净。将结构面的疙瘩、浮灰清理干净。

屋面板涂层粉化、起皮、老化、松动、剥落处，用钢丝刷和热吹风机清理干净；表面的油、污、脂等，要用专用的工具、清洁剂清洗干净。

2. 基坑排水情况分析

雨天观察金属屋面的排水系统状况，检查天沟、檐沟、水落口的现状，遇到堵塞或者变形导致的排水不畅应予以清除和纠正。

3. 修补漏洞和损伤

检查彩钢板材表面的破损情况，针对出现锈穿、锈蚀严重部位的板材进行局部的切割打磨，使用新板材安装固定修补。检查彩钢板材拼缝、锚固钉的变形情况，对面板安装缺陷、松动、变形或位移的部位进行机械物理校正，脱落的地方重新锚固。

4. 细部节点加强

防水涂料涂布前，应先对板接缝、螺钉处、屋脊处、采光窗、天窗、风机基座、穿出屋面管道、女儿墙转角、水落口、天沟、檐沟、反梁过水孔、阴阳角、烟囱等细部节点进行处理，用改性硅烷密封材料将所有节点部位嵌填、密封和倒角处理。

5. 基层防锈处理

1）为避免基面的锈渍影响到防水材料与基层之间粘结的牢固度，可按厂家指导选用与防水材料相容的防锈基面处理剂，预先对基层表面涂刷处理。

2）使用专用施工机具在细部节点的基层上先行涂刷，然后在大面基层上涂刷，涂刷要均匀一致，基层应满涂，不得有漏涂。

3）基层处理剂干燥后，要及时进行防水材料施工，长时间不进行防水施工的基面要清理干净并重新涂刷，基层处理剂被损坏的区域也要重新进行涂刷。

4）基层处理剂涂刷后，如果遇到下雨，需及时清理积水，等待基层干燥后重新涂刷才能进行后续防水材料施工。

5）基层处理剂涂刷后需要一定的干燥时间，未干燥完成的基面，既不能被踩踏，也不能堆放杂物和材料，更不能立即进行下道工序施工。为防止意外，必须拉线警示和设置标牌提示，以阻止非施工人员的随意进出。

6.7.6 细部节点防水（施工及验收）

1. 施工前期准备

细部节点施工前，应对基层进行验收处理并满足本章 6.7.5 节提到的各项要求，以防止防水涂料与基层之间粘结不牢出现脱层，涂抹层厚薄不均匀和出现针眼气孔，胎体增强材料铺贴时出现起包、褶皱、虚粘、脱层等质量问题。

2. 施工处理部位

细部节点的 1 头、2 沟、3 缝、4 口、5 根部位均应做加强处理。

3. 施工材料配备

细部节点施工处理可采用丁基自粘防水胶带、节点防水预制件、双面无纺布丁基橡胶防水卷材等胎体增强材料，配合防水涂料进行加强处理。本项目胎体增强材料选用丁基自粘防水胶带，防水涂料选用天面橡胶防水涂料。

天面橡胶防水涂料为单组分产品，开桶即用，可采用喷涂、滚涂及刷涂等多种方式施工。开桶后余料应尽快用完，开桶后超过 4h 应及时密封。胎体增强材料应依据要处理的具体细部节点的部位尺寸及工艺要求，事先裁切和加工好对应的形状和尺寸。

4. 施工工艺工序

1）先用防水涂料打底

用毛刷进行细部节点的防水涂料涂刷打底工序，涂刷时应纵横交错，注意相互接茬，不得有漏刷，单遍涂刷厚度约 0.5mm。

2）随即铺设胎体增强材料

防水涂料打底完成后，随即将事先剪切好的胎体增强材料按压到打底防水涂料中。应先从交界处开始按压，再沿着中心，往两边按压。让胎体增强材料与打底防水涂料充分浸润和紧密贴合，达到满粘效果，没有褶皱、气泡、虚粘、脱层等现象。

胎体增强层与基面的搭接边缘在正常按压下会自然溢出防水涂料，不得强行挤出涂料，以防出现假封边现象。如果遇到基层高低不平，可在基层和胎体增强层底面做双面涂刷。

3）再刷防水涂料覆盖

确认胎体增强材料被充分浸润，紧密结合后，随即涂刷下一遍防水涂料，充分覆盖胎体增强材料。

5. 常见细部节点工艺

1）阴阳角部位的增强处理

阴阳角防水增强层的规格为 500mm，根据阴角的尺寸大小灵活调整，一般不应小于 300mm。卷材规格一般为 1m × 10m，将卷材对折，用钢直尺和壁纸刀割开，宽度正好为 500mm，再对折，上、下各 250mm。

2）水落口部位的增强处理

水落口分直式水落口部位和横式水落口部位，无论哪种，其周边 500mm 范围内坡度均不应小于 5%。处理时，先用堵漏胶或密封胶做圆弧角处理，再用节点处理橡胶预制件配合防水涂料进行局部加强处理。

3）出屋面管根的增强处理

出屋面管根部位的增强处理方式，应先在管道周边抹成馒头状的圆锥台，并高出屋面找平层约 30mm，再用防水涂料配合管根节点预制件进行节点加强处理。

4）女儿墙根部处理

①女儿墙压顶可采用混凝土或金属制品，压顶向内排水坡度不应小于 5%，压顶内侧下端应做滴水处理。

②女儿墙泛水处的防水层下应增设附加层，附加层在平面和立面的宽度均不应小于 250mm。

③女儿墙高度较低时，泛水处的防水层可直接铺贴或涂刷到女儿墙压顶下，女儿墙高度较高时，泛水处的防水层高度不应小于 250mm。

④最后一道卷材泛水处上方，防水收口应开凹槽并将卷材端头裁齐压入，先用改性硅烷密封材料进行密封，再用堵漏王抹平凹槽，最后用防水涂料涂刷收口部位，应多涂刷几遍。

6.7.7 整体大面防水（施工及自检）

1. 大面第一道防水涂料——天面橡胶防水涂料

1）进场施工须知

等待细部节点增强层完工固化后（以不粘手为准），可以开始大面区域作业。

2）施工材料准备

参见本章 6.7.6 节中"3. 施工材料准备"的相关内容。

3）施工工艺要点

①首先进行第一遍防水涂料的涂刷，单遍涂刷厚度约 0.5mm，大面无漏涂。

②等第一遍涂料固化后，方可涂刷第二遍，第二遍涂刷要与上一遍涂刷方向垂直。

③两遍施工间隔时间 8～12h（以厂家产品指导说明书为准）。

④第二遍涂刷干燥固化后，方可涂刷第三遍，第三遍要与第二遍涂刷方向垂直。

⑤最后一遍施工完毕，达到第一道防水设计 1.5mm 厚度的要求。

4）质量基本要求

①至少涂刷3遍，涂布均匀，不得露底、不得堆积，平均厚度不小于1.5mm。

②防水层与基层应粘结牢固，表面应平整，不得有气泡和针眼现象。

5）成品保护措施

①涂膜防水层完工后，应及时采取保护措施，防止涂膜损坏。

②不得在其上直接堆放物品，以免刺穿或者损坏防水涂层。

③应提前关注天气预报，做好防风雨措施。

2. 大面第三道防水卷材——丁基橡胶自粘防水卷材（氟碳膜/TPO）

1）进场施工须知

大面防水卷材铺贴前，确认第一道防水涂料已固化，质量符合要求，方可入场。入场时所有人员必须脚穿鞋套，以免破坏底层的成品防水涂膜。

2）施工材料简介

本道防水采用丁基橡胶自粘防水卷材，自带丁基胶，表层覆面为氟碳膜/TPO。进行大面铺贴及搭接时，在卷材与基层或卷材与卷材的贴合面上必须施加足够压力，方能获得良好的密实粘结。

施工时必须使用合适的工具进行压实，如采用手持压辊先施加一定的压力对贴合面进行均匀的压实，再采用压辊对贴合面边缘进行二次条形压实。

大面卷材铺贴前，应在基层上通过专业定位仪进行定位试铺，以确定卷材搭接位置，保证卷材铺贴的方向顺直美观。

一般两人配合，根据大面分格定位，先将卷材摊开铺平，目的是释放卷材应力使之易施工，避免翘边、张口现象，以提高满粘率。将卷材从两头向中间卷起，准备施工。

3）施工工艺要点

①铺设时可以先手持压辊施加一定的压力对大面防水卷材进行均匀的压实，再采用压辊对搭接带边缘进行二次条形压实。

②应先从交界处开始按压，再沿着中心，往两边按压，以便让大面卷材防水与底部防水涂料紧密贴合，达到满粘效果，避免出现褶皱和起鼓现象。

4）卷材铺贴要点

①防水卷材粘结面和基层表面均应涂刷涂料，粘贴紧密，不得有空鼓和分层现象。

②铺贴的卷材应平整顺直，搭接尺寸应准确，不得扭曲、出现褶皱。

③满粘法施工，防水卷材在基层应力集中开裂的部位宜选用空铺、点粘、条粘等方法。

④收头接缝口应用密封材料封严，宽度不应小于 10mm。

⑤屋面坡度＜ 3%，屋面防水卷材的铺贴方向平行于屋脊方向。

⑥当卷材平行于屋脊方向铺贴时，搭接缝顺流水方向。

⑦卷材搭接宽度应符合要求，卷材防水层长短边的搭接宽度为 100mm。

⑧相邻两幅卷材短边搭接缝应错开，且不得小于 500mm。

⑨特别重要或对搭接有特殊要求时，接缝宽度按设计要求。

5）第三道防水卷材质量自检

施工完毕后，即可进行质量自检，出入防水区域自检需穿鞋套，避免损伤防水。

6.7.8 防水质量验收

1. 防水质量验收

质量自检合格后，即可进行不少于 30min 的淋水试验和防水竣工验收。

2. 质量验收要点

1）防水材料及其配套材料的质量应符合设计要求。

检验方法：检查出厂合格证、质量检验报告和进场检验报告。

2）防水层不得有渗漏和积水现象。

检验方法：雨后观察或蓄水试验。

3）防水层在 1 头、2 沟、3 缝、4 口、5 根等细部节点的构造应符合设计要求。

检验方法：观察检查。

4）防水材料搭接缝应粘结牢固、密封严密，不得扭曲、褶皱、翘边、起泡和露胎。

检验方法：观察检查。

5）防水层的收头应与基层粘结，粘结应牢固、密封应严密。

检验方法：观察检查。

6）各道防水层的平均厚度应符合设计要求。

检验方法：取样检查。

6.8 采光顶屋面防水实战案例

6.8.1 项目情况简介

杭州西湖区某联排别墅，一楼北面雨篷、二楼北面洗衣房和三楼南面阳光房，落成三个月后，出现了不同程度的渗漏现象。2023 年 7—8 月份，大雨连绵不绝，在一个雨天去现场做了实地勘察，发现阳光房采光顶的渗漏主要集中在两处：一是采光顶与建筑外墙体接缝处，由于墙体和轻钢结构变形不一致导致；二是采光顶玻璃面板接缝处，密封作业前缝隙内部没有填充背衬条，三面受力影响了伸缩性。

6.8.2 推荐解决方案

推荐防水构造如图 6-7 所示。

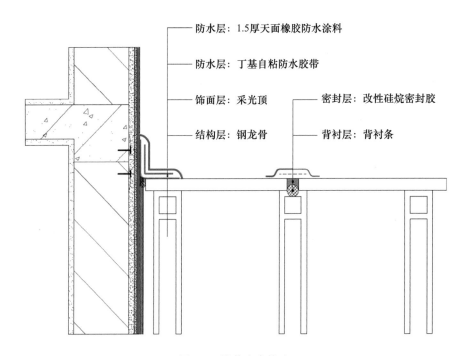

图 6-7 推荐防水构造

6.8.3　施工工艺流程

入场施工准备→基层验收处理→节点密封处理→节点防水处理→防水质量验收。

6.8.4　入场施工准备

1）入场施工前确保工具材料配备齐全，安全技术交底明确。

2）确认采光顶结构牢固、板材无破损，可以支撑上人作业。

3）采光顶维修属高空作业，施工位置下方需设置警示告知和施工安全围挡。

6.8.5　基层验收处理

1. 清理采光板拼缝内密封材料

1）用壁纸刀、钢锯条等工具将采光板拼缝内老化失效的密封材料剔除掉。

2）缝内清理干净，要求无灰尘、残胶及其他杂物。

3）缝隙两边贴美纹纸以免污染玻璃，打胶不直。

4）填充背衬条，嵌入的背衬材料与接缝之间不得留有空隙。

2. 处理采光板与墙体交接处

1）墙体基层应牢固，表面应平整、密实，不得有裂缝、蜂窝、麻面、起皮和起砂。

2）墙体及采光板基层应清洁、干燥，并应无油污、无灰尘。

3）将屋面与墙体交接处原老化失效的密封材料和防水层全部铲除。

4）交接处开 V 形槽，嵌填耐候密封材料，做抹弧处理，抹弧半径约 50mm。

5）铲除的垃圾集中清理。

6）缝隙两边贴美纹纸以免污染玻璃，打胶不直。

7）填充背衬条，嵌入的背衬材料与接缝之间不得留有空隙。

6.8.6 嵌填密封材料

1）板材拼接内嵌填耐候密封材料，要求饱满均匀，注意不要弄脏玻璃。

2）与墙体接缝处密封胶做圆弧角处理。

3）密封材料嵌填应密实、连续、饱满、牢固，不得有气泡、开裂、脱落等缺陷。

4）接缝宽度和密封材料的嵌填深度应符合设计要求，接缝宽度的允许偏差为10%。

5）嵌填的密封材料表面应平滑，缝边应顺直，应无明显不平和周边污染现象。

6.8.7 节点处加强处理

1）采用天面橡胶防水涂料，配合丁基自粘防水胶带，采用3涂1布工艺。

2）涂刷前采光板材拼接缝处粘贴美纹胶带，防止防水涂料污染玻璃，规整美观。

3）墙面与采光板交接阴角处先刷一遍防水涂料，然后将丁基自粘防水胶带嵌入涂料，进行加固处理。

4）丁基自粘防水胶带要根据区域的大小将增强布剪切成合适尺寸、形状，先涂刷一遍防水涂料，然后平铺到尚未干燥的涂料中，使用刷子或滚筒将胶带压入涂料中，同时消除空气泡、褶皱，然后使用足量的涂料再次涂刷一遍，以便使布被完全浸润。

5）涂膜完全干燥后进行二遍、三遍的涂刷。

6）涂刷3遍防水涂料，上一遍涂膜完全干燥（以指压不变形为准）方可涂刷下一遍。

7）要求涂刷均匀，不可漏涂露底、不可堆积，最后成膜光滑致密。

8）待最后一遍涂膜完全干燥后撕下美纹胶带。

6.9 种植顶屋面防水实战案例

6.9.1 项目情况简介

厦门某企业工厂内，一栋旧办公楼的平屋面打算做成中式园林，采用种植顶屋面防水系统，新屋面防水等级设计为一级，因为是既有建筑改造，业主已经在设计师的提示下先自行完成了屋面的结构承载力安全性验证，并拿到了合格的鉴定报告。原屋面结构图为倒置式上人屋面，两道 3.0mm 厚的 SBS 改性沥青防水卷材设防，经现场用高精度红外线热成像仪从内到外对全屋面进行了热成像检测及分析，发现屋面有多处渗漏水造成的局部温度偏低现象。情况超出了各方的预期，原本只是增加一道耐根穿刺的防水层，结果情况变得复杂，最终决定的技术建议（图 6-8）是全部拆除，重新做屋面防水，直接一级设防。因为种植屋面一旦渗漏更难维修。

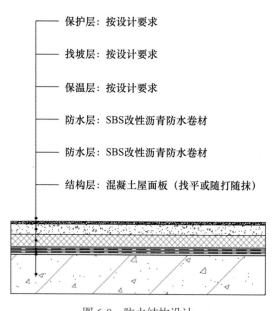

保护层：按设计要求

找坡层：按设计要求

保温层：按设计要求

防水层：SBS改性沥青防水卷材

防水层：SBS改性沥青防水卷材

结构层：混凝土屋面板（找平或随打随抹）

图 6-8　防水结构设计

6.9.2 项目构造层次

项目构造层次设计如图 6-9 所示。

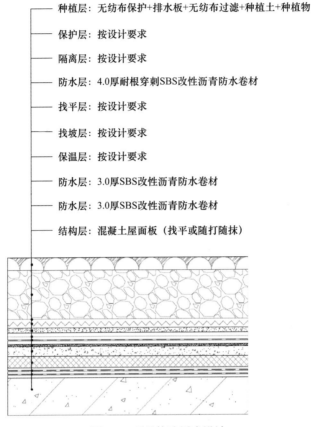

种植层：无纺布保护+排水板+无纺布过滤+种植土+种植物

保护层：按设计要求

隔离层：按设计要求

防水层：4.0厚耐根穿刺SBS改性沥青防水卷材

找平层：按设计要求

找坡层：按设计要求

保温层：按设计要求

防水层：3.0厚SBS改性沥青防水卷材

防水层：3.0厚SBS改性沥青防水卷材

结构层：混凝土屋面板（找平或随打随抹）

图 6-9　项目构造层次设计

6.9.3　施工工艺流程

1. 施工工艺流程——屋面整体施工

进场施工准备→拆除基面直至结构基层→基层检查处理→细部节点防水（施工及验收）→整体大面防水（施工及自检）→防水竣工验收。

2. 施工工艺流程——细部节点防水

施工前准备→细部节点防水（防水卷材附加层施工）→防水层质量检查及验收。

3. 施工工艺流程——整体大面防水

进场施工准备→涂刷基层处理剂→弹线分格预铺→铺设整体大面第一道SBS改性沥青防水卷材（施工及自检）→铺设整体大面第二道SBS改性沥青防水卷材（施工及自检）→保温层施工（施工及验收）→保护层施工（施工及验收）→找平层/找坡层

（施工及验收）→涂刷基层处理剂→弹线分格预铺→铺设第三道耐根系穿刺 SBS 改性沥青防水卷材（施工及自检）→防水质量自检→防水竣工验收。

6.9.4　进场施工准备

1. 人——施工队伍准备

为了落实安装的品质工艺、保护客户的业务机密、配合项目的日常管理及预防不必要的安全事故，所有参与或者准备参与项目的施工及管理人员，提前安排参加团队组织的技术作业交底和业主组织的进场须知培训，合格后才可以进入现场施工。

2. 机——施工机具清点

钢卷尺、角尺、归方定位仪；手电筒、记号笔、美纹纸；羊角锤、铁錾子、小平铲；冲击钻、切割机；扫把、吸尘器、高压水枪；水桶、裁剪刀、量杯；手套、安全帽、软鞋套；围栏、警示牌；刷子、抹子、抹弧铲刀；吹风机、打胶枪、压辊；火焰加热器、灭火器等。

3. 料——施工材料核验

本项目用到的所有防水材料应有产品合格证书及性能检测报告。材料的品种、规格、性能等应符合设计和产品标准的要求。防水材料进场后，必须按规定进行抽检复试，合格后方可进入现场施工。工程中严禁使用不合格材料及过期的材料。

4. 法——作业条件核查

防水的施工方案已通过审批，细部节点工艺已深化，施工技术交底已完成。如施工中有新人，应安排细部节点打样，现场展示合格工艺及工序，并确认工艺已被完全掌握。

建立严格的安全管理制度，临边用的安全围栏、消防用的安全设施、成品保护用的设施、劳动保护用的防护装备等，均已落实到位，并做完相关的安全与技术培训。

与防水层相关的各构造层次验收合格，并符合工法及设计要求，屋面的各个细部节点如 1 头、2 沟、3 缝、4 口、5 根以及各种预埋件等，均已核查到位、验收到位。

屋面作业涉及较多材料，为了防止意外事件影响质量及安全，应时刻关注天气预报，避免在雨天、大风以及尘土天气施工。对于易燃材料，应安排专区存放，并做好防火隔离措施。

安排后勤组，专人专区管理现场物料，通过沟通，指挥专人及时配送至施工区，并将废水、固废垃圾及时清运。

5. 特——屋面拆除措施

铲除屋面结构，包括现有的保护层、保温层和两道防水卷材，直至坚实基层，将拆除的垃圾进行装袋集中处理。

特别提示：在进行原卷材防水层铲除作业时，应提前一天留意施工当天的天气情况，提前做好遮盖准备，以避免在施工时突然下雨造成二次渗漏，影响业主的正常工作和带来不必要的财产损失。

6.9.5 基层验收处理

1. 基层强度坚固

基面须强度坚固，达到设计要求，表面坚实，无空鼓、开裂和松动之处，凡有不合格的部位，均应先予以清除修补，方可进行施工。

2. 基层表层密实

基层表面密实，无蜂窝、孔洞、麻面，如有以上情况，先用凿子将松散不牢的石子凿掉，再用钢丝刷清理干净，浇水湿润后刷素浆或直接刷界面处理剂打底，再用堵漏王填实抹平。

3. 基层表面洁净

基层表面洁净，无油、脂、蜡、锈渍、涂层、浮渣、胶水等残留物，凡是有碍粘结的物质，均应采用合适方式予以清除，包括但不限于手工铲除、高压冲洗、物理拉毛、热风软化。

4. 基层表面平整

基层表面平整，用 2m 直尺检查，直尺与基层平面的间隙不应大于 5mm，允许平缓变化，但每米长度内不得多于 1 处。

5. 基层细部抗裂

所有穿出屋面的管道、预埋件、设备、女儿墙、天窗等转角部位，用堵漏王或密封胶进行修补并做出圆弧倒角，以降低后期开裂可能。用密封胶处理缝隙前，宜先嵌入背衬条。

6.基层含水率低

防水施工之前基层的含水率应满足要求，一般将 $1m^2$ 卷材平坦地摊铺在防水层上，静置 $6 \sim 7h$ 后掀开检查，找平层覆盖部位与卷材上未见水印。

7.基坑排水顺畅

基层坡度要达到设计要求，并清查排水系统是否保持畅通，严防水落口、天沟、檐沟等部位处堵塞或积水，且不能有高低不平或空间不够的地方，如有应先行修补和处理。

8.裂缝凸凹处理

1）基层的裂缝宽度超过 0.3mm 或有渗漏时，应进行开缝处理。先将裂缝开凿成 V 形槽，在槽内先用背衬条填充，再用堵漏王或密封胶密封。

2）遇到混凝土结构板局部有渗漏水现象时，可采用水性聚氨酯注浆材料，对渗漏水部位先进行注浆封堵，再进行本处的防水施工。

3）基层表面的凸起部位，直接开凿剔除做成顺平，凹槽部位深度小于 10mm 时，用凿子将其打平或凿成斜坡并打毛，用钢丝刷把表面清理干净。

4）凹槽深度大于 10mm 时，用凿子凿成斜坡，用钢丝刷把表面清理干净，再浇水湿润后抹素水泥浆打底或直接用界面处理剂在表面打底，最后用堵漏王进行填平修补。

9.涂基层处理剂

1）为避免基面的浮灰影响到防水材料与基层之间粘结的牢固度，可按材料厂家指导选用与防水材料相容的界面剂，预先对基层表面涂刷处理。

2）使用专用施工机具在细部节点的基层上先行涂刷，然后在大面基层上涂刷，涂刷要均匀一致，基层应满涂，不得有漏涂。

3）基层处理剂干燥后，要及时进行防水材料施工，长时间不进行防水施工的基面要清理干净并重新涂刷，基层处理剂被损坏的区域也要重新进行涂刷。

4）基层处理剂涂刷后，如果遇到下雨，需及时清理积水，等待基层干燥后重新涂刷才能进行后续防水材料施工。

5）基层处理剂涂刷后需要一定的干燥时间，未干燥完成的基面，既不能被踩踏，也不能堆放杂物和材料，更不能立即进行下道工序施工。为防止施工意外，必须拉线警示和设置标牌提示，以防范非施工的人员随意进出。

6.9.6　细部节点处理（施工及验收）

1. 施工前期准备

细部节点施工前，应做好相应的入场施工准备和基层验收处理工作，满足本章6.9.4 节和 6.9.5 节提到的各项要求，以防止防水材料与基层之间出现如粘结不牢、脱层虚粘、起鼓起包、翘曲褶皱等质量问题。

2. 施工处理部位

细部节点的 1 头、2 沟、3 缝、4 口、5 根部位均应做加强处理。

3. 施工材料配备

细部节点增强处理直接采用 SBS 改性沥青防水卷材按细部节点技术特点及要求，加工成对应的尺寸后直接作为细部节点增强材料。

本项目所选用的防水材料有两种，一种是保温层上用的耐根系穿刺防水层，另一种是保温层下用的一般防水层。一般防水层选用 SBS 改性沥青防水卷材两道，根系穿刺防水层选用耐根穿刺 SBS 改性沥青防水卷材一道。

SBS 改性沥青防水卷材是以 SBS 橡胶改性石油沥青作为浸渍覆盖层、聚酯胎体作为增强层、塑料薄膜作为防粘隔离层，经选材、配料、共熔、浸渍、复合成型和卷曲包装等工序加工制作而成。产品具有优异的防水性、施工性和耐久性。

耐根穿刺 SBS 改性沥青防水卷材是以添加进口化学阻根剂的 SBS 改性沥青混合料为浸渍覆盖层、聚酯胎体作为增强层、塑料薄膜作为防粘隔离层，加工制作而成的防水卷材。产品具有优异的防水性、施工性、耐久性和强大的耐根穿刺能力。

4. 常见细部节点工艺

1）细部节点加强——进出拐角

进出拐角是三个面相交的交界处，卷材的施工比较复杂，先按阳角附加卷材裁剪图和阴角卷材裁剪图裁剪卷材，安装先将大片附加层卷材热熔法粘贴于基层，压实粘牢后再粘贴小片附加层卷材，附加层卷材边缘溢出沥青，裁口处做密封处理（图 6-10）。

2）细部节点加强——阴阳角处理

阴角防水附加层规格为 500mm，根据阴角大小灵活调整，一般不应小于 300mm。卷材规格一般为 1m×10m，将卷材对折，用钢直尺和壁纸刀割开，宽度正好为 500mm，再对折，上、下各 250mm（图 6-11）。在节点部位模拟铺贴后用加热器加热紧密粘贴于基层。附加层搭接边部位按压时为避免空鼓达到满粘，先按压交界处，从中心往两边按压。

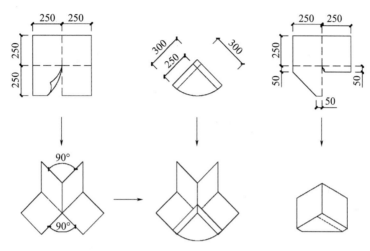

图 6-10　进出拐角卷材处理

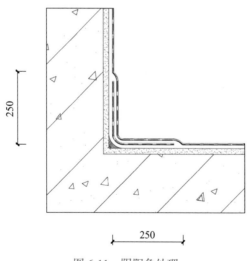

图 6-11　阴阳角处理

3）细部节点加强——分格缝

应力集中部位如屋面找平层上的分格缝，应先用背衬条进行填充，以避免密封胶出现三面粘结的现象，再使用密封膏均匀密封，略低于水平面，附加层易单边满粘（图 6-12）。完成这项工作后，再用卷材防水加强层对分格缝位置进行加强处理。

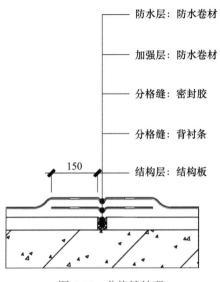

防水层：防水卷材

加强层：防水卷材

分格缝：密封胶

分格缝：背衬条

结构层：结构板

图 6-12　分格缝处理

4）细部节点加强——水落口

水落口分为直式（图 6-13）和横式（图 6-14）两种，无论哪种水落口，其周边 500mm 范围内坡度均不小于 5%。

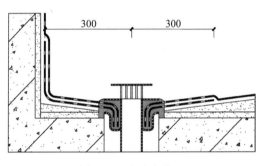

图 6-13　直式水落口

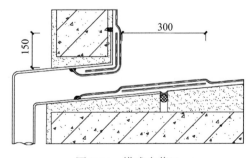

图 6-14　横式水落口

5）细部节点加强——变形缝

①等高变形缝（图 6-15）的防水层均应做到高出屋面矮墙或天沟侧壁的顶面，卷材中间下凹到变形缝内 20～30mm，在凹槽内垫泡沫背衬条，两边与屋面上翻的防水层搭接，宽度不小于100mm；上部再用混凝土板或不锈钢盖板盖压。

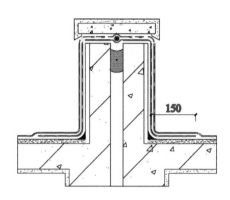

图 6-15　登高变形缝

②高低跨变形缝（图 6-16）的一边为立墙（高层），另一侧为屋面，卷材防水层应钉压在高层立墙上，并向缝中下凹，上部采用卷材一边钉压在高层立墙上，一边直接粘到屋面防水层上，同时在表面用金属板单边盖板固定予以保护。

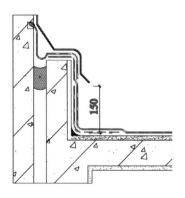

图 6-16　高低跨变形缝

6）细部节点加强——出屋面管根处理

出屋面管根部位增强处理方式，应先在管道周边抹成圆锥台并高出屋面找平层约30mm，按图 6-17 所示裁剪卷材，先将 A 片附加层热熔粘贴于基层，再粘贴 B 片附加层，均采用满粘法，粘贴时上下层切缝应错开。

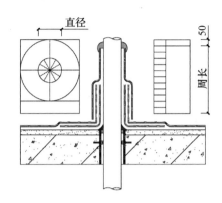

图 6-17　穿出屋面管道

7）细部节点加强——女儿墙根部处理

①女儿墙压顶可采用混凝土或金属制品，压顶向内排水坡度不应小于 5%，压顶内侧下端应做滴水处理。

②女儿墙泛水处的防水层下应增设附加层，附加层在平面和立面的宽度均不应小于 250mm。

③女儿墙高度较低（图 6-18）时，泛水处的防水层可直接铺贴压顶下，女儿墙高度较高（图 6-19）时，泛水处的防水层高度不应小于 250mm。

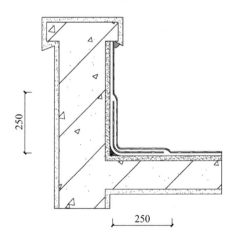

图 6-18　女儿墙高度较低

④最后一道卷材泛水处上方，防水收口应开凹槽并将卷材端头裁齐压入，先用改性硅烷密封材料进行密封，再用堵漏王抹平凹槽。

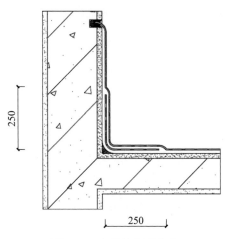

250

250

图 6-19　女儿墙高度较高

6.9.7　整体大面防水

1. 铺设整体大面第一道 SBS 改性沥青防水卷材

1）进场施工须知

①确认基层处理符合本章 6.9.4 和 6.9.5 的要求，确认细部节点处理符合本章 6.9.6 的要求并验收合格后，可以开始大面区域作业。

②大面卷材铺贴前，应在基层上通过专业定位仪进行定位试铺，以确定卷材搭接位置，保证卷材铺贴的方向顺直美观。

③卷材搭接边必须施加一定压力方能获得良好的密实粘结。施工时必须使用合适的工具，如压辊，进行搭接边的压实。

2）施工材料准备

参见本章 6.9.6 中"3.施工材料配备"的相关产品介绍。

3）施工工艺要点

①弹线分格预铺：铺贴第一道卷材前，先弹线确定卷材铺贴位置，一般两人配合。随后根据大面弹线位置将卷材摊开铺平，目的是释放卷材应力使之易施工，避免翘边和张口现象，提高满粘率。将卷材从两头向中间卷起，准备热熔施工。

②铺设卷材（图 6-20）：加热器对准卷材与基层交接处的夹角，距相交处 150 ～ 300mm 往返加热卷材底面沥青层及基层，加热要均匀。趁沥青覆盖层呈熔融状

态时，边烘烤边向前缓慢地滚铺卷材使其粘结到基层上，随后用压辊压实排除空气并使其粘结紧密，卷材下面的空气应排尽。

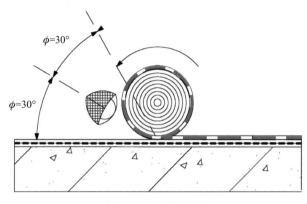

图 6-20　铺设卷材

③卷材铺贴方向：屋面防水卷材的铺贴方向，应根据屋面坡度而定（图 6-21）。屋面坡度小于 3%，卷材平行于屋脊方向；当卷材平行于屋脊方向铺贴时，搭接缝顺流水方向。

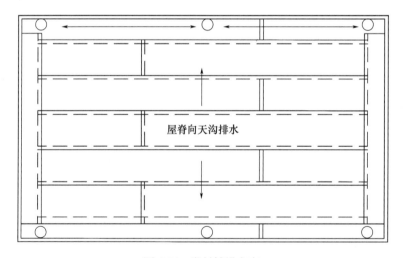

屋脊向天沟排水

图 6-21　卷材铺设方向

④搭接边要求：防水层搭接边必须自然溢出沥青油，溢出的改性沥青胶宽度宜为 8mm，不得强行挤出沥青油，严禁假封边；卷材搭接宽度应符合相关技术规范和质量验收规范要求，卷材防水层长短边的搭接宽度为 100mm（图 6-22）。特别重要或对搭接有特殊要求时，宽度按设计要求。

图 6-22　搭接边处理

4）质量验收要求

①防水卷材粘结面和基层表面应粘贴紧密，不得有空鼓、起包和分层现象。

②铺贴的卷材应平整顺直，搭接尺寸应准确，不得扭曲、出现褶皱。

③满粘法施工，防水卷材在基层应力集中开裂的部位宜选用空铺、点粘、条粘等方法。

④收头接缝口应用密封材料封严，宽度不应小于 10mm。

⑤屋面坡度小于 3%，屋面防水卷材的铺贴方向平行于屋脊方向。

⑥当卷材平行于屋脊方向铺贴时，搭接缝顺流水方向。

⑦卷材搭接宽度应符合要求，卷材防水层长短边的搭接宽度为 100mm。

⑧相邻两幅卷材短边搭接缝应错开，且不得小于 500mm。

⑨特别重要或对搭接有特殊要求时，接缝宽度按设计要求。

⑩火焰加热器加热卷材应均匀，不得加热不足或烧穿卷材。

5）第一道防水卷材质量自检

施工完毕后，即可进行质量自检。出入防水区域自检时须穿鞋套以避免损伤防水层。

2. 铺设整体大面第二道 SBS 改性沥青防水卷材

1）进场施工须知

①第一道防水卷材完工并自检验收合格后，可以开始第二道防水卷材施工。

②其他进场施工须知请参见本章节第 1 项中 1）的内容。

③两道防水卷材叠层铺贴，在铺贴第二道卷材时，烘烤上层卷材底面沥青层的同时烘烤下一道卷材上表面沥青层，重复第一道操作过程进行粘结。第二道卷材的长边接缝应与第一道卷材错开 1/3 ～ 1/2 幅宽，短边搭接缝应错开不小于 500mm，且两道卷材不得相互垂直铺设（图 6-23）。

2）施工材料准备

参见本章 6.9.6 中第 3 项的相关产品介绍。

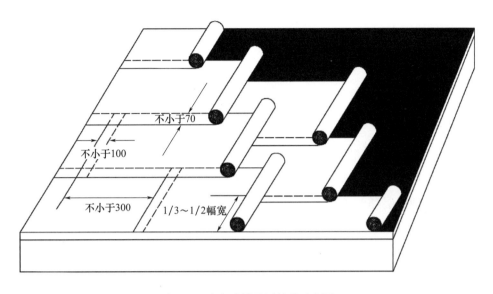

图 6-23　防水卷材叠层铺贴示意图

3）施工工艺要点

参见本章节第 1 项中 3）的要求。

4）质量验收要求

参见本章节第 1 项中 4）的要求。

5）第二道防水卷材质量自检

①施工完毕后即可进行质量自检，出入防水区域自检时须穿鞋套以避免损伤防水层。

②自检合格后进行不低于 24h 的蓄水试验，验收合格后方可进行后续施工。

3. 铺设整体大面第三道耐根穿刺 SBS 改性沥青防水卷材

1）进场施工须知

①保温层、保护层、找平层 / 找坡层均已施工完毕并验收合格。

②基层验收及满足本章 6.9.5 的各项要求，包括 6.9.5 第 9 项基层界面处理。

③本道防水施工前，细部节点必须再次加强处理，并满足本章 6.9.6 的要求。

2）施工材料准备

参见本章 6.9.6 中第 3 项的相关产品介绍。

3）施工工艺要点

参见本章节第 1 项中 3）的要求。

4）质量验收要求

参见本章节第 1 项中 4）的要求。

5）第三道防水卷材质量自检

施工完毕后，即可进行质量自检。出入防水区域自检时须穿鞋套，以避免损伤防水。

6）后续施工注意事项

第三道防水卷材施工完毕，并按本章 6.9.8 验收合格后，方可进行后续施工（隔离层、保护层和种植层等），施工时做好前置防水层的保护。

6.9.8　防水质量验收

1. 防水质量验收

质量自检合格后，即可进行不少于 24h 的蓄水试验和防水竣工验收。

2. 质量验收要点

1）防水材料及其配套材料的质量应符合设计要求。

检验方法：检查出厂合格证、质量检验报告和进场检验报告。

2）防水层不得有渗漏和积水现象。

检验方法：雨后观察或蓄水试验。

3）防水层在 1 头、2 沟、3 缝、4 口、5 根等细部节点的构造应符合设计要求。

检验方法：观察检查。

4）防水材料搭接缝应粘结牢固、密封严密，不得扭曲、褶皱、翘边、起泡和露胎。

检验方法：观察检查。

5）防水层的收头应与基层粘结，粘结应牢固、密封应严密。

检验方法：观察检查。

6）各道防水层的平均厚度应符合设计要求。

检验方法：取样检查。

7 外墙防水实战：从系统设计到专业交付

7.1 外墙防水设计概论

7.1.1 建筑外墙的定义及分类

1.建筑外墙的定义

墙，又称壁，或者墙壁，在建筑学上，是指一种垂直向上的空间隔断结构，用来围合、分割或保护某一区域，是建筑设计中最重要的元素之一。

外墙，通俗意义上来说，是建筑物与室外空间直接相邻的墙体，同外门窗、楼地面以及屋顶一起，作为建筑物内部空间的外围护结构，为室内环境提供保护功能。

外墙有外表面，也有内表面。与建筑物室外空间直接接触的表面，称之为外墙外立面；与建筑物室内空间直接接触的表面，称之为外墙内立面。

通常情况下，外墙有狭义和广义两种，狭义一般指的是 ±0 标高以上的可见的建筑物外墙，广义的还包含了 ±0 标高以下的地下室与土相邻部分。

在本书中，因为地下室外防水有专门的章节讨论，外墙内立面也有厨卫阳室内防水去专门讨论，所以本章节中所指的外墙，一般特指外墙的外立面部分。

2.建筑外墙的分类

按建筑材质划分，可分为砌筑墙体、浇筑墙体、构筑墙体。

按饰面系统划分，可分为安装饰面、铺装饰面、涂装饰面。

按立面位置划分，可分为外墙外立面、外墙内立面、外墙斜立面。

3. 建筑外墙的构造

外墙外立面是一项系统性工程，其构造包含了结构墙体和外立面构造；所有的外墙立面构造层次设计和交付内容；从底子到面子的构造层，也有五官的细部构造。部分外立面有着特殊的需求，比如古建筑外墙外立面或者清水混凝土外墙外立面。

基础结构层，如钢结构、混凝土结构、木结构、砖结构等。

归方找平层，如找平砂浆、干挂龙骨。

保温隔热层，如有机保温层、无机保温层。

防水防潮层，如防水涂料层、防水砂浆层。

饰面装饰层，如外墙涂料、装饰砂浆、外墙面砖。

防水加强层，如无色透明防水、无色透明防护剂等。

7.1.2 外立面防水设计

1. 外立面外墙防水系统设计的第一原则——结构稳固，防开裂

外墙外立面防水的系统设计，是确保外墙防水工程质量的前提。十漏九裂，十裂九空。开裂是外墙漏水的最大因素之一，因此外墙防水的系统设计应遵循如下原则：

1）第一原则——防止皮肤型开裂。如腻子层细微龟裂，可用玻纤抗裂网增强处理。

2）第二原则——防止血肉型开裂。如找平层收缩开裂，可先做分格缝再挂钢丝网。

3）第三原则——防止空鼓形开裂。如找平层空鼓炸裂，可使用基面加固剂做处理。

4）第四原则——防止结构型开裂。如梁柱交接处断裂，可在结构部位做拉筋增强。

可以说，外立面建筑外墙防水首先有赖于上述提到的 4 条防裂措施，即"防止细微龟裂、防止收缩开裂、防止空鼓炸裂、防止结构断裂"四者之间的有机结合和共同发力。

2. 外立面外墙防水系统设计的第二原则——细部到位，防窜水

当外立面墙体开裂做好后，外墙漏水的第二个主要的渗漏原因就是节点处窜水。

1）窗周边窜水，如密封胶老化，门窗四角的外保温与门窗密封不合格。

2）分格缝窜水，如外墙超过 6m×6m 截面无分格缝，或者分格缝内节点密封不合格。

3）腰线处窜水，如无防水密封及耐老化措施，水从腰线部位的薄弱环节进入。

3. 外立面外墙防水系统设计的第三原则——设有保温，防漏水

当建筑外墙的保温隔热性能不够时，有可能会因为冷热空气交锋，引起内墙壁结露

现象，特别是在一些冷桥部位。这个主要靠保温系统去解决。

综上所述，外墙防水有三个原则：

①基层的稳定性是前提条件。基层应密实、平整、无开裂、易粘结，为防水成功创造必要的依存条件。

②防水的匹配性是基本原则。防水应分布均匀、无遗漏，厚度足够，与基层及面层相匹配（粘结牢靠，适应形变）。

③注重细部处理是成功关键。注意选用正确的施工工艺工法，避免施工质量低于设计质量。

7.1.3　外立面建筑外墙防水系统的分类

1）按是否保温分

①有外保温外立面外墙防水系统；

②无外保温外立面外墙防水系统。

2）按既有新建分

①新建建筑外立面外墙防水系统；

②既有建筑外立面外墙防水系统。

3）按古代当代分

①古代建筑外立面外墙防水系统；

②当代建筑外立面外墙防水系统。

7.2　外立面实战案例 1

7.2.1　项目情况概述

1. 基本情况

北京市某小区一栋居民楼在使用过程中发现外墙墙体上有多处裂缝，同时在窗户周边对应的室内位置、空调外机搁板对应的室内位置、腰线部位对应的室内位置，也发现了多处渗漏水的现象。说明本建筑外墙防护系统存在明显的质量与安全隐患，为了减少损失和保证房屋后期的正常使用，需进行一次系统性、专业性的防水维修作业。

2. 原因分析

1）结构沉降导致裂缝，砌块墙体疏松吸水

经现场技术人员勘察发现，本小区的楼房在不同程度上都存在不均匀沉降现象。这些楼房在长时间的使用过程中，因受到主体沉降影响，导致外墙体陆续出现了不同程度的贯穿性裂缝。雨水正是通过这些贯穿性裂缝穿透外饰面，开始与建筑结构内部墙体直接接触。

小区建筑为框架填充墙结构，由于填充墙体采用了质地疏松吸水量大的轻体砌块，又没专门设置防水层，导致墙体自身防水能力非常薄弱，虽然墙体作为立面结构具有一定的排水能力，但顺着裂缝进来的雨水还是大量被砌体吸收和蓄存，进而导致室内墙面返潮、起皮和发霉。

2）细部节点处理不善，防水材料年久老化

①门窗周边接缝处理不善

窗框与墙体之间缝隙填充原本就不够密实，加上用来密封的防水密封胶室外耐久性差，逐渐老化开裂，雨水通过该薄弱部位渗透到建筑内部。

②空调外机搁板转角开裂

空调外机搁板与立面墙体之间的转角部位存在不同程度的裂缝，又没有做增强防水处理，大雨时平台排水不畅形成倒灌，水从裂缝处渗透到室内。

③腰线部位积水积雪老化

腰线凸出的部分坡度未做好，雨季容易积水，冬天容易积雪，加上长时间受外界风吹日晒，该部位材料老化现象严重，积水渗透到屋内，出现渗水的情况。

④较高楼层存在较大风压

雨水会在高楼层的大风压力下，绕过大面墙体，直接从门窗、腰线和分格缝的薄弱环节浸入墙体内部。

7.2.2 修复构造层次

根据现场实际情况，及以往项目的维修经验，特对该项目外墙渗漏水维修采取"室

内外综合治理"的解决方案，具体方案如图 7-1 和图 7-2 所示。

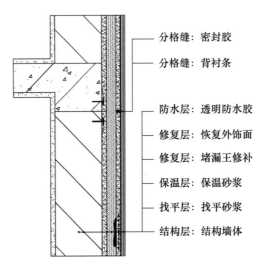

分格缝：密封胶

分格缝：背衬条

防水层：透明防水胶

修复层：恢复外饰面

修复层：堵漏王修补

保温层：保温砂浆

找平层：找平砂浆

结构层：结构墙体

图 7-1　外墙修复构造

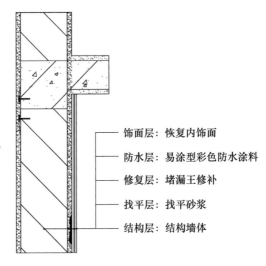

饰面层：恢复内饰面

防水层：易涂型彩色防水涂料

修复层：堵漏王修补

找平层：找平砂浆

结构层：结构墙体

图 7-2　内墙修复构造

7.2.3　施工工艺流程

进场施工准备→外墙整体维修（施工及自检）→内墙局部维修（施工及自检）→防水竣工验收。

7.2.4　进场施工准备

1. 施工机具清点

羊角锤、铁錾子、小平铲；冲击钻、切割机；扫把、吸尘器；水桶、裁剪刀、量杯；手套、安全帽；围栏、警示牌；刷子、抹子、抹弧铲刀；打胶枪、吹风机等。

2. 施工材料核验

本项目用到的所有防水材料应有产品合格证书及性能检测报告。材料的品种、规格、性能等应符合设计和产品标准的要求。防水材料进场后，必须按规定进行抽检复试，合格后方可进入现场施工。工程中严禁使用不合格材料及过期材料。

1）外墙维修防水材料

透明防水胶是以优质高分子聚合物乳液为原料，精选多种助剂改性而成的一款新型防水涂抹胶。其可直接涂刷于混凝土、瓷砖、石材等基层表面，形成一层致密、坚韧的弹性防水胶膜，免砸砖修补，抗渗压力高，抗冻耐热，透明美观。

2）内墙维修防水材料

易涂型彩色防水浆料是以优质丙烯酸酯乳液和多种添加剂组成的有机液料，并以特种水泥及多种填充料组成的无机粉料，经一定比例配制成的双组分水性防水浆料。该产品具有粘结性强、耐水性能优异、抗渗性强、滚涂轻松、施工快捷等特点。

3. 作业条件核查

防水施工方案已通过审批，细部工艺已深化，防水施工技术交底已完成。如施工中有新人，应安排细部节点的打样，现场展示出合格工艺及工序，确认工艺已被完全掌握。

7.2.5　外墙维修方案

1. 前期基层处理

1）该项目为高层住宅，需进行吊篮高空作业，施工作业人员需做好高空作业措施，包括安全帽、安全绳等，屋顶安排相关配料及监护人员，楼下对应区域安排安全员并做好警戒线区域措施。

2）针对高层无贴砖区域出现的部分饰面层脱落及裂缝较大区域进行基层处理，扩大其修复面积以保证修补效果。

3）墙面将清理后的部位进行堵漏王找平密封处理，裂缝区域进行 V 形槽拓宽，以保证堵漏王的密封效果。

4）针对低楼层铺贴瓷砖区域进行瓷砖铺贴质量检查，若瓷砖空鼓且有掉砖风险，进行瓷砖二次铺贴；检查所有砖缝区域是否存在裂纹，对裂缝进行堵漏王密封处理。

5）窗框与墙体之间的密封胶进行铲除，并对两者之间的填充物进行更换处理，保证填充物的密封稳定性及具有一定的防水效果，待该部位处理完毕后进行密封胶密封处理。

6）针对空调外机搁板部位，逐层观察，漏水严重部位进行对应阴角部位开槽到保温层，然后用堵漏王进行抹弧，并进行第一道防水层附加处理，平台处用堵漏王找坡处理，然后大面积防水施工；若该区域对应室内并无漏水，只需进行阴角抹弧、平台找坡及后期的大面积防水施工。

7）腰线部位与空调外机搁板处理方法相同，需做好相关找坡作业，保证后期该区域不会存水。

8）以上部位处理完毕后，进行相关自检，查找遗漏并及时修补，保证后期防水作业面平整、坚固、无裂缝、无凸起物、无浮沙、无浮尘等。

9）恢复墙体装饰面，效果与原墙体保持一致。

2. 后期防水施工

1）确认外饰面恢复完毕合格后，进行大面防水涂刷。

2）整体大面涂刷 2～3 遍透明防水胶，使涂膜达到 1mm 左右，在保证防水效果的同时不影响建筑物原饰面的美观度。

3）两遍防水施工之间应有施工间隔，等待上一遍表干后可进行下一遍施工，表干约 4h，整体涂刷完毕实干约 24h。施工时应注意天气预报以防成品破坏。

4）文明施工，绿色施工，对项目做好垃圾清运处理及成品保护。

7.2.6　内墙局部维修

1）针对目前已经出现漏水的楼层室内进行防水施工，将该楼层室内临近渗漏部位的物品移除，清理出操作空间。

2）针对该区域的整面墙体、窗户周边铲除装饰层、腻子层，直至坚实的基面。

3）对墙面出现裂缝和铲除过程中出现的凹槽部位，使用堵漏王进行修补抹平处理。

4）对铲除区域进行防水层施工，大面积涂刷3遍以上易涂型彩色防水浆料，使防水层厚度不低于1.5mm，使用游标卡尺检验涂膜厚度或根据整体用量判断，每平方米面积达到1mm厚度的用量为2kg。

涂刷施工前，应充分润湿基面但不得有积水，基面保持湿润有利于浆料渗入，使粘结效果更好，操作更快捷。

施工分遍涂刷，每遍干燥后（4～6h）才可涂刷第2遍，涂刷方向与第1遍涂刷方向垂直。墙角部位应做圆弧倒角，再配合丁基自粘防水胶带和防水涂料做加强处理。

防水涂层应满涂、均匀，无遗漏。

5）防水施工完成后进行自检，确保无问题后对该区域进行腻子层及饰面恢复处理。

7.2.7　防水质量验收

通过一场不少于1h的大雨进行观察验收，无任何漏水现象为合格。

7.3　外立面实战案例2

7.3.1　项目情况概述

深圳某企业半导体工厂新建研发办公楼，外墙墙体为框架填充墙结构，采用蒸压加气混凝土砌块作为墙体的材料，外墙饰面设计为瓷砖，外墙防水工程对外招标。

蒸压加气混凝土砌块自重轻、隔声强、保温效果好，但作为框架填充墙体，存在吸水率高、抗渗性差、湿胀干缩等问题，后期有结构型开裂和找平层空鼓形开裂等风险。

在我方建议下，业主和设计院一致同意，在做外墙防水层前，增加构造措施，以增强基层的结构稳定性，为后期的构造提供一个稳固、坚实、平整的基面。

采取的措施包括但不限于：

1）在进行结构墙体施工时，须严格遵循行业技术规范《蒸压加气混凝土制品应用技术标准》（JGJ/T 17），作为外墙墙体施工及验收的重要指导资料。

2）在做大面找平层之前，增加墙体界面加固处理剂一道，以增加墙体表面强度、降低和均衡基层吸水率，增强找平砂浆与基层的粘结强度，防止空鼓形开裂。

3）须按照国家外墙相关要求，至少每隔 6m×6m 的范围，从找平层开始就预留墙体分格缝，对于外墙变形缝位置也须设置钢丝网，以防止热胀冷缩引起的胀缩型开裂。

4）为防止基面吸水率太低导致的可黏附性下降，进而引起后续外墙饰面砖空鼓脱落，同时又不降低外墙整体防水性能，外墙防水设计选用 8mm 厚聚合物水泥防水砂浆。

5）为了防止饰面瓷砖因热胀冷缩、冻融循环、湿胀干缩引起的应力循环导致外墙饰面砖空鼓脱落，在进行外墙瓷砖设计与交付时，应遵循行业规范《外墙饰面砖工程施工及验收规程》（JGJ 126）的相关要求。

7.3.2 推荐系统构造

推荐系统构造如图 7-3 所示。

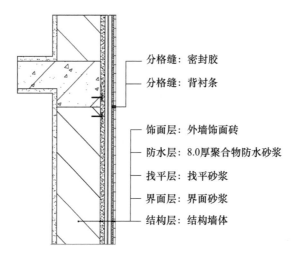

图 7-3 系统构造设计

7.3.3　防水施工流程

入场施工准备→基层验收处理→细部节点处理（施工及自检）→整体大面防水（施工及自检）→防水质量验收。

7.3.4　入场施工准备

1. 技术准备

领会图纸设计意图，熟悉现场场地情况，圈定施工部位范围，熟悉和了解本工序所采用的所有产品的种类、特点、性能和施工要点。在熟悉产品和现场的基础上，归纳施工节点种类和掌握各节点的技术处理措施。

2. 确定工序

确定本工程分工序的必要作业条件，以便逐项进行验收和处理；确定本工程分工序的检查验收项目，以便逐项进行验收和处理；建议现场设置工艺工序样板房，以供施工人员随时参考，且作为施工指导及验收的依据。

3. 安全作业

为安全作业，必须在参加安全和技术培训并登记后，方可进入现场进行产品施工；进入工地时必须穿戴好合格的安全帽、工作服、安全鞋、手套、鞋套、口罩等劳动防护用品；施工环境安全，脚手架、施工电梯等须通过验收方可使用。

4. 合理安排

严格遵守招标文件要求的工期和投标书中承诺的工程施工期限，合理安排施工程序，保证各项施工活动相互促进、紧密衔接，避免不必要的重复工作，以保证施工连续地、均衡地、有节奏地进行，合理地使用人力、物力和财力，好、快、省、安全地完成任务。

5. 施工周期

妥当地安排雨季施工项目，落实好季节性施工措施。农忙季节优选劳动力，加大措施，保证工程施工的连续性。在满足施工需要的前提下，尽量利用原有和邻近建筑，减少各种临时设施的投入。合理布置施工现场，尽量避免二次倒运，做到文明施工。

6. 入场准备

入场前施工机具准备完毕，包括但不限于：羊角锤、铁錾子、小平铲；冲击钻、切割机；扫把、吸尘器；水桶、裁剪刀、量杯；手套、安全帽；围栏、警示牌；刷子、抹子、抹弧铲刀；打胶枪、吹风机等。

7. 材料要求

本项目用到的所有防水材料应有产品合格证书及性能检测报告。材料的品种、规格、性能等应符合设计和产品标准的要求。防水材料进场后，必须按规定进行抽检复试，合格后方可进入现场施工。工程中严禁使用不合格材料及过期材料。

聚合物水泥防水砂浆是由高强度水泥、级配砂浆骨料和可分散有机聚合物，经工厂预制搅拌而成，具有一定抗裂能力的防水材料。产品防水效果好，粘结强度高，尤其适用于室内、外墙、水池及地下等区域的防水工程。产品宜存放在阴凉、干燥、避光的室内环境，不得已短期室外存放时，应设有防潮底板及遮盖用塑料布，粉剂材料垂直方向堆放不超过 8 包。

7.3.5 基层检查验收

1. 施工准备条件

可施工温度为 5 ～ 35℃，施工面尽量避免阳光直射和风吹，必要时要有可靠的遮阳、防风措施，施工现场所需的水、电、机具和安全防护措施齐备，基础或密切相关的项目如管道、预埋件、接荏缝、空调搁板转角等，已处理完毕或配合。

2. 基层准备条件

基层应洁净，无灰尘、水泥砂浆、铁锈、油污等有碍粘结的物质，凡是有碍于粘结的物质，均应采用合适的方式清除干净。基层应具有足够的承载力及稳定性、足够刚度。基面须坚实稳定，无空鼓，表面不开裂，凡是有不合格部位应予以清除修补方可进行施工。

3. 基层含水率要求

基层含水率应符合施工要求，为施涂顺滑、涂布均衡在施工前可对施工区域进行洒水作业，做到湿润无明水即可。

7.3.6 施工工艺要求

1. 材料配备

1）搅拌配比：每包 10kg 乳液混合 40kg 粉剂。

2）搅拌顺序：搅拌时先在搅拌容器内倒入适量的乳液，边搅拌边倒入粉料。

3）搅拌机具：用电动搅拌器（高功率低转速）进行搅拌，至均匀无结块的胶浆状。

4）搅拌要点：遵循 3-2-1 原则，先搅拌 3min 再静置 2min，施工前再搅拌 1min。

2. 材料涂刷

1）施工方式：可采用刮涂或喷涂方式，单遍厚度 2～3mm，不得一次性施工过厚。

2）施工间隔：每遍施工都要等上一遍防水涂层固化后方可进行（需 8～12h）。

3）施工遍数：至少 3 遍，且相邻 2 遍之间的刮涂或喷涂方向须纵横交错、互相垂直。

4）施工要求：刮涂或喷涂均匀，无遗漏、无流挂，基层润湿，避开暴晒，防止起针眼。

5）待料时间：施工间隔长再次使用前应低速搅匀，已搅拌浆料应在 1h 内用完。

3. 施工技巧

1）材料随用随搅，混合好的材料在环境温度为 20℃条件下，可使用时间约 1h。温度较低，可用时间延长，反之则较短。现场环境温度低、湿度大、通风差，干燥时间会延长。

2）水泥基类产品水化都需要充足的水，如基层吸水性过强会导致防水层失水过多进而开裂。如果遇到基层吸水性大同时温度升高情况，还可能因基层空气上升引起针眼现象。

3）施工完成后应该认真检查工程的各个部分，特别是穿墙管、空调隔板、腰线、分格缝细部薄弱环节，发现问题及时修复。涂层不能有裂纹、起鼓、分层、脱皮等现象。

4. 质量保障

1）做完样板后，要及时邀请业主单位、监理单位及总包单位进行检查和验收，并应签字认可，验收合格后方可进行大面积施工。

2）每一道工序检验合格后，应采取相应的保护措施及保护时间，如必要的遮雨措施；尽量减少交叉施工，以避免防水层被破坏；然后进行防水验收、瓷砖铺贴等作业。

3）完工检验合格后进行后续施工时应尽量避免破坏已完工的防水层。若不慎将防水层破坏，破坏方应及时通知防水施工班组进行维修。

4）后续工序对防水层将造成较大影响时，后续施工班组在施工前应与项目管理人员和防水施工人员共同商讨，决定采取的保护措施。

5）防水验收合格后，邀请有关人员共同检查验收结果，并在验收单上签字认可。施工中如有不同意见，应及时与项目经理及现场监理取得联系，以便在其协调下得到妥善的解决。

7.3.7 防水质量验收

1）防水材料及其配套材料的质量应符合设计要求。

检验方法：检查出厂合格证、质量检验报告和进场检验报告。

2）防水层不得有渗漏和积水现象。

检验方法：雨后观察或淋水试验。

3）防水层在腰线、分格缝、窗口等细部节点的构造应符合设计要求。

检验方法：观察检查。

4）防水材料应粘结牢固，不得露底、起鼓、脱层、开裂等。

检验方法：观察检查。

5）防水层的平均厚度应符合设计要求。

检验方法：取样检查。

8 室内防水实战：从系统设计到专业交付

8.1 室内防水系统设计概论

8.1.1 室内防水系统设计

1. 室内防水失败的常见原因

1）基层验收不到位

——框架墙用加气砖做墙体，没有处理好墙体拉筋等问题，容易有结构性开裂；

——用现场预拌砂浆做找平，没有在基面合理预留分格缝，容易有伸缩性开裂；

——用甩浆拉毛做界面处理，抹灰与光滑结构基面粘不牢，容易有空鼓形开裂。

2）节点处理不到位

——细部处理不到位，工序衔接出现问题，遗漏了过门石部位的处理；

——细部处理不到位，管根处没有用密封胶、防水胶带和做堵漏处理；

——细部处理不到位，阴阳角处没有用密封胶和堵漏王做倒角处理。

3）系统设计不到位

——采用过厚的砂浆铺贴墙面瓷砖，防水层因承载能力有限，超载而脱层；

——水泥基的填缝材料不密实，后期容易开裂，水渗入半干砂浆层返碱；

——没有正确处理好施工时间间隔，防水未固化就去贴砖，内聚破坏两层皮。

2. 室内防水的成功之道

以上可以看出，室内防水要想成功，需要做到三个到位：

1）基层处理到位：降低基层开裂风险，避免因基层开裂影响防水层。

2）细部节点到位：降低三大漏水高风险环节，如过门石、地漏、阴阳角。

3）系统设计到位：从底到面，先做好归方找平，后细部节点预处理，再系统防御。

3. 室内防水成功，需要紧随时代步伐

目前室内的主流防水做法，大都是采用聚合物水泥防水浆料，做单一设防。作为室内防水材料，聚合物防水浆料更适合用在墙面区域。当被用到地面区域时，即使厚度达到1.5mm，也难满足地面防水的实际性能需求，再加上自身的柔性不足，无法应对细部节点，如地漏、墙角和管道部位的开裂问题，使得室内防水有很大风险，实际统计5年渗漏率极高。而国家规范《建筑与市政工程防水通用规范》（GB 55030—2022）对室内防水设计工作年限做出了全新要求：不得低于25年。针对这种情况，行业迅速有了新共识，那就是室内防水尤其是室内地面防水，要大力推行多道设防，并采用各种新型防水材料作为室内防水体系的补充，如节点橡胶预制件、丁基自粘防水胶带、改性硅烷密封胶等，以提升室内防水工作年限。

在充分考虑室内地面水流的各种特点，如干湿循环、偶有积水、面积较小、节点众多等，在做室内地面防水设计时，聚合物水泥防水涂料无疑是最合适的选择之一，不仅施工方便，其材质在更加致密的同时，还具备更优异的抗裂能力。

当进行室内地面防水多道设防时，双面无纺布丁基橡胶防水卷材无疑是最佳选项之一，它既不像改性沥青类防水卷材因施工不够环保，被禁止用在室内空间，也不像合成高分子防水卷材因表面太过光滑，对后期铺贴不友好。双面无纺布丁基橡胶防水卷材，其核心材料丁基作为新型防水材料，具有超强耐老化性，其表面的无纺布也可以与聚合物防水涂料粘结。当其作为多道防水中的一道，与聚合物防水涂料组合用在室内地面时，因为正反双向都覆有无纺布，所以既可以和防水材料粘贴牢固，又可以和后续的瓷砖找平材料紧密结合，还能作为节点增强材料用于细部抗裂材料。聚合物水泥防水涂料、双面无纺布丁基橡胶防水卷材、丁基自粘防水胶带、节点橡胶预制件、改性硅烷密封胶和堵漏王，优势相加、劣势互补，构成了功能强大的室内防水系统性解决方案，完美规避了传统聚合物水泥浆料单一设防的缺陷，特别适合用在室内防水。

8.1.2　室内防水交付常见问题

常见防水破坏形式有以下三种：

1）防水材料内聚破坏：防水材料分别在基面和面层底部，形成完整的两层皮现象。

2）防水材料界面破坏：不仅防水涂层破坏，有时基面表层也会随着防水一起脱落。

3）防水材料界面破坏：不仅防水表层破坏，有时面层材料也会留在防水涂层之上。

根据行业大数据统计，以上常见破坏形式，有时候确实也和一些厂家的材料出厂时性能不合格有关系，但大部分还是符合三分材料七分工的规律，和现场施工的交付质量有着更大的关系。而交付质量不过关，这里面既有施工工人的不专业作业，也有因为需要赶工但现场的基层环境条件不允许，还有现场交叉施工管理混乱的原因。

8.1.3　论室内防水队伍管理的 5 个到位

室内防水交付成功的必要条件，除了有专业的防水交付体系之外，经验丰富的产业师傅和纪律严明的队伍管理也是必不可少的强力保障。但现实情况却是，室内防水施工人员流动大，经常是其他工种的师傅顺带做，造成 5 年渗漏率极高，也就不难理解。

一个专业的施工队伍，平时在工地上应该是什么样子的？工地不仅仅是一个工作的场合，而是从工人到匠人进行修行的"道场"，身在"道场"当有匠心。所谓匠心，应从最简单的场地清理到位开始。

1. 场地清理须知

1）开工前对施工现场拍照留存，每个房间 3~5 张，有远、中、近景，能体现施工进度。

2）清理垃圾，收拾房间，留出 1 个房间作为杂物堆放房间，放在房间中间并堆放整齐。

3）房间内易损坏的物品、装修成品或者拐角做好保护，给临边和洞口处做围挡。

4）安装水平仪打出 2m 水平线，根据施工平面图中标识位置，用钉固定施工铭牌。

5）另外收拾 1 个房间或者区域出来，作为操作间，存放施工有关的机具材料等。

6）用剪刀剪出两条 2m 长的地膜，在选定的搅拌区位置铺设，并用专用胶带固定。

7）检查卫生，确认清理干净整洁、没有垃圾，和施工无关的物品已按要求堆放到位。

8）所有工作准备完毕，房间整体清理完毕，检查确认没有遗漏之后拍照留存进度。

9）下班前检查水电门窗是否关闭，杜绝隐患，确认无误后打卡留存施工进度。

2. 组织管理须知

1）每天提前到达现场，班组打卡，确认当日任务目标。

2）所有班组人员培训合格才能上岗，按照技能等级分配工作。

3）至少提前 1～3 天确认班组负责落地的施工项目。

4）进入工地施工，先填写当日施工内容，组长确认签名。

5）完成当日开工前的所有准备工作后打卡拍照，为施工前的情况留档。

6）厨卫防水施工人员流动大，需要加强管理，从尊重时间管理开始。

3. 墙体砌筑须知

1）墙体尺寸或者定位要精准，避免把找平压力给到后续工序。

2）对下水管口等细部做好保护，以防成品被破坏或被污染。

3）对吸收性大的基层、砖块润湿或用界面剂进行处理以防止沉降。

4）砌墙选用专业砌筑砂浆，单体砌筑不宜太快，导致沉降塌陷。

5）对拐角和新旧墙交接处设置拉筋，防止结构型墙体收缩裂缝。

6）对墙面接口处，用切割机切掉 100mm，内挂镀锌钢丝网抗裂。

7）墙体最上口用斜砖收口，门窗上口用过梁或现浇处理防开裂。

8）改造卫生间用混凝土做地梁，验收后再砌墙，增强防水性能。

9）砖墙完成面的平整垂直误差应小于 6mm，为抹灰找平创造条件。

4. 基层处理须知

1）万丈高楼平地起，好的交付先处理。

2）用空鼓锤检查出空鼓、开裂、起砂、油污、浮灰的位置，并做好标记。

3）用水平靠尺、水平仪和角尺检查方正度、平整度、垂直度，并做好标记。

4）检查接水处、排污口、电源开关、电源插座位置有无问题，并做好保护。

5）检查地漏处是否比门口水平高，下水是否通畅，有无杂物落入堵塞管道。

6）用切割机把有问题的地方切开，用电锤剔除不结实的蜂窝、麻面、浮渣。

7）用铲刀铲除、用角磨机打磨白墙皮，用水清洗有浮灰尘、油脂蜡的地方。

8）每日清理现场垃圾，将垃圾装袋，打扫干净，集满量后及时送至垃圾场。

9）遇到施工面积增加、油污清不掉、墙地误差大、现场材料短缺，及时上报。

5. 墙地找平须知

1）下水口位置进行保护，铝合金门窗框用美纹纸和气泡膜缠绕保护。

2）墙面要润湿润透，吸水率特大或对湿气敏感的砌块可用界面剂处理。

3）可采用专业的铝合金冲筋找平套装工具，以达到快、准、平的找平效果。

4）抹灰要依据冲筋条处的厚薄来定，先抹厚的地方必须分层抹灰。

5）一般水泥抹灰单次施工厚度不建议超过 7mm，特种抹面砂浆除外。

6）开关插座底盒需保护好再施工，抹好后需修正收口，及时清理泥浆。

7）抹灰施工完及时处理门窗边框、上下水管沾染的泥浆，以防后期难清。

8）墙面抹灰后需要及时收浆，要求无洞眼，施工完进行收边处理。

9）确保平整度、垂直度和方正度，做完自检，误差控制在 ±3mm。

6. 地面找平须知

1）基层处理及准备工作

半干法地面砂浆施工对地面基层处理要求，与传统地面工法要求一致。将地面、墙面交接处的浮灰、落地灰结块、铁丝钢筋断头等杂物清理干净，对超出找平层厚度部分，应做剔平处理。根据图纸要求，进行冲筋以确定抹面砂浆厚度。一般抹面砂浆找平层厚度控制在 30mm 内为宜。在铺设地面砂浆前，应提前一天对基层地面浇水润湿，以水渗透到混凝土表面平均 2～3mm 为准，地面较高的地方应用扫帚扫水润湿，低洼地方在铺设砂浆前不应有积水。

2）半干砂浆的拌制

半干砂浆是稠度比较低的砂浆，即拌和时加水比较少，拌和均匀后的砂浆，用手可以轻松握成团状，在 1m 高处松手自由落在地上就散开呈散粒状，"手握成团，落地开花"，以此状态为准配制砂浆。以目前常见的砂浆罐配套使用的连续式搅拌机为例，可以将搅拌机侧面清洗舱门打开，在舱门两侧合页处加上 5～6cm 垫片；用绳索将舱门

固定牢固，并在舱门上方安装防溅土工布，调节上水阀门后即可从搅拌机侧面的舱门处拌制出均匀的干硬性砂浆。

3）砂浆的铺设

将砂浆用带齿筢子打散，再用长尺杆沿厚度控制线荡平砂浆，使砂浆略高于灰饼10～12mm。整个铺设施工及后续磨光等工序过程中，施工人员应穿上底面积较大的专用施工鞋，从而避免在施工过程中由于走动将砂浆踩实而不均匀，影响后续磨光机收面效果。

4）施工注意事项

①地面找平前要先对地漏等部位做好保护，以防落灰进入管道。

②必须先确认完成面的标高和找平的区域范围，否则不可开工。

③冲筋条之间的距离，最大不超过 2m，要求筋条之间横平竖直。

④冲完筋后，须及时检查地面的水平精度，如有误差及时调整。

⑤找平砂浆的厚度必须达到 30mm 以上，不然后期没强度。

⑥大板地面找平边上需留伸缩缝，砂浆内需放镀锌钢丝网抗裂。

⑦卫生间和洗衣房找平，需提前算好坡度，以地漏控制最低点。

⑧门槛位置找平后，止水梁高度 = 完成面标高 – 门槛厚度 –5mm。

8.2 室内防水实战案例 1

8.2.1 项目情况简介

青岛市某国际四星级连锁酒店，有客房 400 多间，要求卫生间的防水工作年限必须满足新国家规范的要求，达到 25 年。其中卫生间地面防水按照一级防水等级要求，进行双道设防。

8.2.2 系统方案推荐

系统方案推荐如图 8-1 所示。

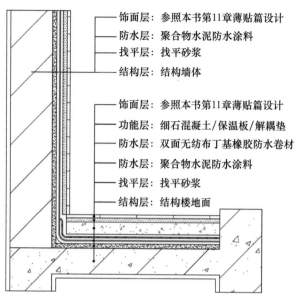

饰面层：参照本书第11章薄贴篇设计
防水层：聚合物水泥防水涂料
找平层：找平砂浆
结构层：结构墙体

饰面层：参照本书第11章薄贴篇设计
功能层：细石混凝土/保温板/解耦垫
防水层：双面无纺布丁基橡胶防水卷材
防水层：聚合物水泥防水涂料
找平层：找平砂浆
结构层：结构楼地面

图 8-1　系统方案推荐

8.2.3　施工工序流程

1. 施工流程

入场施工准备→基层验收处理→细部节点增强（施工及自检）→整体大面防水（施工及自检）→防水质量验收。

2. 细部节点工艺流程——聚合物水泥防水涂料＋双面无纺布丁基橡胶防水卷材

入场施工准备→基层验收及处理→涂刷第一道防水涂料→随即铺设双面无纺布丁基橡胶防水卷材加强层→涂刷第二道防水涂料，待固化→细部质量防水自检。

3. 整体墙面工艺流程——聚合物水泥防水涂料

入场施工准备→基层处理、细部节点验收及处理→涂刷第一遍防水涂料，待固化→涂刷第二遍防水涂料，待固化→涂刷第三遍防水涂料至设计厚度，待固化→墙面防水质量自检。

4. 整体地面工艺流程——聚合物水泥防水涂料＋双面无纺布丁基橡胶防水卷材

入场施工准备→基层处理、细部节点验收及处理→涂刷第一遍防水涂料，待固化→涂刷第二遍防水涂料，待固化→涂刷第三遍防水涂料至设计厚度，随即铺设双面无纺布丁基橡胶防水卷材，待固化→地面防水质量自检→防水质量验收→做后续保护层。

8.2.4 入场施工准备

1. 施工机具清点

羊角锤、铁錾子、小平铲；冲击钻、切割机；扫把、吸尘器；水桶、裁剪刀、量杯；手套、安全帽；围栏、警示牌；刷子、抹子、抹弧铲刀；打胶枪、吹风机等。

2. 施工材料核验

本项目用到的所有防水材料应有产品合格证书及性能检测报告。材料的品种、规格、性能等应符合设计和产品标准的要求。防水材料进场后，必须按规定进行抽检复试，合格后方可进入现场施工。工程中严禁使用不合格材料及过期材料。

3. 作业条件核查

防水施工方案已通过审批，细部工艺已深化，防水施工技术交底已完成。如施工中有新人，应安排细部节点的打样，现场展示出合格工艺及工序，确认工艺已被完全掌握。

8.2.5 基层验收处理

1）基层应洁净，无灰尘、水泥砂浆、铁锈、油污等有碍粘结的物质，凡是有碍粘结的物质，均应采用合适的方式清除干净。基层应具有足够的承载力及稳定性、足够的刚度。基面须坚实稳定，无空鼓，表面不开裂，凡是有不合格的部位应予以清除修补方可进行施工。

2）基层含水率应符合施工要求，为涂刷顺滑、涂布均衡，施工前可对墙地面施工区域进行洒水作业，做到湿润无明水即可。如果墙面为轻质隔墙结构，基面为石膏板、水泥纤维板或者木板，须涂刷适配的专业界面剂。

3）所有管件、设备必须安装牢固，上水管、热水管、暖气管应加套管，套管应高出地面 20～40mm，管口水龙头用胶带缠上。找坡坡度一般为 2%（特殊要求者除外），向地漏处排水，地漏处标高宜比地面低 20mm，地漏半径 50mm 内，排水坡度应大于 5%。

4）细部构造如阴阳角、过门石、地漏管、穿地管，宜采用堵漏王进行圆弧倒角处理，采用堵漏王加清水搅拌，按厂家指导说明进行施工，然后养护。

5）如果是轻质隔墙结构，所有接缝如板间接缝、接茬缝必须处理到位。所有板间接缝采用封堵条及密封胶处理好后，再用专用抗裂胶带配合配套的接缝胶处理到位，确保不会出现结构型开裂。

8.2.6 防水施工验收

1. 细部节点防水（施工及验收）

1）施工前期准备

细部节点施工前，应对基层进行验收处理并满足本章 8.2.5 提到的各项要求，以防止防水涂料与基层之间粘结不牢出现脱层，涂抹层厚薄不均匀和出现针眼气孔，胎体增强材料铺贴时出现起包、褶皱、虚粘、脱层等质量问题。

2）施工材料简介

细部节点施工处理可采用节点橡胶预制件、双面无纺布丁基橡胶防水卷材等胎体增强材料，配合防水涂料进行加强处理。本项目胎体增强材料选用双面无纺布丁基橡胶防水卷材，细部节点加强用的涂料选用聚合物水泥防水涂料。

胎体增强材料应依据要处理的具体细部节点的部位尺寸及工艺要求，事先裁切和加工好对应的形状和尺寸。聚合物水泥防水涂料为双组分产品，需按照厂家指导的配备方式，进行混合搅拌后，再采用滚涂及刷涂等方式进行施工。

3）施工材料配备：聚合物水泥防水涂料

①按照产品包装上所写的乳剂与粉剂的配比，进行聚合物水泥防水材料的搅拌。

②必须采用高功率、低转速和配备了适合搅拌头的电动机械搅拌器进行搅拌。

③为搅拌充分混合均匀，应先往桶内倒乳液，再倒部分粉料，边搅拌边加粉料。

④科学搅拌遵循 3-2-1 原则，即搅拌 3min，再静止 2min，后再搅拌 1min。

⑤如施工间隔时间较长，桶中涂料在再次使用前，应低速搅匀，以免浆料沉淀。

⑥搅拌好的聚合物水泥防水涂料桶中待料时间有限，尽可能在 1h 内及时使用。

4）施工工艺工序

①先用防水涂料打底。用毛刷进行细部节点的聚合物水泥防水涂料涂刷打底工序，涂刷时纵横交错，注意相互接茬，不得有漏刷，单遍涂刷厚度约0.5mm。

②随即铺设胎体增强材料。防水涂料打底完成后，随即将事先剪切好的胎体增强材料按压到打底防水涂料中。应先从交界处开始按压，再沿着中心，往两边按压。让胎体增强材料与打底防水涂料充分浸润和紧密贴合，达到满粘效果，没有褶皱、气泡、虚粘、脱层等现象。

胎体增强层与基面的搭接边缘在正常按压下会自然溢出防水涂料，不得强行挤出涂料，以防出现假封边现象。如果遇到基层高低不平，可在基层和胎体增强层底面做双面涂刷。

③再刷防水涂料覆盖。确认胎体增强材料已经被底层防水涂料充分浸润，紧密结合后，随即涂刷下一遍防水涂料，充分覆盖胎体增强材料。

5）常见细部节点工艺

①阴阳角部位的增强处理：墙地转角、墙面转角、过门石等阴阳角部位必须做增强处理，阴阳角防水增强材料的规格尺寸一般为200mm宽，可根据阴角的尺寸大小进行灵活调整。

②地漏部位的增强处理：地漏附近的增强处理，其周边50mm范围内坡度均不应小于5%。处理时，先用堵漏王做圆弧角处理，再用胎体增强材料配合防水涂料进行局部加强处理。

③出地面管根的增强处理：应先在管道周边抹成圆弧状倒角，再用防水涂料配合管根胎体增强材料进行节点加强处理。

2. 墙面聚合物水泥防水涂料施工要点

1）进场施工须知

①等待细部节点增强层完工固化后（以不粘手为准），可以开始大面区域作业。

②按照先高处再低处、先远处再近处的原则，进行大面涂刷。

③产品宜在10～25℃之间使用，温度过高或者过低均不利于聚合物水泥防水涂料施工。

2）施工材料简介

聚合物水泥防水涂料，材料配备工艺可参见本章节第1项第2）部分的相关内容。

3）防水处理工艺

①施工方式：为保证施工质量，采用涂刷方式施工。

②施工间隔：每遍施工都要等上一遍固化后再进行（需要 4 ～ 8h）。

③施工遍数：至少 3 遍，且相邻两遍之间的涂刷方向必须纵横交错、相互垂直。

④施工技巧：涂刷时要尽量均匀，不能有局部沉淀或流挂；要多滚刷几次，使材料与基层之间不留气泡，粘结牢固；正式施工前应进行耗量测试，并选用合适的辊子和刷子；穿着软底布鞋施工，以免施工期间对防水层的破坏；施工间隔时间较长，再次使用前应低速搅匀，已搅拌的涂料应在 30min 内用完；大面积施工时应妥善安排，若有疑问，需先进行小面积模拟测试。

4）材料养护

施工完毕应注意成品养护，保证通风，但要避免暴晒、雨淋、霜冻；现场环境温度低、湿度大、通风差时，固化的时间会延长。

5）质量自检

施工完成后应该认真检查整个工程的各个部分，特别是薄弱环节，发现问题及时修复。涂层不能有裂纹、翘边、起鼓、分层、脱皮等现象。

3. 地面防水施工

1）进场施工须知

①等待细部节点增强层完工固化后，可以开始大面区域作业。

②按先远处再近处的原则进行大面涂刷。

③产品宜在 10 ～ 25℃之间使用，温度过高或者过低均不利于聚合物水泥防水涂料施工。

2）施工材料简介

聚合物水泥防水涂料，材料配备工艺可参见本章节第 1 项第 2）部分的相关内容。

3）地面第一道防水涂料处理工艺

按照 8.2.6 第 3）的相关内容进行头两遍的防水涂料施工，等待固化完工，验收合格。

4）地面第二道防水施工工艺

①定位裁切预铺：大面卷材铺贴前，应在基层上通过红外线定位仪进行定位试

铺，确定卷材搭接位置，保证卷材铺贴的方向顺直美观，随后根据大面定位位置先将卷材摊开铺平，目的是释放卷材应力使之易施工，避免翘边、张口现象，提高满粘率。

②铺贴大面防水卷材

a. 双面无纺布丁基防水卷材，搭接缝的粘结和密封要点

双面无纺布丁基防水卷材自身无粘结力，需要用地面第一道防水涂料的最后一遍涂抹，作为卷材的满粘用瓷砖胶。卷材搭接缝必须施加一定压力方能获得良好的密实黏合，因此施工时必须使用合适的工具进行搭接带的压实。首先采用手持压辊施加一定的压力对搭接带进行均匀的压实，再采用压辊对搭接带边缘进行二次条形压实。在接头部位，最好可以把黏合用的涂料挤压溢出，以确保满浆率。

b. 采用满粘法铺贴卷材应符合规定

防水卷材搭接边和粘结基面均应涂刷防水涂料；防水卷材铺贴时应排除卷材与粘结面之间的空气，可采用滚压粘贴牢固；铺贴的卷材应平整顺直，搭接尺寸应准确，不得扭曲、出现褶皱；卷材搭接宽度应符合要求，卷材防水层长短边的搭接宽度为100mm。

5）完工检查验收

施工完毕后禁止踩踏，注意保护防水层不受损坏。待防水涂层干燥48h后，进行不低于24h的蓄水试验，并按照本章8.6.4要求进行相关验收。出入施工区域验收时必须穿鞋套。

4. 防水层验收及处理

1）防水材料及其配套材料的质量应符合设计要求。

检验方法：检查出厂合格证、质量检验报告和进场检验报告。

2）防水层不得有渗漏和积水现象。

检验方法：蓄水试验。

3）防水层在阴阳角、管道和过门石等细部构造应符合设计要求。

检验方法：观察检查。

4）防水材料的搭接缝应粘结牢固、密封应严密，不得扭曲、褶皱和翘边。

检验方法：观察检查。

5）防水层的收头应与基层粘结，粘结应牢固、密封应严密。

检验方法：观察检查。

8.3　室内防水实战案例 2

8.3.1　项目情况概述

1. 项目基本情况

江苏省南京市某妇幼医院买入一栋办公楼计划改成住院部，需将该办公楼内原先 100 多间普通办公室全部改造成 VIP 儿童病房。房间内设独立卫生间，客房地面用水泥基自流平找平，再采用丙烯酸地板胶铺设 PVC 地材，可以达到防水防潮效果。

2. 项目需求分析

1）本项目卫浴间为后砌墙改造结构，为了预防水从卫生间新砌墙体、与原结构墙体及地面交接部位进入客房区域，应预先浇筑止水台，并按照 8.1.3 第 4 项的要求处理。

2）PVC 地材以及所用的丙烯酸地板胶都属于湿气敏感型建材，如果遭遇浸水受潮，不仅 PVC 地材所用的丙烯酸地板胶会软化甚至发臭，PVC 地材也会因受潮而起包起鼓。

3）新砌的墙体要想结构稳定，需要较久的时间，但商业项目工期紧、任务重，所以墙面选用的防水材料要有足够的适应基层变形和桥接裂缝的能力。

4）细部节点如阴阳角、地漏管和管道处都是应力集中部位，当采用一道防水涂料做单一设防时，如果防水材质柔性低，节点易开裂；如果防水材质柔性高，大面易掉砖。所以应选用柔性适中的防水涂料，并配合胎体增强材料做好细部节点加强处理。并且按团队过往的项目经验，同类型项目如果出现渗透问题，80% 概率会出现在过门石部位，为了确保完美交付，过门石部位应进行重点技术交底。

8.3.2　推荐室内防水构造

推荐室内防水构造如图 8-2 所示。

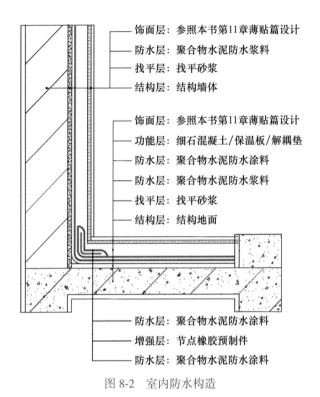

饰面层：参照本书第11章薄贴篇设计
防水层：聚合物水泥防水浆料
找平层：找平砂浆
结构层：结构墙体

饰面层：参照本书第11章薄贴篇设计
功能层：细石混凝土/保温板/解耦垫
防水层：聚合物水泥防水涂料
防水层：聚合物水泥防水浆料
找平层：找平砂浆
结构层：结构地面

防水层：聚合物水泥防水涂料
增强层：节点橡胶预制件
防水层：聚合物水泥防水涂料

图 8-2 室内防水构造

8.3.3 施工工序流程

1. 施工流程

入场施工准备→基层验收处理→整体大面第一道聚合物水泥防水浆料（施工加自检）→细部节点加强防水处理（施工加自检）→整体大面刷第二道聚合物水泥防水涂料（施工加自检）→防水质量验收→后续功能层与保护层施工（保护层/解耦垫/保温层等）。

2. 整体墙地面第一道防水工艺流程——聚合物水泥防水浆料

入场施工准备→基层验收及处理→涂刷第一遍聚合物水泥防水浆料，待固化→涂刷第二遍聚合物水泥防水浆料，待固化→涂刷第三遍聚合物水泥防水浆料至设计厚度，待固化→墙面防水质量自检。

3. 细部节点工艺流程——聚合物水泥防水涂料 + 节点橡胶预制件

入场施工准备→基层验收及处理→涂刷第一道聚合物水泥防水涂料→随即铺设节点橡胶预制件加强层→涂刷第二道聚合物水泥防水涂料，待固化→细部质量防水自检。

4. 整体地面第二道防水工艺流程——聚合物水泥防水涂料

入场施工准备→细部节点验收及处理→涂刷第一遍聚合物水泥防水涂料，待固化→涂刷第二遍聚合物水泥防水涂料，待固化→涂刷第三遍聚合物水泥防水涂料至设计厚度，待固化→地面防水质量自检→防水质量验收→做后续功能层及保护层。

8.3.4 入场施工准备

1. 施工机具清点

羊角锤、铁錾子、小平铲；冲击钻、切割机；扫把、吸尘器；水桶、裁剪刀、量杯；手套、安全帽；围栏、警示牌；刷子、抹子、抹弧铲刀；打胶枪、吹风机等。

2. 施工材料核验

本项目用到的所有防水材料应有产品合格证书及性能检测报告。材料的品种、规格、性能等应符合设计和产品标准的要求。防水材料进场后，必须按规定进行抽检复试，合格后方可进入现场施工。工程中严禁使用不合格材料及过期材料。

3. 作业条件核查

防水施工方案已通过审批，细部工艺已深化，防水施工技术交底已完成。如施工中有新人，还应安排细部节点的打样，现场展示出合格工艺及工序，确认工艺已被工人完全掌握。

8.3.5 基层验收处理

1）基层应洁净，无灰尘、水泥砂浆、铁锈、油污等有碍粘结的物质，凡是有碍粘结的物质，均应采用合适的方式清除干净。基层应具有足够的承载力及稳定性、足够的刚度。基面须坚实稳定，无空鼓，表面不开裂，凡有不合格的部位应予以清除修补方可进行施工。

2）基层含水率应符合施工要求，为涂刷顺滑、涂布均衡，施工前可对墙地面施工区域进行洒水作业，做到湿润无明水即可。如果墙面为轻质隔墙结构，基面为石膏板、水泥纤维板或者木板，须涂刷适配的专业界面剂。

3）所有管件、设备必须安装牢固，上水管、热水管、暖气管应加套管，套管应高出地面 20 ～ 40mm，管口水龙头用胶带缠上。找坡坡度一般为 2%（特殊要求者除外），向地漏处排水，地漏处标高宜比地面低 20mm，地漏半径 50mm 内，排水坡度应大于 5%。

4）细部构造如阴阳角、过门石、地漏管、穿地管，特别是止水台部位，应采用堵漏王进行圆弧倒角处理，采用堵漏王加清水搅拌，按厂家指导说明进行施工，然后养护。

5）如果是轻质隔墙结构，所有接缝如板间接缝、接茬缝必须处理到位。所有板间接缝采用封堵条及密封胶处理好后，再用专用抗裂胶带配合配套的接缝胶处理到位，确保不会出现结构型开裂。

8.3.6　防水施工自检

1. 整体墙地面第一道防水——聚合物水泥防水浆料施工要点

1）进场施工须知

①施工前，应对基层进行验收处理并满足本章 8.3.5 提到的各项要求，然后按照先高处再低处、先墙面再地面、先远处再近处的原则，进行大面涂刷。

②产品宜在 10～25℃之间使用，温度过高或者过低均不利于聚合物水泥防水浆料施工。

③提前准备好地面保护材料和软鞋套，在每一遍踩在地面防水作业时，适时给予保护。

2）施工材料介绍

易涂型聚合物水泥防水浆料是以优质丙烯酸酯乳液和多种添加剂组成的有机液料、以特种水泥及多种填充料组成的无机粉料，经一定比例配制成的双组分水性防水浆料。该产品具有易刷、流平性好、抗渗能力强、粘结能力强、易涂刷施工等特点，适用于室内外水泥混凝土结构、砂浆砖石结构的墙面、地面，如卫生间、浴室、厨房、楼地面、阳台、花槽、地面、车库，用于铺贴石材、瓷砖、木地板、墙纸、石膏板之前的抹底处理，可达到防渗、防潮的效果。

3）施工材料配备——聚合物水泥防水浆料配备指南

①按照产品包装上所写的乳剂与粉剂的配比，进行聚合物水泥防水浆料的搅拌。

②必须采用高功率、低转速和配备了适合搅拌头的电动机械搅拌器进行搅拌。

③为搅拌充分混合均匀，应先往桶内倒乳液，再倒部分粉料，边搅拌边加粉料。

④科学搅拌遵循 3-2-1 原则，即搅拌 3min，再静止 2min，最后搅拌 1min。

⑤防水浆料可按涂刷任务随搅随用，宜在 30min 内用完以获得最佳的施工性能。

4）防水处理工艺

①施工方式：为保证施工质量，宜采用毛刷工具进行涂刷作业。

②施工间隔：每一遍涂刷施工，都要等上一遍固化后方可进行（需要 4 ～ 8h）。

③施工遍数：至少刷 3 遍，且相邻两遍之间的涂刷方向必须纵横交错、相互垂直。

5）防水施工技巧

①涂刷时要尽量均匀，无遗漏、无流挂、无堆积、无针眼。

②要多滚刷几次，使材料与基层之间不留气泡，粘结牢固。

③正式施工前应进行小面积测试，选用合适的辊子和刷子。

④穿着软底布鞋施工，以免施工期间对防水层的破坏。

6）成品养护及质量自检

①施工完毕应注意成品养护，保证通风，但要避免暴晒、雨淋、霜冻；现场环境温度低、湿度大、通风差时，固化的时间会延长。

②施工完毕，应认真检查整个工程的各个部分，特别是薄弱环节，发现问题及时修复。涂层不能有裂纹、翘边、起鼓、分层、脱皮等现象。

2. 细部节点防水——聚合物水泥防水涂料（JSII 型）+ 节点橡胶预制件

1）施工前期准备

细部节点施工前，应对基层进行验收处理并满足本章 8.3.5 提到的各项要求，以防止防水涂料与基层之间粘结不牢出现脱层，涂抹层厚薄不均匀和出现针眼气孔，胎体增强材料铺贴时出现起包、褶皱、虚粘、脱层等质量问题。

2）施工材料配备

细部节点施工处理可采用节点橡胶预制件、丁基自粘防水胶带等胎体增强材料配合防水涂料进行加强处理。

鉴于人工越来越贵，现场加工品质难以保障，胎体增强材料可直接选用节点橡胶预制件，按处理的具体细部节点部位选择相对应的型号，配合防水涂料进行施工即可。

聚合物水泥防水涂料（JSII 型）是一款以优质丙烯酸酯乳液和多种添加剂组成的有

机液料、以特种水泥及多种填料组成的无机粉料，经一定比例配制而成的双组分水性防水涂料。其具有刚柔并济、粘结牢固等特点，可抵御基层细微裂纹和微小位移。产品耐水浸泡、柔韧抗裂、环境友好，适用于卫生间、厨房、阳台、楼地面、地下室的防水、防潮，尤其适用于对防潮有一定高要求的区域。

3）施工工艺——聚合物水泥防水涂料（JSII）

①按照产品包装上所写的乳剂与粉剂的配比，进行聚合物水泥防水涂料的搅拌。

②必须采用高功率、低转速和配备了适合搅拌头的电动机械搅拌器进行搅拌。

③为搅拌充分混合均匀，应先往桶内倒乳液，再倒部分粉料，边搅拌边加粉料。

④科学搅拌遵循 3-2-1 原则，即搅拌 3min，再静止 2min，最后搅拌 1min。

⑤防水涂料可按涂刷任务随搅随用，尽量在 30min 内用完以获得最佳施工性能。

4）施工工艺工序

①先用防水涂料打底。用毛刷进行细部节点的聚合物水泥防水涂料涂刷打底工序，涂刷时纵横交错，注意相互接茬，不得有漏刷，单遍涂刷厚度约 0.5mm。

②随即铺设胎体增强材料。防水涂料打底完成后，随即将事先准备好的胎体增强材料按压到打底防水涂料中。应先从交界处开始按压，再沿着中心，往两边按压。让胎体增强材料与打底防水涂料充分浸润和紧密贴合，达到满粘效果，没有褶皱、气泡、虚粘、脱层等现象。

胎体增强层与基面的搭接边缘在正常按压下会自然溢出防水涂料，不得强行挤出涂料，以防出现假封边现象。如果遇到基层高低不平，可在基层和胎体增强层底面做双面涂刷。

③再刷防水涂料覆盖。确认胎体增强材料被充分浸润，紧密结合后，随即涂刷下一遍防水涂料，充分覆盖胎体增强材料，不得有露胎现象。

5）常见细部节点工艺

①阴阳角部位的增强处理：阴阳角防水增强层的规格为 200mm，可根据阴阳角部位的尺寸大小灵活调整。

②过门石与瓷砖接缝部位渗漏概率高且后果严重，不仅要按阴阳角做增强预处理，还应在瓷砖铺贴完成后瓷砖美缝施工前，用背衬条和密封胶对接缝部位做防水密封加强处理。

③地漏部位的增强处理：地漏附近的增强处理，其周边 50mm 范围内坡度均不应小

于 5%。处理时，先用堵漏王做圆弧角处理，再用胎体增强材料配合防水涂料进行局部加强处理。

④出地面管根的增强处理：应先在管道周边抹成圆弧状倒角，再用防水涂料配合管根胎体增强材料进行节点加强处理。

3. 整体地面第二道防水施工——聚合物水泥防水涂料（JSII）

1）进场施工须知

①等待细部节点增强层完工固化后（以不粘手为准），可以开始大面区域作业。

②按照先高处再低处、先墙面再地面、先远处再近处的原则，进行大面涂刷。

③产品宜在 10～25℃ 之间使用，温度过高或者过低均不利于聚合物水泥防水涂料施工。

④提前准备好地面保护材料和软鞋套，在每一遍地面防水作业时，适时给予保护。

2）施工材料介绍

聚合物水泥防水涂料的材料介绍，可参见本章节第 2 项第 2）部分的相关内容。

3）施工材料配备

聚合物水泥防水涂料的配备工艺，可参见本章节第 2 项第 3）部分的相关内容。

4）防水处理工艺

①施工方式：为保证施工质量，宜采用毛刷工具进行涂刷作业。

②施工间隔：每一遍涂刷施工，都要等上一遍固化后方可进行（需要 4～8h）。

③施工遍数：至少刷 3 遍，且相邻两遍之间的涂刷方向必须纵横交错、相互垂直。

5）防水施工技巧

①涂刷时要尽量均匀，无遗漏、无流挂、无堆积、无针眼。

②要多滚刷几次，使材料与基层之间不留气泡，粘结牢固。

③正式施工前应进行小面积测试，选用合适的辊子和刷子。

④穿着软底布鞋施工，以免施工期间对防水层的破坏。

6）材料养护和质量自检

施工完毕应注意成品养护，保证通风，但要避免暴晒、雨淋、霜冻；现场环境温度低、湿度大、通风差时，固化的时间会延长。

施工完成后，应该认真检查整个工程的各个部分，特别是薄弱环节，发现问题及时进行修复处理。

涂层不能有裂纹、翘边、起鼓、分层、脱皮等现象。

7）防水质量验收

施工完毕后禁止踩踏，注意保护防水层不受损坏。待防水涂层干燥 48h 后，进行不低于 24h 的浸水试验，并按照本章 8.3.7 的要求进行验收，出入施工区域验收需穿鞋套。

8.3.7　防水验收处理

1）防水材料及其配套材料的质量应符合设计要求。

检验方法：检查出厂合格证、质量检验报告和进场检验报告。

2）防水层不得有渗漏和积水现象。

检验方法：蓄水试验。

3）防水层在阴阳角、地漏、管道和过门石等细部构造应符合设计要求。

检验方法：观察检查。

4）防水材料的搭接缝应粘结牢固，不得露底、起鼓、脱层、开裂等。

检验方法：观察检查。

5）防水层的接头部位应与基层粘结，粘结应牢固、密封应严密。

检验方法：观察检查。

9 水池防水实战：从系统设计到专业交付

9.1 水池防水实战案例1

9.1.1 项目情况说明

1. 基本情况

西安某五星级酒店的室外露天游泳池项目即将开工，业主之前在沈阳店游泳池项目上踩过坑，泳池在蓄水验收阶段就出现大面积的马赛克脱落和漏水返碱现象。业主方通过关系联系到我们团队，提出两个需求，一是分析老项目渗漏原因，二是给新项目推荐稳妥的系统方案。

2. 老项目渗漏分析

1）经交流了解到，泳池结构为现浇混凝土，从结构混凝土到饰面马赛克，除了混凝土结构自防水外，只设计了一道防水层，为刚性防水砂浆，并没有设置抗裂性能优异的柔性防水层。

2）从现场照片可以看出，马赛克虽然出现了大面积的脱落，但瓷砖胶基本留在结构层上。绝大多数脱落的马赛克都是连着背网一起脱落，仅有少部分区域的马赛克是连着瓷砖胶一起，和防水层产生了空鼓剥离。

3）由于泳池马赛克近乎玻璃材质，材质本身属于密不透水类型，而马赛克砖缝之间采用的是进口的环氧填缝剂填充密实，同样密不透水，所以在饰面层的大面位置基本没有发现有返碱的痕迹存在，因而可以判定，马赛克的大面区域非主要漏水点。

4）从现场来看，返碱位置多数集中于穿墙穿地管道、预埋件等位置，返碱不仅来自瓷砖饰面层，还来自找平砂浆层。说明泳池池水不仅穿透了饰面层，还穿透了粘结层及防水层，抵达了找平层，才能把找平层的碱性带出来。

3. 游泳池渗漏原因分析及项目建议

经多方信息沟通，最终确认了项目的具体问题及导致的原因。除了选用的防水材料因为防潮性能等级不够，不适合用在泳池区域做单道设防外，最大的问题就出在细部节点施工处理不到位：

1）施工团队在项目的实际操作中忽略了细部节点，在诸如扶梯、预埋件、池水进出口等部位，接缝密封措施没有到位。

2）造成了池水绕过了大面的马赛克与环氧填缝剂系统，直接窜入瓷砖胶和找平层中，内部的碱性被池水带出，进而造成了返碱。

为了防止泳池池水绕过细部节点浸入到马赛克饰面层背后，侵蚀找平层、防水层和粘结层，降低泳池系统的使用寿命，所有的细部节点施工都要出专门的作业指导书和节点详图，务必做到细部节点的接缝密封措施到位。

细部节点的处理必须有系统性，要从底部结构层开始，直到面层的马赛克。需要采用耐水耐候的堵漏胶、密封胶，以及具有一定弹性的防水涂料节点橡胶预制件，相互搭配、有机结合，才可以做到万无一失。

4. 马赛克脱落的原因分析及项目建议

选用的马赛克背部背网用了不耐水浸泡的背胶黏附，并且这种背胶覆盖了整个马赛克的背部。因池水绕过了密实防水的马赛克和环氧填缝剂组成的防线，通过管道等节点浸入到马赛克背后，泡软了不耐水的背胶，所以造成了马赛克大面积脱落。

作为泳池系统的一部分，带有不耐水浸泡背胶的马赛克饰面，属于不安定的防水构造层，哪怕只有一点渗透，也会殃及全池。为了泳池结构的长期安全，业主听取了我们的建议，重新选用了适合用于泳池的马赛克饰面，以规避不合适的背胶带来的隐患。

9.1.2　推荐系统防水构造

推荐系统防水构造如图 9-1 所示。

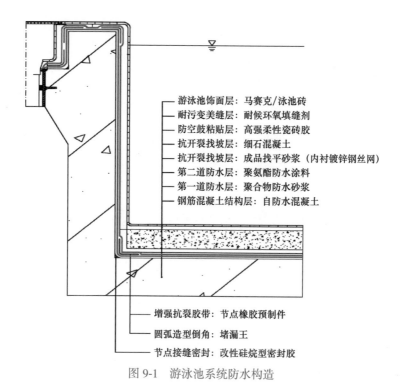

游泳池饰面层：马赛克/泳池砖
耐污变美缝层：耐候环氧填缝剂
防空鼓粘贴层：高强柔性瓷砖胶
抗开裂找坡层：细石混凝土
抗开裂找坡层：成品找平砂浆（内衬镀锌钢丝网）
第二道防水层：聚氨酯防水涂料
第一道防水层：聚合物防水砂浆
钢筋混凝土结构层：自防水混凝土

增强抗裂胶带：节点橡胶预制件
圆弧造型倒角：堵漏王
节点接缝密封：改性硅烷型密封胶

图 9-1　游泳池系统防水构造

1）根据本工程的防水要求，泳池的防水构造，除了混凝土结构自身防水之外，还有两道防水层，一道是聚合物水泥防水砂浆，另一道是聚氨酯防水涂料。

2）细部节点，选用聚氨酯防水涂料，辅以合适形状的节点橡胶预制件、堵漏王和改性硅烷密封胶，对阴阳角、穿壁管道等易开裂部位进行加强处理。其中阴阳角位置用堵漏王做成圆弧倒角，阴角尺寸为 50mm。

3）考虑到现场钢筋混凝土基层的平整度情况不太理想，为了保证泳池系统的安全，建议在结构基面批抹一道水泥砂浆找平层，为防止开裂，水泥砂浆可内掺加固剂。

4）为了确保泳池内马赛克与防水之间的粘结强度，聚氨酯防水涂料最后一遍施工完毕固化前，在其表面均匀撒砂，以确保此道防水层与马赛克粘结牢固。最后用适合泳池使用的瓷砖胶粘贴马赛克，并用环氧填缝剂进行填缝。

9.1.3　施工工艺流程

1. 施工工艺流程

进场施工准备→基层检查处理→第一道整体大面防水（施工及自检）→细部节点

防水（施工及验收）→第二道整体大面防水（施工及自检）→防水竣工验收→地面成品保护。

2. 施工工艺流程——第一道整体大面防水（施工及自检）

进场施工准备→涂刮第一遍聚合物水泥防水砂浆，等固化→涂刮第二遍聚合物水泥防水砂浆，等固化→涂刮第三遍聚合物水泥防水涂料直至设计厚度，等固化→第一道防水质量自检。

3. 施工工艺流程——细部节点防水（施工及验收）

进场施工准备→涂刷第一遍聚氨酯防水涂料→铺设细部节点胎体增强材料→涂刷第二遍聚氨酯防水涂料→细部节点质量检查验收。

4. 施工工艺流程——第二道整体大面防水（施工及自检）

进场施工准备→涂刷第一遍聚氨酯防水涂料，等固化→涂刷第二遍聚氨酯防水涂料，等固化→涂刷第三遍聚氨酯防水涂料直至设计厚度，等固化→第二道防水质量自检→防水竣工验收。

9.1.4 进场施工准备

1. 人——施工队伍准备

星级酒店客户非常重视酒店的日常管理，为了配合的日常管理和预防出现安全事故，所有参与或者准备参与项目的施工人员及管理人员，均已提前统一参加由业主组织的项目入场培训及考试，合格后才可以进入现场施工。

2. 机——施工机具清点

钢卷尺、角尺、归方定位仪；手电筒、记号笔、美纹纸；羊角锤、铁錾子、小平铲；冲击钻、切割机；扫把、吸尘器、高压水枪；水桶、裁剪刀、量杯；手套、安全帽、软鞋套；围栏、警示牌；刷子、抹子、抹弧铲刀；手持压辊、打胶枪、吹风机等。

3. 料——施工材料核验

本项目用到的所有防水材料应有产品合格证书及性能检测报告。材料的品种、规格、性能等应符合设计和产品标准的要求。防水材料进场后，必须按规定进行抽检复试，合格后方可进入现场施工。工程中严禁使用不合格材料及过期的材料。

4. 法——作业条件核查

防水施工方案已通过审批，细部工艺已深化，防水施工技术交底已完成。如施工中有新人，还应安排细部节点的打样，现场展示出合格工艺及工序，确认工艺已被工人完全掌握。

建立严格的安全管理制度，临边用的安全围栏、消防用的安全设施、成品保护用的设施、劳动保护用的防护装备等，均已到位并做完相关的安全技术培训。

与防水层相关的各构造层次验收合格，并符合工法及设计要求，各个细部节点等均已核查到位、验收到位。

本项目涉及较多防水涂料施工，且是室外露天泳池，为了防止淋雨等意外事件破坏成品，时刻关注天气预报，避免在雨天、大风以及尘土天气施工。

5. 特——本案特殊需求

本项目防水施工面积相对较小，施工班组每天因施工而产生的固废垃圾并不是特别多。经与客户协商，指定了专区用来临时存放建筑垃圾，等施工完毕一次性清运出场。

9.1.5 基层验收处理

1. 基层强度坚固

基面须强度坚固，达到设计要求，表面坚实，无空鼓、开裂和松动之处，凡有不合格的部位，均应先予以清除修补，方可进行施工。

2. 基层表层密实

基层表面密实，无蜂窝、孔洞、麻面，如有以上情况，先用凿子将松散不牢的石子凿掉，再用钢丝刷清理干净，浇水湿润后刷素浆或直接刷界面处理剂打底，再用堵漏王填实抹平。

3. 基层表面洁净

基层表面洁净，无油、脂、蜡、锈渍、涂层、浮渣、浮灰等残留物质，凡是有碍粘结的，均应采用合适方式清除，包括但不限于手工铲除、高压冲洗、物理拉毛、热风软化。

4. 基层表面平整

基层表面平整，用 2m 直尺检查，直尺与基层平面的间隙不应大于 5mm，允许平缓变化，但每米长度内不得多于 1 处。

5. 基层细部抗裂

所有进出泳池墙地面的管道、预埋件、阴阳角、分格缝等部位，一般用堵漏王和密封胶进行修补并做出圆弧倒角和密封处理，以降低后期开裂可能。用密封胶处理缝隙前，宜先嵌入背衬条。

6. 基层湿润无水

基层含水率满足施工要求，做到湿润无明水。基层吸收性过大或遭受暴晒过高，易导致聚合物水泥防水砂浆失水过快而粉化或有针眼气泡，须在施工前洒水润湿和避开暴晒。

7. 基坑排水顺畅

基层坡度要达到设计要求，不能有高低不平或空间不够的地方，应先行修补和处理。并做好进出墙地面各种管道的封堵保护措施，防止杂物堵塞管道。

8. 裂缝凸凹处理

1）基层的裂缝宽度超过 0.3mm 或有渗漏时，应进行开缝处理。先将裂缝开凿成 V 形槽，在槽内先用背衬条填充，再用堵漏王或密封胶密封。

2）遇到混凝土结构板局部有渗漏水现象时，可采用水性聚氨酯注浆材料对渗漏水部位先进行注浆封堵，再进行本处的防水施工。

3）基层表面的凸起部位，直接开凿剔除做成顺平，凹槽部位深度小于 10mm 时，用凿子将其打平或凿成斜坡并打磨，用钢丝刷把表面清理干净。

4）凹槽深度大于 10mm 时，用凿子凿成斜坡，用钢丝刷把表面清理干净，再浇水湿润后抹素水泥浆打底或直接用界面处理剂在表面打底，最后用堵漏王进行填平修补。

9.1.6 整体大面防水（施工及自检）防水砂浆

1. 产品简介

双组分聚合物水泥防水砂浆是以聚合物乳液和多种添加剂组成的有机液料、以特种水泥及砂填料组成的无机粉料，按一定比例拌制而成的刚性防水抗渗产品。它既具有高分子乳液的粘结性，又具有无机材料的耐久性，广泛应用于普通建筑物内墙防水防潮、外墙防水防渗以及地下工程、人防工程、隧道等的防水防渗处理。

2. 材料配备

1）搅拌配比：每包 10kg 乳液混合 40kg 粉剂。

2）搅拌顺序：搅拌时先在搅拌容器内倒入适量的乳液，边搅拌边倒入粉料。

3）搅拌机具：用电动搅拌器（高功率低转速）进行搅拌，至均匀无结块的胶浆状。

4）搅拌要点：遵循 3-2-1 原则，先搅拌 3min，再静置 2min，施工前再搅拌 1min。

3. 材料涂刮

1）施工方式：可采用刮涂或喷涂方式，单遍厚度 2～3mm，不得一次性施工过厚。

2）施工间隔：每遍施工都要等上一遍防水涂层固化后方可进行（需 8～12h）。

3）施工遍数：至少 3 遍，且相邻两遍之间的刮涂或喷涂方向须纵横交错、互相垂直。

4）施工要求：刮涂或喷涂均匀，无遗漏、无流挂，基层润湿，避开暴晒，防止起针眼。

4. 施工技巧

1）防水材料按涂刮任务随搅随用，宜在 30min 内用完以获得最佳的施工性能。现场环境温度低、湿度大、通风差，干燥时间会延长；反之，干燥时间则缩短。

2）水泥基类产品水化需要充足的水，如基层吸收水性过强会导致防水失水过多进而开裂，如遇到基层吸收性大同时温度升高情况，还可能因基层空气上升而引起针眼现象。

3）施工完成后应该认真检查工程的各个部分，发现问题及时修复。涂层不能有裂纹、起鼓、分层、脱皮等现象。

5. 质量保障

1）做完样板后，要及时邀请业主单位、监理单位及总包单位进行检查和验收，并应签字认可，验收合格后方可进行大面积施工。

2）每一道工序检验合格后，应采取相应的保护措施及保护时间，如必要的遮雨措施。尽量减少交叉施工，以避免防水层被破坏，然后进行防水验收、瓷砖铺贴等作业。

3）完工检验合格后，进行后续施工时应尽量避免破坏已完工的防水层。若不慎将防水层破坏，破坏方应及时通知防水施工班组进行维修。

4）若后续工序对防水层将造成较大影响，后续施工班组在施工前应与项目管理人员和防水施工人员共同商讨，决定采取的保护措施。

5）防水验收合格后，邀请有关人员共同检查验收结果，并在验收单上签字认可，施工中如有不同意见，应及时与项目经理及现场监理取得联系，以便在其协调下得到妥善解决。

9.1.7 细部节点防水（施工及验收）——聚氨酯防水涂料＋节点橡胶预制件

1. 施工前期准备

细部节点施工前，应对基层进行验收处理并满足本章 9.1.5 提到的各项要求，以防止防水涂料与基层之间粘结不牢出现脱层，涂抹层厚薄不均匀和出现针眼气孔，胎体增强材料铺贴时出现起包、褶皱、虚粘、脱层等质量问题。

2. 施工处理部位

细部节点通常情况下包含预埋件、阴阳角、进出水管等这些部位，均应做加强处理。

3. 施工材料配备

细部节点施工处理，可采用丁基自粘防水胶带、节点防水预制件、双面无纺布丁基橡胶防水卷材等胎体增强材料，配合防水涂料进行加强处理。本项目胎体增强材料选用节点橡胶预制件，细部节点加强用的涂料选用聚氨酯防水涂料。

绿意净味植物油聚氨酯防水涂料是以异氰酸酯、聚醚多元醇为主要反应物，配以植物油基分散体系和多种助剂、填料聚合反应而成。使用时涂覆于施工基层上，通过聚氨酯预聚体中的—NCO 端基与空气中的湿气反应固化，在基层表面形成坚韧、柔软、无接缝的防水涂层。植物油分散体系降低 VOC 含量与异味，提高固含量，为接触者提供健康与安全保障。产品净味环保、饮用水级、高弹抗裂、高固含量，适用于地下工程、厕浴间、厨房、阳台、水池、停车场等防水工程；也适用于非暴露屋面防水工程。产品为单组分产品，开桶即用。

4. 施工工艺工序

1）先用防水涂料打底

用毛刷进行细部节点的防水涂料涂刷打底工序，涂刷时注意纵横交错、相互接茬，不得有漏刷，单遍涂刷厚度约 0.5mm。

2）随即铺设胎体增强材料

防水涂料打底完成后，随即将事先准备好的胎体增强材料按压到打底防水涂料中。应先从交界处开始按压，再沿着中心，往两边按压。让胎体增强材料与打底防水涂料充分浸润和紧密贴合，达到满粘效果，没有褶皱、气泡、虚粘、脱层等现象。

胎体增强层与基面的搭接边缘在正常按压下会自然溢出防水涂料，不得强行挤出涂料，以防出现假封边现象。如果遇到基层高低不平，可在基层和胎体增强层底面做双面涂刷。

3）再刷防水涂料覆盖

确认胎体增强材料被充分浸润，紧密结合后，随即涂刷下一遍防水涂料，充分覆盖胎体增强材料。

5. 常见细部节点工艺

1）阴阳角部位的增强处理

阴阳角防水增强层的规格为 200mm，根据阴角的尺寸大小灵活调整，一般不应小于 100mm。

2）进出水口的增强处理

水落口分进水口部位和出水口部位，无论哪种部位，其周边 500mm 范围内坡度均不应小于 5%。处理时，先用堵漏胶或密封胶做圆弧角处理，再用节点处理橡胶预制件，配合防水涂料进行局部加强处理。

3）预埋件部位的增强处理

预埋件部位四周可先用堵漏王做预埋周边的填堵，再在预埋件四周用改性硅烷密封胶密封处理。最后在饰面层完工后，同样要用密封胶再处理一次。

9.1.8　大面第二道防水涂料——聚氨酯防水涂料

1. 进场施工须知

①等待细部节点增强层完工固化后（以不粘手为准），可以开始大面区域作业。

②按照先高处再低处、先远处再近处的原则进行大面涂刷。

③产品宜在 10～25℃之间使用，温度过高或者过低均不利于聚氨酯防水涂料施工。

④遇雨淋基层潮湿不得施工，应等待基层完全干燥后方可进行。

2. 施工材料简介

聚氨酯防水涂料，材料配备工艺可参见本章 9.1.7 第 3 项的相关内容。

3. 施工工艺要点

1）首先进行第一遍防水涂料的涂刷，单遍涂刷厚度约 0.5mm，大面无漏涂。

2）等第一遍涂料固化后，方可涂刷第二遍，第二遍涂刷要与上一遍涂刷方向垂直。

3）两遍施工间隔时间 12～24h（以厂家产品指导说明书为准）。

4）第二遍涂刷干燥固化后方可涂刷第三遍，第三遍要与第二遍涂刷方向垂直。

5）最后一遍施工完毕，必须达到第二道防水设计 1.5mm 厚度的要求。

6）在最后一遍施工完毕固化前，应撒砂处理，以增强泳池饰面层的铺贴安全。

4. 质量基本要求

1）至少涂刷 3 遍，涂布均匀，无露底、无堆积，平均厚度不小于 1.5mm。

2）防水层与基层应粘结牢固，表面应平整，不得有气泡和针眼现象。

5. 成品保护措施

1）涂膜防水层完工后，应及时采取保护措施，防止涂膜损坏。

2）不得在其上直接堆放物品，以免刺穿或者损坏防水涂层。

3）应提前关注天气预报，做好防风雨及避开暴晒施工。

6. 防水质量验收

待防水涂膜完全干燥 48h 后，进行不低于 24h 的蓄水试验，并按照本章 9.1.9 的要求进行验收，出入施工区域验收须穿鞋套。

9.1.9　防水层验收及处理

1）防水材料及其配套材料的质量应符合设计要求。

检验方法：检查出厂合格证、质量检验报告和进场检验报告。

2）防水层不得有渗漏和积水现象。

检验方法：蓄水试验。

3）防水层在阴阳角、预埋件和进出水口的细部构造应符合设计要求。

检验方法：观察检查。

4）防水材料的搭接缝应粘结牢固，不得露底、起鼓、脱层、开裂等。

检验方法：观察检查。

5）防水层的接头部位应与基层粘结，粘结应牢固、密封应严密。

检验方法：观察检查。

9.2 水池防水实战案例 2

9.2.1 项目情况简介

上海市某著名景观乐园有一个环岛景观水池，有半年时间只有景没有水。因为漏水成本太高，一个月多花费 6 万元水费，所以半年没投入使用。之前请过 2 家防水公司进行修缮，但没有解决问题，受行业专家推荐，业主联系到我们，希望我们可以一次性解决。

1. 发现的问题（表 9-1）

表 9-1 现场问题图片

图片	问题
	变形缝漏水
	中心井漏水

续表

图片	问题
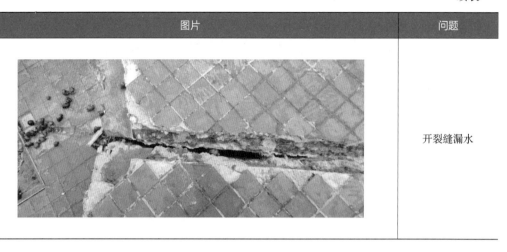	开裂缝漏水

对水池渗漏问题进行现场勘察，发现如下几个渗漏重点：

1）结构变形缝。

2）底板开裂缝。

3）导流槽裂缝。

2. 通过现场勘察并结合经验分析渗漏原因如下：

景观水池竣工后，因地基不均匀沉降，引起变形缝变形、底板开裂和导流槽开裂，使原来内置防水层和防水带变形、损坏，抗渗能力变差。后续修复人员直接用密封胶进行密封，没有在缝隙内嵌入背衬条，导致密封胶与基层三面粘结，限制了密封胶的弹性，并且在沉降缝位置没有设置 Ω 造型的应对沉降措施。

3. 渗漏修复难点分析

渗漏修复工程主要存在以下几个方面的特点：

1）景观水池位于道路交叉口，车流量大，给施工材料运输、装卸造成一定困难。

2）水池处无可以接用的电源，需自备发电设备。

3）变形缝比较狭窄，施工清理比较困难。

4）水池底板铺设马赛克，底板开裂处难发现。

5）渗漏修复施工本身属于精细化的作业，给施工带来一定的困难，施工效率较差。

9.2.2 推荐的修复工程主要工作内容

1）底板开裂缝：注浆及堵漏修复。

2）结构变形缝：凿除杂物，用 TPE 橡胶防水条以及密封胶修复。

3）导流槽两边：嵌填背衬条，用密封胶修复。

9.2.3 现场修复区域

现场修复示意如图 9-2 所示。

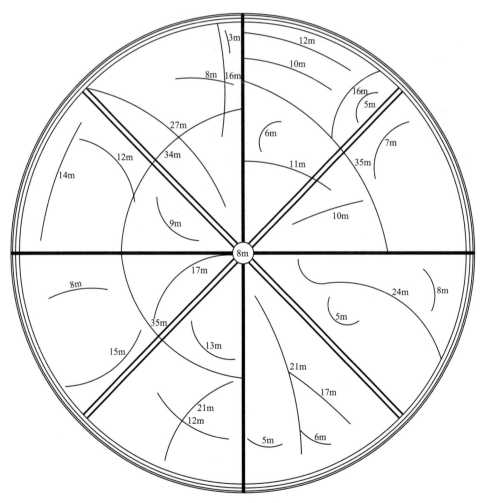

图 9-2　泳池裂缝示意图

9.2.4 施工工艺流程

入场施工准备→在渗漏点及周边部位进行拆除，至原始基层→底板裂缝注浆堵漏，质量自检→结构变形缝防水密封，质量自检→导流槽嵌填密封，质量自检→防水质量验收。

1. 底板裂缝

先注浆堵漏，再浆液清理，最后堵漏王封孔。

2. 导流槽

先清理导流槽两边，然后设置背衬条，最后重新打密封胶。

3. 变形缝（图 9-3）

清理缝隙杂物→发泡物填充→两侧涂刷聚合物水泥防水砂浆，待固化→环氧瓷砖胶加 TPE 防水带，做节点防水处理→恢复饰面层厚度→用背衬条和改性硅烷密封胶进行密封处理。

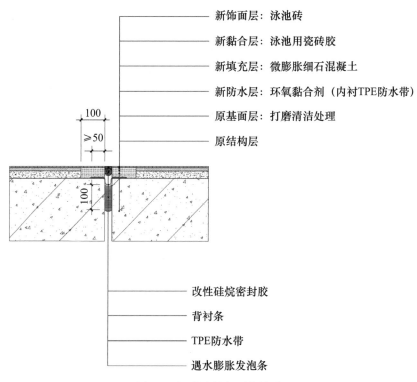

图 9-3　沉降缝修复系统构造

9.2.5　入场施工准备

1. 设备计划

本项目的渗漏修复主要设备见表 9-2。

表 9-2　主要设备计划

序号	种类	数量
1	2t 卡车	1 辆
2	钻孔电钻	2 台
3	100A 电箱	2 只
4	移动电箱	2 只
5	切割机	2 台
6	发电机	1 台
7	面包车	1 辆

2. 劳动力计划

本项目的渗漏修复主要人员投入见表 9-3。

表 9-3　主要劳动力计划

序号	种类	数量
1	电工	1 名
2	汽车司机	1 名
3	防水工	5 名
4	瓦工	1 名
5	普工	2 名
6	现场管理人员	1 名

3. 工期计划

本项目的渗漏修复工期计划安排为 20d。

1）环境及基面温度低于 5℃不得施工。

2）下雨天不能施工，工期顺延。

3）施工进度计划表如图 9-4 所示。

事项	d	工期																		
		1	2	3	4	5	6	7	8	9	10	11	12	13	14	15	16	17	18	19	20
变形缝两边切割清理	7	■	■	■	■	■	■	■													
发泡填充物	2								■	■											
刷水泥基渗晶型防水	2										■	■									
刷环氧第一道	1												■								
刷环氧两道并铺胶带	2													■	■						
刷环氧第三道并撒砂	1															■					
瓷砖黏合剂20mm厚	4													■	■	■	■				
细石混凝土30mm厚	4															■	■	■	■		
打密封胶	2																			■	■
底板裂缝处打眼埋针	10																				
注浆堵漏	10					■	■	■	■	■	■	■	■	■	■						
浆液清理	10					■	■	■	■	■	■	■	■	■	■						
水不漏封针眼	10					■	■	■	■	■	■	■	■	■	■						
垃圾清理外运	1																				■

图 9-4　施工进度计划

9.2.6　渗漏修复方案

1. 底板开裂缝修复方案——水性聚氨酯堵漏

1）本产品是甲苯二异氰酸酯和水溶性聚醚聚合反应而成的水溶性聚氨酯化合物。

2）该产品是单组注浆堵漏材料，施工方便。

3）与水具有良好的混溶性以及包水性，最大包水量可达 15 倍以上。

4）固化后具有良好的延伸性、弹性及抗漏性，在水中永久保持原形，并有耐温性。

5）浆液遇水后会发泡膨胀。

6）对水质的适应性较强。

7）具有良好的阻燃性，浆液及固结体遇火不燃，施工安全。

2. 施工步骤

1）缝面处理：清除表面污物，保证缝面清洁，检查裂缝走向、深度等状态。

2）设置灌浆孔：沿缝两侧钻 45° 斜孔，孔距一般为 20 ～ 30cm，确保浆液可有效渗入裂缝或孔隙，用压缩气体将孔内杂物吹干净。

3）埋管封缝：用堵漏王或环氧胶泥埋设灌浆管盒，同时封闭缝面。

4）洗缝：压水冲洗缝面，了解各孔之间的贯通情况，同时检查止封效果。

5）压力灌浆：在压力下进行灌浆，灌浆压力依据设计要求确定，一般在 0.2～0.4MPa，最高压力不要超过结构允许值，竖直缝从最低处开灌自下而上，水平缝自一端向另一端进行。当邻孔出现纯浆液后，暂停压浆并结扎管路；将灌浆管移至邻孔继续灌浆，在规定压力屏浆，直至达到灌浆结束标准。

6）待凝固化：浆液固化后，去除灌浆管，用堵漏王或环氧胶泥进行封闭。

3. 中线导流槽处理

1）清理：把导流槽旧有密封胶清除，缝隙里的浮灰浮渣清理干净。

2）填充：为防止密封胶三面受力，将略宽于导流槽的背衬条嵌入槽内，且低于表面 5～10mm。

3）密封：安排专业打胶师傅用打胶枪配合适合的胶嘴，用改性硅烷密封胶做密封处理。

4. 变形缝处节点处理——TPE 防水带施工方法

1）防水带铺贴施工须知

①确认变形缝两侧已经按要求处理完毕，质量符合要求，方可入场。

②避免在露点下施工，施工时最大湿度小于 85%，基面及环境温度宜在 10～30℃。

③ TPE 防水带自身无粘结力，需要使用专用的环氧胶粘剂作为满铺用的黏合剂，进行双面黏合，每一面环氧瓷砖胶厚度不得小于 1mm。

④先从导流槽和变形缝接茬的十字交叉部位开始铺贴和搭接。

⑤防水带搭接边的黏合作业必须使用手动压辊施加一定压力，以获得密实粘结。

⑥一般两人一组配合，先将防水带摊开铺平，目的是释放应力使之易施工，避免翘边、张口现象，以提高满粘率。将防水带从两头向中间卷起，准备施工。

2）施工工艺要点

①瓷砖胶搅拌：$A:B=2:1$（质量比），采用专用混合搅拌头以 400～600r/min 搅拌机先混合 A、B 组分，共 3min，直到材料呈均匀的灰色，搅拌过程中避免夹入空气。为确保充分混合，应使用刮刀将桶边缘及底部的材料仔细刮下后，再低速搅拌约 1min，需注意控制好一次搅拌材料的量，确保每次搅拌好的材料能在可施工操作时间内使用完。

②防水带清洁：用抹布将防水带表面污染物除去并检查防水带是否破损。

③变形缝一侧涂抹底层环氧瓷砖胶，并铺设防水带。用合适的抹刀将完全混合后的黏合剂涂抹到已处理好的基面接缝一侧，瓷砖胶的厚度不低于1mm，且每边至少有50mm宽。

在开放空间内将防水带粘上，用压辊将其压实，避免产生气泡。使防水带边缘被压出的瓷砖胶约为5mm。

④涂抹瓷砖胶（面层）：等基层瓷砖胶固化后，再进行面层瓷砖胶施工，面层瓷砖胶厚度约为1mm。为提高环氧瓷砖胶与后续保护层的粘结强度，在表干前对瓷砖胶撒砂处理。

⑤变形缝另一侧施工，步骤参照③和④。为了保证接缝能适应较大位移，要用倒Ω造型搭接在缝两侧。

⑥胶带末端搭接作业：胶带末端搭接可用热风焊接来连接。焊接区域须使用工业研磨布或砂纸打磨粗糙，防水带搭接宽度应符合要求，长短边的搭接宽度为100mm。

3）防水带铺贴要点

①防水带粘结面和基层表面均应涂刷瓷砖胶，应粘贴紧密，不得有空鼓和分层现象。

②铺贴的防水带应平整顺直，搭接尺寸应准确，不得扭曲、出现褶皱。

③满粘法施工，防水带在过桥或应力集中部位宜选用空铺、点粘、条粘等方法。

④收头接缝口应用密封材料封严，宽度不应小于10mm。

⑤特别重要或对搭接有特殊要求时，接缝宽度按设计要求。

4）成品保护措施

①施工完毕后禁止踩踏，保护防水层不受损坏。

②待所有防水带施工完毕并验收合格，方可进行后续作业。

10 地下防水实战：从系统设计到专业交付

10.1 建筑地下防水系统设计概论

10.1.1 地下工程的定义

地下工程是指建造在地下或水底以下，位于岩土或泥土中的建筑。和摩天建筑一样，都是现代城市高速发展的产物，可以起到缓解土地资源紧张、改善生产生活环境、保障隐蔽性和私密性的作用，充分利用了地下空间，为人类开拓了新的活动领域。其主要类别包括但不限于：

1）居住建筑，如别墅地下室。

2）公用建筑，如地下避难所。

3）工业建筑，如地下储藏室。

4）交运建筑，如穿山隧道桥。

5）水工建筑，如地下蓄水池。

6）矿山建筑，如地下煤矿井。

7）军事建筑，如弹药储备库。

本书主要讨论的是住宅及商业地下室空间。

10.1.2 地下室防水工程的特点

1. 地下室防水工程的分类

1）按照建筑类型划分分为联排地下室工程和独栋地下室工程。

2）按照施工空间划分分为地下室内部工程和地下室外部工程。

3）按照介入项目时段划分分为新建地下室工程和既有地下室工程。

4）按照深入地下深度划分分为单层地下室工程和多层地下室工程。

2.地下防水工程的常见构造

地下工程是一项系统性的工程，其构造包含了建筑结构地面以下的所有层次。从结构层到饰面层，一般包含如下构造：

1）基础结构层，如混凝土结构、框架结构和砖结构（一般是二次开挖形成）。

2）特殊功能层，如隔汽层、隔离层、隔声层。

3）保温隔热层，如保温层、隔热层、空气间层（多为二次结构）。

4）防水防潮层，如涂膜层、卷材层、复合层、阻根层（地下室顶板种植屋面）。

5）饰面装饰层，如陶瓷砖（地下室顶板部位）、天井窗（地下室采光井部位）。

还包含各种细部构造，如集水井、变形缝、沉降缝、施工缝、保护墙、后浇带、穿墙管、穿墙螺栓、基层转角、顶板转角、坑底桩头、采光井。

10.1.3 地下渗漏的特点

地下防水工程是所有建筑防水中最为特殊、要求最高的一类。

第一，地下工程一旦产生渗漏，维修极为困难，从外部挖土方重新做防水，容易引起地基不均匀沉降，导致建筑倾斜坍塌。所以国家标准以强制性条款规定，地下建筑防水工作年限要与建筑同寿命。

第二，地下室不建议采用砌体结构或框架填充结构。首先，这两类结构自身材料不密实；其次，结构容易因沉降导致变形和开裂。所以地下室宜选用混凝土现浇结构。如果遇到这种结构项目，推荐采用二次结构。

第三，地下室发生渗漏，在内部做防水修缮时，至少需要解决两个问题：一是背水面防水层要扛住水压，不起包、不脱落；二是不仅要做到防液态水，更要防住气态水。能满足这两条要求的，一般是渗透结晶类或负压防潮膜。

10.1.4 地下防水设计原则

建筑地下室防水的系统设计，是确保建筑地下室防水工程质量的前提，又是施工和质量检验的依据。设计一旦错误或考虑不周，造成质量问题后很难弥补。因此，为了切实做好建筑地下防水工程，建筑地下室防水的系统设计应遵循如下原则。

1. 排水优先，辅助抽取

地下外防水工程有条件的话，可以在地下室外墙外侧设立降排水措施，以降低地下水压对结构的渗透压力；地下室内防水工程有条件的话，可以在地下室外墙内侧设立降排水构造和措施，以应对地下室外防水失效时还有第二道防线。

2. 外防优先，内防补充

为了全面保护地下室，一般地下室优先采用外部防水方案。但当遇到地下室产生渗漏水情况时，为了防止外部土方开挖带来的建筑不均匀沉降和倾斜，一般采用内部做防水，作为修缮的方案。

3. 电离腐蚀，必须警惕

国内外多达上百篇相关论文显示，当采用电渗透作为地下室防排水时，在电场、潮气和氯离子同时存在的情况下，地下室结构内的钢筋锈蚀速度加快了 5 倍，必须警惕。更何况电渗透不能断电，一旦停电就失去了防水功能，还是个高能耗高碳排放的设计。

4. 负压防水，防止起包

当采用地下室内部防水系统时，应选取可抵抗负水压的防水材料，以降低负水压力。如果采用了一般的防水材料，很容易因为扛不住负水压而被水压顶起来，起包、起鼓，与基层墙体产生脱离现象。

5. 不仅防水，还要防潮

由于地下室结构常年埋在地下，受到地下水压和潮气长达半个世纪的影响，同时地下室内多为人居环境，就要求我们使用的材料不仅要防水，还要能防水气。要知道水从液体变成气体，体积或压力直接会增大 1000 倍。

6. 从底到面，层层设防

基础结构层，以混凝土自防水结构为主，可为建筑结构提供基础的防水功能，建筑结构自防水的抗渗等级达到 P8 级及以上。必要时应设置二次结构，提供排水构造。

保温隔热层，可为建筑构造提供保温隔热作用，让地下室内不产生冷凝水，同时可以保护防水层，延长防水层寿命。

防水层，可为建筑地下室提供核心的防水功能，适应冻胀融缩、湿胀干缩、热胀冷缩、承受荷载的主体变形，长效防水。

10.1.5 地下渗漏治理流程

1. 从设计、材料、施工、各种自然条件变化等方面找出渗漏的原因

1）分析环境：当前季节气候、周边环境、图纸构造、水源性质、水流途径、地下水位等。

2）结构勘察：结构刚度及沉降情况、混凝土表面及内部的施工缺陷、节点部位处理。

3）漏点勘察：积水排抽、渗漏观测、剔凿验证、找准部位、原因细节、预防措施等。

2. 依据漏点、水量、形式、原因等情况圈定范围、选取工艺、制订方案

1）切断渗漏水源：包括但不限于降排抽水等措施，尽量使堵漏工作在无水状态下进行。

2）减小渗漏面积：使漏水集中于一点或几点以减小渗水压力，确保修堵工作顺利进行。

3）做好渗漏疏导：把大漏变小漏、线漏变点漏、片漏变孔漏，最后用灌浆材料封孔。

4）结构部位止水：施工缝、变形缝、后浇带、穿墙管道等节点部位做好止水密封措施。

5）设置永久防水：在结构止水措施完备的情况下，采用合适的防水材料及工艺，进行施工。

6）采取防护措施：基面做到湿润无明水，防止水压力将刚刚施工的防水材料冲蚀破坏。

7）确认防水效果：通过观察、冲闭水试验来确认是否有效，确认成功后进行面层修复。

3. 堵漏防水材料的选择

1）绝大部分的防水材料及工法对基层的干燥度要求严格，潮湿的基层不利于材料的粘结，应选择适合于潮湿基层的防水材料及工法。对于"潮湿基面"的定义为：基面湿润但不可有明水。

2）地下室内部，特别是地下室内有运行的设备、管道，施工场地狭小，通风不良，小面积施工。在材料选择及工法上，应考虑到施工人员的安全、实际操作空间，尽可能减少施工用料及施工材料的运输，以及保证防水材料在使用过程中不散发异味。

3）防水层做在背水面上承受水的压力，单纯的卷材防水、一般涂膜类防水，在水压的作用下，即使固化后，也极有可能出现起鼓、剥离现象。因此，应选取与基层黏附牢固的产品，可以抵抗住来自背水面的负水压力。

4）地下室内部防水层上往往要做装修，选择防水材料和工法时应考虑防水层与装修层的界面连接。后期装修锚固建议选用液体钉替代钉子，或者增设一道内墙再做内装修。

5）即使是与基层背水面黏附力很强的防水产品，在产品固化期如遭遇渗漏（即使是慢渗）、温度降低、湿度过大等情况，均会影响固化速度或效果，造成防水材料固化前被冲蚀、固化后剥离起鼓、固化缓慢等后果。

6）地下室外部的水呈连续分布，某个部位的漏水点被堵住后，由于水没有出路，水压增大，有可能又会在另外某个相对薄弱的部位出现新的漏点。地下室外部的水具有变化性和不确定性，应充分考虑这些因素，计划周全，以免出现渗漏现象。

7）某些地下渗漏是由于地基不稳定或不均匀沉降造成的防水层失效，应先处理这些结构问题，确认沉降已经结束，否则难以从根本上解决渗漏。

8）节点部位的防水，非防水材料所能单独解决，这些部位，应结合结构止水及密封材料同时进行，再用柔性防水材料配合防水胶带予以加强。

10.1.6　地下防水系统的分类

1. 地下室工程类型（表 10-1）

表 10-1　地下室工程类型

工程类型	工程防水类别		
	甲类	乙类	丙类
地下工程	有人员活动的民用建筑地下室、对渗透敏感的地下建筑	除甲类和丙类以外的地下工程	对渗透不敏感的物品、设备使用储存场所或不影响正常使用的地下工程

2.地下室防水等级（表10-2）

表10-2　地下室防水等级

防水等级	防水做法	防水混凝土	防水层		
			防水卷材	防水涂料	水泥基防水涂料
一级	不应少于3道	为1道，应选	不少于2道，防水卷材或涂料不少于1道		
二级	不应少于2道	为1道，应选	为1道，任选		
三级	不应少于1道	为1道，应选			

3.地下室结构自防水等级（表10-3）

表10-3　地下室结构自防水等级

防水等级	市政工程现浇混凝土结构	建筑工程现浇混凝土结构	装配式衬砌
一级	P8	P8	P10
二级	P6	P8	P10
三级	P6	P8	P8

4.涂料类防水最小厚度（表6-11）

5.卷材类防水最小厚度（表6-10）

10.1.7　渗漏勘察准备

鉴于地下室漏水项目普遍存在没有照明、阴暗潮湿、现场杂乱、积水较深等情况，人员事先配备了以下装备，以应对现场情况。

1.头戴式照明安全帽、防滑防穿刺安全鞋

解放双手，在攀爬简陋楼梯时防止高处滑落；补充光源，让现场勘察和拍摄更加清晰可见；防止脚滑，以应对常年阴湿长青苔滑腻的地面；防止穿刺，以应对现场地面上杂乱的钉刺和钢筋。

2.红外线热度测试仪、温度和湿度测试仪

红外测温，辅助勘测地面和墙面内部水流分布；测试温湿度，以确认冷凝水在地下潮湿中的占比。

3. 红外线测距仪

测量长度，以计算地下室最终需要防水的面积。

4. 干粉、铁锤和錾子

开凿小坑，看基坑有无缓慢蓄水，有无慢流、慢渗情况；抛撒干粉，看勘察处有无肉眼不可辨的慢渗、慢流情况。

10.2　地下室防水实战案例 1

10.2.1　项目情况简介

福州某别墅地下室长年存在渗漏水现象，业主夫妇自购置之日起多方求助，历经几波人员，多番诊治，但均未取得有效效果，经人介绍联系到我们修缮团队。

1. 现场情况问询

1）本别墅地下室为半地下室结构，地下室墙面一部分高于室外小区路面，一部分低于室外小区地面，按正常情况来说地下水位不高，但是渗漏却严重。

2）地下室外墙根部位已被刨开，可看出没有防水设计；从室内观看，地下室顶棚与地面接近处有多处渗漏痕迹。

3）经过和物业交谈，了解到本别墅地下室所在小区临山傍水，本小区原为沼泽地带，经后期改造才成建筑用地，所以本小区存在地下水位偏高情况。

4）本项目地下室原本是一个半层车库，后经过开挖加深，后续用红砖砌墙抹灰围护而成的，非原生混凝土浇筑的地下室。

5）之前修缮人员仅具备卫浴防水施工技能，并不具备地下室堵漏的专业经验，所以未能取得有效效果，比如用丙纶布做地下室内防水被负水压全部顶起来。

6）地下室墙体偏薄且没有保温措施，不能解决冷热空气交锋引起的冷凝水，只做防水并不能满足业主的需求，需要一定的保温措施。

7）现场发现，砌墙用砖经多年泡水体质已酥，用手就可以抠出泥灰，在这样质地疏松的结构基层上做任何防水都无法牢固附着。

8）地下室的金属楼梯直接穿墙打钉与墙体连接，没有做节点防水密封处理，墙体的连接件已产生锈渍，同时有水渍渗出。

2.项目维修建议

1）内防为主。为确保建筑不会因为土方开挖而出现不均匀沉降和倾斜，须采用建筑内防水措施。

2）修缮在先。为降低室内排水负担，先对原结构薄弱环节局部加固，尤其是砌体与混凝土之间。

3）细部加强。为降低室内排水负担，对查出的渗漏点要进行注浆堵漏，对细部节点有加强措施。

4）二次结构。为不受原疏松的结构层牵连，新建二次结构，做止水台、轻质隔墙及架空层。

5）二次防水。为防止原结构墙体和二次结构墙体间的潮气侵蚀室内环境，在二次结构上做防水。

6）排水措施。为了应对积水，可以在原结构与二次结构之间设置导流槽、集水井和抽水系统。

7）防止结露。地下室门窗为单层结构，防水保温密封功能偏弱，且不具备保温措施，建议更换。

8）其他建议。如果有合适的预算，业主可以在二次结构内墙面做完防水层之后，采用保温防水隔声复合一体板，先做全房间的归方找平工作，再在这个基础之上做出饰面装饰层，比如岩板饰面或者耐水腻子配合涂料做涂装饰面。这样，不仅可以极大降低地下室结露的可能，还能为业主营造温暖舒适、健康无霉的环境。

10.2.2 推荐构造方案

推荐构造方案如图 10-1 所示。

10.2.3 整体施工步骤

1.整体工艺流程

入场施工准备→基层原结构墙体注浆堵漏→二次结构及导流槽施工→室内防水施工→防水质量自检→防水质量验收。

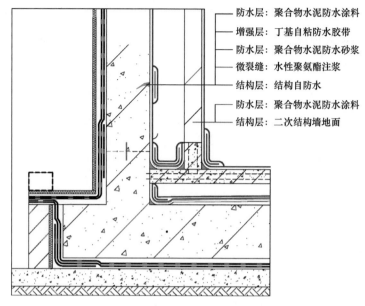

防水层：聚合物水泥防水涂料
增强层：丁基自粘防水胶带
防水层：聚合物水泥防水砂浆
微裂缝：水性聚氨酯注浆
结构层：结构自防水
防水层：聚合物水泥防水涂料
结构层：二次结构墙地面

图 10-1　地下室内防水修缮构造

2. 原结构注浆处理

入场施工准备→先注浆堵漏→再浆液清理→最后堵漏王封孔→防水质量自检。

3. 室内细部节点防水处理

入场施工准备→涂刷第一遍聚合物水泥防水涂料→丁基自粘防水胶带做增强层→用聚合物水泥防水涂料做第二遍防水。

4. 室内整体墙地面防水施工

入场施工准备→细部节点验收合格→涂刷第一遍聚合物水泥防水涂料，待固化→涂刷室内第二遍聚合物水泥防水涂料，待固化→涂刷室内第三遍聚合物水泥防水涂料直至1.5mm厚度，待固化→防水层质量检查及质量处理→饰面层恢复→竣工验收。

10.2.4　入场施工准备

1. 施工机具清点

羊角锤、铁錾子、小平铲；冲击钻、切割机；扫把、吸尘器；水桶、裁剪刀、量杯；手套、安全帽；围栏、警示牌；刷子、抹子、抹弧铲刀；打胶枪、吹风机、注浆机等。

2. 施工材料核验

本项目用到的所有防水材料应有产品合格证书及性能检测报告。材料的品种、规格、性能等应符合设计和产品标准的要求。防水材料进场后，必须按规定进行抽检复试，合格后方可进入现场施工。工程中严禁使用不合格材料及过期材料。

3. 作业条件核查

防水施工方案已通过审批，细部工艺已深化，防水施工技术交底已完成。如施工中有新人，应安排细部节点的打样，现场展示出合格工艺及工序，确认工艺已被完全掌握。

10.2.5　浆堵漏方案

1. 水性聚氨酯堵漏

水性聚氨酯注浆料是由复合聚醚多元醇与多元异氰酸酯反应生成由异氰酸封端的一种化学灌浆材料，是一款快速高效的防渗堵漏材料。产品遇水可迅速乳化，形成凝胶体，广泛应用于各类工程中出现的大流量涌水、漏水及活动缝防渗处理。其适用于各类地下建筑中混凝土伸缩缝、裂缝、施工缝的渗水、漏水防渗处理，以及各类建筑物的基础防渗或帷幕灌浆处理。产品具有以下特点：

1）黏度相对较小，亲水性好，遇水迅速反应形成不透水的凝胶体。

2）可带水作业，在渗水或涌水情况下进行灌浆。

3）产品固结体具有弹性，可有效适应变形缝的防水处理。

4）产品固结体耐低温性能好，且可遇水二次膨胀，具有膨胀弹性止水功能。

5）单组分包装，开桶即可使用，无须繁杂配制。

2. 施工步骤

注浆如图 10-2 所示。

1）缝面处理：清除表面污物，保证缝面清洁，检查裂缝走向、深度等状态。

2）设置灌浆孔：沿缝两侧钻 45° 斜孔，孔距一般为 20～30cm，确保浆液可有效渗入裂缝或孔隙，用压缩气体将孔内杂物吹干净。

3）埋管封缝：用堵漏王或环氧胶泥埋设灌浆管盒，同时封闭缝面。

4）洗缝：压水冲洗缝面，了解各孔之间的贯通情况，同时检查止封效果。

5）压力灌浆：在压力下进行灌浆，灌浆压力依据设计要求确定，一般在 0.2～0.4MPa，最高压力不要超过结构允许值，竖直缝从最低处开灌自下而上，水平缝

自一端向另一端进行。当邻孔出现纯浆液后，暂停压浆并结扎管路；将灌浆管移至邻孔继续灌浆，在规定压力屏浆，直至达到灌浆结束标准。

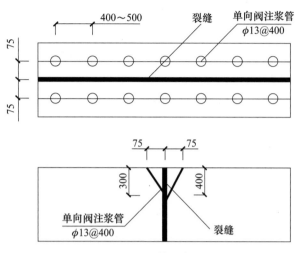

图 10-2　注浆示意图

6）待凝固化：浆液固化后，去除灌浆管，用堵漏王或环氧胶泥进行封闭。

3. 防水层验收及处理

1）防水材料及其配套材料的质量应符合设计要求。

检验方法：检查出厂合格证、质量检验报告和进场检验报告。

2）防水层不得有渗漏和积水现象。

检验方法：蓄水试验。

3）防水层在阴阳角、预埋件和进出水口的细部构造应符合设计要求。

检验方法：观察检查。

4）防水材料的搭接缝应粘结牢固，不得露底、起鼓、脱层、开裂等。

检验方法：观察检查。

5）防水层的接头部位应与基层粘结，粘结应牢固，密封应严密。

检验方法：观察检查。

10.2.6　防水施工及验收

具体施工工艺及验收方法，参考第 8 章 8.2 节厨卫防水涂料施工工艺。

10.3 地下室防水实战案例 2

10.3.1 项目情况简介

湖南省长沙市某国际大型购物广场的底层地下停车库，出现了结构性开裂和渗漏水现象，委托我们团队进行修缮作业。

1. 地下室出现的渗漏水现象

1）慢渗现象：用布将渗水处抹干后，经 3 ~ 5min 发现水痕，经较长时间积成一小片水。

2）快渗现象：现象比慢渗要明显，用布或者毛刷将水擦干后立即出现湿痕，很快积成一片。

3）积水现象：因缺少排除与处理多余水量的措施或设施，导致水聚积。

2. 地下室渗漏部位（图 10-3）及可能的原因

1）不规则开裂缝

地下室的墙壁或底板上有各种裂缝，地下水沿着这些裂缝渗入室内造成渗漏。

①设计配筋不合理、水泥安定性不合格、施工时混凝土拌和不匀等原因导致开裂。

②设计考虑不周，建筑物发生不均匀沉降，使混凝土墙、板断裂，出现裂缝。

③结构刚度不足，在土压力及水压力作用下发生变形，出现裂缝。

2）整体大面阴湿

地下室的墙壁、底板和顶板上无明显渗漏点、渗漏缝，但整体阴湿。

①地下室外防水失败，尤其是卷材局部渗漏引起窜水。

②外墙面或底板处在地下水位之下或隔壁就是集水井位置。

③混凝土本身为多种非匀质材料混凝，存在可渗水毛孔，孔隙率至少达到 25%。

3）局部孔眼渗漏

局部地下室的墙壁或底板上有明显的渗漏水孔眼，有大有小，还有的呈蜂窝状。

图 10-3　地下停车场渗漏

①混凝土中有密集的钢筋或有大量预埋件处振捣不密实，出现孔洞。

②浇灌时下料过高，产生离析，部分无水泥砂浆，出现成片的蜂窝，甚至贯通墙壁。

③漏振一次下料过多，振捣器的作用范围达不到。

4）细部转角渗漏

地下室的墙壁、底板或顶板的阴阳角部位缺乏有效的防水增强措施，导致渗漏。

①阴阳角部位是应力集中部位，变形大、易开裂，缺乏必要的结构性加强处理措施。

②防水层没有设置抵抗或适应变形的增强材料。

5）结构接缝渗漏

地下水沿结构接缝如伸缩缝、变形缝、施工缝、后浇带等部位渗入室内。

①设置施工缝的位置不当。

②浇筑新混凝土时未清除杂物，在接头处形成夹心层。

③未在接头处先铺一层水泥砂浆，造成新旧混凝土不能紧密结合。

④新旧混凝土接头处振捣不密实或下料方法不当，骨料集中于施工缝处。

6）管道根部渗漏

在水压力作用下，地下水沿穿墙管道与地下室混凝土墙的接触部位渗入室内。

①安装管道时才在地下室墙上凿孔打洞，破坏了墙体的整体防水性能，埋设管道后，填缝的细石混凝土、水泥砂浆等嵌填不密实，成为渗水的主要通道。

②预先埋入的套管直径较大时，管底部的墙体混凝土振捣操作较为困难，不易振捣密实，容易出现蜂窝、孔洞，成为渗水的通道。

10.3.2 渗漏修复技术方案

1. 材料简介——水性聚氨酯堵漏

1）本产品是甲苯二异氰酸酯和水溶性聚醚聚合反应而成的水溶性聚氨酯化合物。

2）本产品是单组注浆堵漏材料，施工方便。

3）与水具有良好的混溶性以及包水性，最大包水量可达 15 倍以上。

4）固化后具有良好的延伸性、弹性及抗漏性，在水中永久保持原形，并有耐温性。

5）浆液遇水后会发泡膨胀。

6）对水质的适应性较强。

7）具有良好的阻燃性，浆液及固结体遇火不燃，施工安全。

2. 施工步骤（图 10-2）

1）缝面处理：清除表面污物，保证缝面清洁，检查裂缝走向、深度等状态。

2）设置灌浆孔：沿缝两侧钻 45° 斜孔，孔距一般为 20 ～ 30cm，确保浆液可有效渗入裂缝或孔隙，用压缩气体将孔内杂物吹干净。

3）埋管封缝：用堵漏王或环氧胶泥埋设灌浆管盒，同时封闭缝面。

4）洗缝：压水冲洗缝面，了解各孔之间的贯通情况，同时检查止封效果。

5）压力灌浆：在压力下进行灌浆，灌浆压力依据设计要求确定，一般在 0.2 ～ 0.4MPa，最高压力不要超过结构允许值，竖直缝从最低处开灌自下而上，水平缝自一端向另一端进行。当邻孔出现纯浆液后，暂停压浆并结扎管路；将灌浆管移至邻孔继续灌浆，在规定压力屏浆，直至达到灌浆结束标准。

6）待凝固化：浆液固化后，去除灌浆管，用堵漏王或环氧胶泥进行封闭。

10.3.3　防水层验收及处理

1）防水材料及其配套材料的质量应符合设计要求。

检验方法：检查出厂合格证、质量检验报告和进场检验报告。

2）地下室墙地面不得有慢渗、快渗和积水现象。

检验方法：撒干灰测试。

11 瓷砖薄贴实战：从系统设计到专业交付

11.1 瓷砖薄贴实战案例 1

11.1.1 项目情况简介

成都市某商业街上的一家酒店，200 多间客房发生了墙砖脱落问题。施工方给出了质量事故初步鉴定书但无法让业主认可。受业主委托进行现场勘察。

1. 现场勘察情况

1）大量墙砖——起拱变形、空鼓脱落

经现场沟通得知，该酒店客房卫浴间的瓷砖铺贴在前一年 12 月完工，自次年 3 月起，开始有客房、卫浴间陆续出现墙砖起拱变形和空鼓脱落现象，从几块瓷砖发展到上百块。

2）维修以后——继续变形、继续脱落

在 4 月底，施工方对出现问题的墙砖进行了维修作业；到 5 月初，出现起拱变形和空鼓脱落现象的瓷砖又多出 200 多块，这种现象仍在持续，并且有加速趋势。

2. 事故原因排查

1）材质确认

客房、卫浴间的瓷砖尺寸为 400mm×800mm，砖缝宽不到 1mm；经查验瓷砖检测报告，发现是吸水率不到 0.5% 的玻化砖。

2）脱离位置

起拱变形和空鼓脱落现象主要发生在瓷砖与粘结剂的结合面；瓷砖背面非常光洁，无任何粘结剂，墙面粘结剂上可见白色粉痕。

3）铺贴材料

现场确认，施工方采用的铺贴材料叫强力型瓷砖粘结剂；经查，强力型瓷砖粘结剂执行的产品标准为 GB 25181。

3. 事故原因确认

本项目出现大面积瓷砖起拱变形和空鼓脱落，主要原因为：

1）瓷砖背面白粉，与砖底黏附力差，施工时未清除，形成了界面隔离。

2）瓷砖为玻化砖，仅采用符合 GB 25181 标准的产品，粘结剂等级不够。

3）瓷砖留缝过窄，天暖后受热胀应力影响，相邻瓷砖膨胀挤压起拱。

11.1.2 项目推荐方案

1. 推荐方案系统构造如图 11-1 所示。

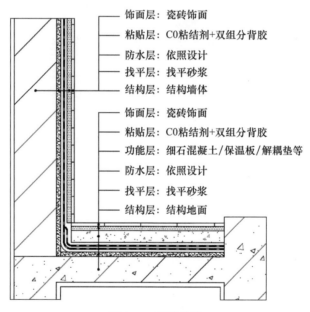

饰面层：瓷砖饰面
粘贴层：C0粘结剂+双组分背胶
防水层：依照设计
找平层：找平砂浆
结构层：结构墙体

饰面层：瓷砖饰面
粘贴层：C0粘结剂+双组分背胶
功能层：细石混凝土/保温板/解耦垫等
防水层：依照设计
找平层：找平砂浆
结构层：结构地面

图 11-1 系统构造

2. 本项目若要在墙面铺贴稳固，要做到以下几点

1）贴瓷砖前，必须先清除瓷砖背面的白色易脱落粉末。

2）铺贴材料，应选取稳妥的粘结材料，并确保满浆率。

3）瓷砖留缝，最低宽度不得低于 1.5mm，建议留 2mm。

3. 推荐材料

综合本地师傅手艺和"瓷砖及岩板铺贴速配表"（表 11-1），本项目选用"C0 粘结剂 + 双组分背胶"组合方案。

表 11-1　瓷砖及岩板铺贴速配表

瓷砖类别	常见吸水率 E	常见规格及尺寸（mm）		推荐队伍	推荐的粘结剂型号	
					方案 1	方案 2
陶瓷砖	> 3%	100×100	300×600	单人	C0	
陶瓷砖	0.5% < E ≤ 3%	100×100	400×800	单人	C0+ 双组分背胶	C1
陶瓷砖	0.2% < E ≤ 0.5%	800×800	600×1200	单人	C1+ 双组分背胶	C1S1
大板 / 岩板	E ≤ 0.2%	750×1500	900×1800	单人 / 双人	C1ES1	C2ES1
大板 / 岩板	E ≤ 0.2%	1200×2400	900×2700	双人	C2ES1	
大板 / 岩板	E ≤ 0.2%	1500×3000	1600×3200	多人	C2ES1	

备注：C0 产品执行 GB 25181 标准，C1 及以上产品执行 JC/T 547 标准，双组分背胶产品执行 JC/T 907 标准

11.1.3　施工工艺流程

1. 整体施工流程

入场施工准备→基层验收处理→归方找平定位→瓷砖铺贴施工→清理验收保护。

2. 瓷砖铺贴施工

入场施工准备→瓷砖弹线预铺→瓷砖尺寸加工→铺贴材料配备→瓷砖铺贴施工→瓷砖调平对缝→瓷砖空鼓检查→砖面砖缝清洁→饰面成品养护。

11.1.4　入场施工准备

1. 技术准备

领会图纸设计意图，熟悉现场场地情况，圈定施工部位范围，确认项目是否有连纹、通铺、密缝、墙地连缝、海棠角等特殊铺贴需求。

2. 材料进场

1）数量及型号确认

①确认装饰主材——陶瓷砖的型号和数量，以及长宽厚和吸水率。

②确认功能材料——瓷砖胶的型号和数量，以及型号和适配瓷砖。

③确认辅材耗材——辅耗材的型号和数量，是否达到设计的要求。

④确认安装配件——挡水条、过门石、地漏、腰线、电源线盒等。

2）质量确认

①本项目用到的所有材料应有产品合格证书及性能检测报告。

②材料的品种、规格、性能等应符合设计和产品标准的要求。

③工程中严禁使用不合格材料及过期材料。

④产品宜存放在阴凉、干燥、避光的室内环境。

⑤袋装粉剂材料垂直方向堆放不宜超过 8 包。

3. 机具准备

1）运输工具：气动吸盘、抬板器、搬运车。

2）加工工具：切割机、角磨机、开孔器、工作台。

3）清理工具：钢丝刷、羊角锤、铁錾子、冲击钻、吸尘器、扫把、高压水枪。

4）备料工具：搅拌机、拌料桶、水桶、地面保护帆布。

5）铺贴工具：取料铲、锯齿批刀、橡胶锤／振动器。

6）整平工具：整平卡、十字卡、机械整平器。

7）测量工具：归方找平仪、角尺、靠尺、塞尺。

8）其他工具：钢卷尺、记号笔、手套、护目镜等。

4. 人员准备

瓷砖铺贴的工种配合，可分为单人作业、双人作业和团队作业三种方式。

本工程安排 1 个班组，每个班组 1 个专业师傅（持有镶贴工证书）和 1 个普通师傅。

11.1.5　基层处理验收

1. 基层强度坚固

基面须强度坚固，达到设计要求，表面坚实，无空鼓、开裂和松动之处，凡有不合格的部位，均应先予以清除修补，方可进行施工。

2. 基层表层密实

基层表面密实，无蜂窝、孔洞、麻面，如有以上情况，先用凿子将松散不牢的石子凿掉，再用钢丝刷清理干净，浇水湿润后刷素浆或直接刷界面处理剂打底，再用堵漏王填实抹平。

3. 基层表面洁净

基层表面洁净，无油、脂、蜡、锈渍、涂层、浮渣、浮灰等残留物质，凡有碍粘结的，均应采用合适的方式予以清除，包括但不限于手工铲除、高压冲洗、物理拉毛、热风软化。

4. 基层表面平整

基层表面平整，用2m直尺检查，直尺与基层平面的间隙不应大于4mm，允许平缓变化，但每米长度内不得多于1处。

5. 基层抗裂措施

墙面及地面找平层须有可靠的防开裂措施，除内置抗裂钢丝网外，在5～8m以内必须设置分格缝，分格缝内预先嵌填背衬条，然后用密封胶密封处理。

11.1.6 归方找平定位

归方找平前须对墙体进行验收和基面验收处理，合格后方可进行抹灰。

墙体砌筑施工及验收的工艺及要求参见本书第8章8.1.3第3项的相关内容。

基层处理施工及验收的工艺及要求参见本书第8章8.1.3第4项的相关内容。

墙面抹灰施工及验收的工艺及要求可参见本书第8章8.1.3第5项的相关内容。

11.1.7 瓷砖铺贴施工

1. 排板弹线预铺

按照设计图纸进行弹线分格和瓷砖预铺，有通铺要求或者墙地通缝要求的，要按要求进行预先排板，然后将尺寸交予瓷砖加工师傅进行瓷砖切割作业。

2. 瓷砖尺寸加工

1）瓷砖切割时应先破釉切一刀，再二次进行切割，避免边口掉边损坏。

2）中板以上规格板材，切 L 形和 U 形拐角处，必须先拐角钻孔，再逐步切开，防止断裂；在挖方孔或直角切割前需用开孔器在被切区域的拐角处先钻出小圆孔（用 20mm 开孔器钻头），壁龛 L 形和 U 形切割需倒角处开孔（用 6mm 开孔钻头），再进行对角切割，最后直边切割。先铺贴调平校正好再进行打孔切割，严禁先打孔后铺贴，否则板材易受伤开裂（前提是不影响安装，线盒切割小于 75mm，开圆孔开孔器尺寸要匹配）。

3. 铺贴材料配备

1）双组分背胶配备

①确认所用背胶型号、铺贴的瓷砖类别和铺贴的空间位置区域，并与班组长确认。

②确认瓷砖完好无损放好，用湿毛巾、钢丝刷清理砖后浮灰渣、油脂蜡和脱模剂。

③在瓷砖背面涂刷背胶，砖面向下并整齐码放，以备后期使用。

2）粘结剂配备

①为了不污染环境，不破坏防水层，在指定操作区域的保护膜上完成搅拌工作。

②每次搅拌的用量要依据施工的面积、工人的数量和铺贴的难度预先进行估算。

③按照包装上的配水比预先做好标准取水桶，超过配水比的水会从桶内自动溢出。

④为了搅拌均匀，桶内先倒入清水，再倒一半粉料，边搅拌边加入剩余的粉料。

⑤必须采用高功率、低转速和配备了适合搅拌头的机械进行铺贴材料的搅拌。

⑥搅拌遵循 3-2-1 的原则，先搅拌 3min，再静止 2min，使用前再搅拌 1min。

⑦搅拌好的材料在 60min 内及时用完，超过时间不可使用。

⑧结成硬块的瓷砖铺贴材料需按建筑垃圾做好清运处理。

4. 瓷砖铺贴施工

瓷砖铺贴须确认瓷砖背面有碍粘结的物质已被清除干净，背胶已预先涂刷完毕。墙面瓷砖铺贴工艺如下：

①瓷砖背面批刮：用抹刀平口边在瓷砖背面用力薄批一遍粘结剂，均匀无遗漏。

②墙体表面批刮：先用抹刀平口边在墙体表面用力薄批一遍粘结剂，均匀无遗漏；然后在墙体表面用抹刀锯齿边沿水平方向梳理出饱满无间断的锯齿状条纹。

③瓷砖铺贴平整：将瓷砖平整地铺贴在已经梳理好的粘结剂条纹上；使用橡胶锤或

振平器将瓷砖振实铺平，便于瓷砖与基面之间满浆，防止空鼓现象；注意敲打瓷砖表面时控制好力度，拍打方向可以遵循从中间往四周扩散进行；用橡胶锤或振平器把砖面敲振平整的同时，用靠尺确保瓷砖铺贴的大面整体水平度。

④瓷砖调平对缝：检验瓷砖平整度确认合格后，清理瓷砖边缘2cm以内的多余浆料；然后在已定位好的瓷砖边缘每20cm左右插入找平器底座；插入十字卡和找平楔子并夹紧找平器，将相邻瓷砖调至齐平，砖间缝隙为2mm。

⑤瓷砖空鼓检查：铺贴1h后，可用小锤轻敲砖面，检查是否出现空鼓现象，若听到空空的声响，必须设法重新铺贴。

⑥砖面砖缝清洁：及时将残留的泥灰、砂土清理干净。

⑦饰面成品养护：施工结束后按照产品包装上的指导时间进行成品养护，一般在48～72h之间。

⑧其他注意事项：

a. 按瓷砖的尺寸大小，通过搓揉压振来提高瓷砖背面的满浆率。

b. 为了防止阳角应力导致绷瓷，推荐做海棠角工艺。

c. 阴角需留1～2mm的缝隙，缝隙均匀。

d. 墙压地时的缝隙为1.5～2mm，缝隙均匀。

e. 开关、插座边缘更要保护好，需填补实收干净。

f. 瓷砖铺贴时随铺随刮，单次批刮面积不宜超过1㎡，防止风干结皮影响粘结强度。

11.1.8 清理验收保护

1. 工地清理

用橡皮锤或专用工具把砖面上的找平器底座沿平行砖缝隙方向依次敲断，并清理清运。

2. 质量验收

1）墙面瓷砖的品种、规格、图案、颜色和性能应符合设计要求。

检验方法：观察；检查产品合格证书、进场验收记录、性能检验报告和复验报告。

2）墙面瓷砖粘贴的隐蔽工程，尤其是满浆率。

检验方法：检查产品合格证书、复验报告和隐蔽工程验收记录。

3）墙面瓷砖粘贴应牢固，无空鼓。

检验方法：使用空鼓锤检查，检查施工记录。

4）满粘法施工的墙面瓷砖应无裂缝，大面和阳角应无空鼓。

检验方法：观察；用小锤轻击检查。

5）墙面瓷砖表面应平整、洁净、色泽一致，应无裂痕和缺损。

检验方法：观察。

6）墙面瓷砖接缝应平直、光滑，宽度和深度应符合设计要求。

检验方法：观察；尺量检查。

7）墙面瓷砖粘贴的允许偏差和检验方法应符合表 11-2 的规定。

表 11-2　墙面瓷砖粘贴的允许偏差和检验方法

项次	项目	允许偏差（mm）	检验方法
1	立面垂直度	2	用 2m 垂直检测尺检查
2	表面平整度	2	用 2m 靠尺和塞尺检查
3	阴阳角方正	2	用 200mm 直角检测尺检查
4	接缝直线度	2	拉 5m 线，不足 5m 拉通线，用钢直尺检查
5	接缝高低差	1	用钢直尺和塞尺检查
6	接缝宽度	1	用钢直尺检查

3. 成品保护

用保护膜、护角、石膏板等对完成面进行保护，避免后续工序造成瓷砖损坏。

11.2　瓷砖薄贴实战案例 2

11.2.1　项目情况简介

广州市某大平层项目，选用 900mm×2700mm 岩板做整屋装修。任务重、难度高，对安装师傅的专业素养和施工队伍管理水平均提出了较高的要求。为了确保交付质量，推荐如下解决方案和交付计划。

11.2.2 推荐解决方案

1. 系统构造设计（图 11-2）

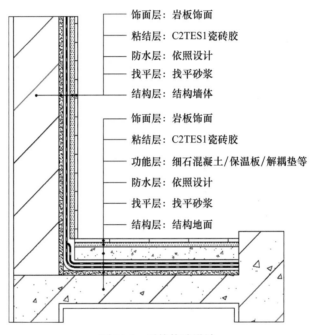

饰面层：岩板饰面
粘结层：C2TES1瓷砖胶
防水层：依照设计
找平层：找平砂浆
结构层：结构墙体

饰面层：岩板饰面
粘结层：C2TES1瓷砖胶
功能层：细石混凝土/保温板/解耦垫等
防水层：依照设计
找平层：找平砂浆
结构层：结构地面

图 11-2　系统构造设计

2. 薄涂法施工的前置作业

超大尺寸岩板铺贴，对基层的牢固度、坚实度、平整度、稳定度要求较高，为做到整体铺贴既好又快，选用铝合金加旋拧式卡扣冲筋套装，做归方找平。

3. 超大岩板铺贴材料设计

按照表 11-1 选用了 C2T1S1 瓷砖胶作为铺贴材料，以提高容错率。

11.2.3 施工工艺流程

1. 整体施工流程

入场施工准备→基层验收处理→归方找平定位→岩板铺贴施工→清理验收保护。

2. 岩板铺贴施工

入场施工准备→岩板弹线预铺→岩板尺寸加工→铺贴材料配备→岩板铺贴施工→岩板调平对缝→岩板空鼓检查→板面、板缝清洁→饰面成品养护。

11.2.4　入场施工准备

1. 技术准备

领会图纸设计意图，熟悉现场场地情况，圈定施工部位范围，确认项目是否有连纹、通铺、密缝、墙地连缝、海棠角等特殊铺贴需求。

2. 材料进场

1）数量及型号确认

①确认装饰主材——大岩板的型号和数量，以及长宽厚和吸水率。

②确认功能材料——瓷砖胶的型号和数量，以及型号和适配瓷砖。

③确认辅材耗材——辅耗材的型号和数量，是否达到设计的要求。

④确认安装配件——挡水条、过门石、地漏、腰线、电源线盒等。

2）质量确认

①本项目用到的所有材料应有产品合格证书及性能检测报告。

②材料的品种、规格、性能等应符合设计和产品标准的要求。

③工程中严禁使用不合格材料及过期材料。

④产品宜存放在阴凉、干燥、避光的室内环境。

⑤袋装粉剂材料垂直方向堆放不宜超过 8 包。

3. 机具准备

1）运输工具：气动吸盘、抬板器、岩板搬运车。

2）加工工具：岩板倒角切割一体机、角磨机、开孔器、加工工作台。

3）清理工具：钢丝刷、羊角锤、铁錾子、冲击钻、吸尘器、扫把。

4）备料工具：搅拌机、拌料桶、水桶、地面保护帆布、自动加水泵。

5）铺贴工具：取料铲、12mm 齿距批刀、电动振平器。

6）整平工具：整平器、十字卡、板缝紧箍器。

7）测量工具：归方找平仪、角尺、靠尺、塞尺。

8）其他工具：钢卷尺、记号笔、手套、护目镜等。

4. 人员准备

岩板铺贴的工种配合，可分为单人作业、双人作业和团队作业三种方式。

900mm×2700mm 的岩板铺贴至少需要 2 人配合，为了流水作业，保障施工进度，本工程安排 1 个班组，每个班组 2 个专业师傅（持有镶贴工证书）和 1 个普通师傅。

11.2.5　基层处理验收

1. 基层强度坚固

基面须强度坚固，达到设计要求，表面坚实，无空鼓、开裂和松动之处，凡有不合格的部位，均应先予以清除修补，方可进行施工。

2. 基层表层密实

基层表面密实，无蜂窝、孔洞、麻面，如有以上情况，先用凿子将松散不牢的石子凿掉，再用钢丝刷清理干净，浇水湿润后刷素浆或直接刷界面处理剂打底，再用堵漏王填实抹平。

3. 基层表面洁净

基层表面洁净，无油、脂、蜡、锈渍、涂层、浮渣、浮灰等残留物质，凡有碍粘结的，均应采用合适的方式予以清除，包括但不限于手工铲除、高压冲洗、物理拉毛、热风软化。

4. 基层表面平整

基层表面平整，用 2m 直尺检查，直尺与基层平面的间隙不应大于 4mm，允许平缓变化，但每米长度内不得多于 1 处。

5. 基层抗裂措施

墙面及地面找平层须有可靠的防开裂措施，除内置抗裂钢丝网外，在 5～8m 以内必须设置分格缝，分格缝内预先嵌填背衬条，然后用密封胶密封处理。

11.2.6　归方找平定位

归方找平前须对基面进行验收和基面验收处理，合格后方可进行抹灰。

墙体砌筑施工及验收的工艺及要求参见本书第 8 章 8.1.3 第 3 项的相关内容。

基层处理施工及验收的工艺及要求参见本书第 8 章 8.1.3 第 4 项的相关内容。

墙面抹灰施工及验收的工艺及要求参见本书第 8 章 8.1.3 第 5 项的相关内容。

地面找平施工及验收的工艺及要求参见本书第 8 章 8.1.3 第 6 项的相关内容。

11.2.7　岩板铺贴施工

1. 排板弹线预铺

按照设计图，用多台墙地定位仪进行弹线分格和弹线预铺，有通铺要求或者墙地通缝要求的，要按要求进行预先排板，然后将尺寸交予岩板加工师傅进行岩板尺寸加工。

2. 岩板尺寸加工

1）切割起手第一刀的注意事项

岩板切割时应先破釉切一刀，再二次进刀进行切割，避免边口崩瓷、掉边。

2）切 L 形和 U 形拐角的注意事项

①中等以上规格的板材，切 L 形和 U 形拐角处，必须先拐角钻孔再逐步切开。

②先铺贴调平校正好，再进行打孔切割，严禁先打孔后铺贴，否则板材易受伤开裂。

③挖方孔或直角切需用开孔器在被切区域的拐角处先用 20mm 开孔器钻出小圆孔。

④壁龛 L 形和 U 形切割，需倒角处用 6mm 开孔钻头开孔。

⑤再进行对角切割，最后直边切割。

3. 铺贴材料配备

1）岩板背面处理

①确认铺贴的岩板类别和铺贴的空间位置区域，并与班组长确认。

②确认岩板完好无损放好，用湿毛巾、钢丝刷清理砖后浮灰渣、油脂蜡和脱模剂。

③如果岩板背面有背胶背网构造，应涂刷适配的界面处理剂做处理。

2）瓷砖胶配备

①为了不污染环境，不破坏防水层，在指定操作区域的保护膜上完成搅拌工作。

②每次搅拌的用量要依据施工的面积、工人的数量和铺贴的难度预先进行估算。

③按照包装上的配水比预先做好标准取水桶，超过配水比的水会从桶内自动溢出。

④为了搅拌均匀，桶内先倒入清水，再倒一半粉料，边搅拌边加入剩余的粉料。

⑤必须采用高功率、低转速和配备了适合搅拌头的机械进行铺贴材料的搅拌。

⑥搅拌遵循3-2-1的原则，先搅拌3min，再静止2min，使用前再搅拌1min。

⑦搅拌好的材料在60min内及时用完，超过时间不可使用。

⑧结成硬块的瓷砖铺贴材料需按建筑垃圾做好清运处理。

4. 岩板铺贴施工

1）入场开工须知

①岩板铺贴前，必须确认岩板背面处理完毕，已适合铺贴。

②基层条件归方找平验收合格，养护到位，性能稳定。

③超过6m×6m设有分格缝并已处理。

④如有防水处理需求，参照本书第8章8.2节和8.3节的相关内容。

2）基面岩板铺贴工艺

①岩板背面批刮：用抹刀平口边在被背面用力薄批一遍瓷砖胶，均匀无遗漏后，再接续作业；然后在岩板背面用抹刀锯齿边沿水平方向把胶浆梳理出饱满无间断的锯齿状条纹。

②墙体表面批刮：先用抹刀平口边在墙体表面用力薄批一遍瓷砖胶，均匀无遗漏；然后在基层表面用抹刀锯齿边沿水平方向把胶浆梳理出饱满无间断的锯齿状条纹。

③岩板铺贴平整：把岩板平整地铺贴在已经梳理好的瓷砖胶条纹上；在压实之前，应在垂直于锯齿状条纹方向上进行不小于2个齿间距的揉压；使用电动振平器将岩板振实铺平，便于瓷砖与基面之间满浆，防止空鼓现象；注意振实岩板表面时控制好力度，振实方向可以遵循从中间往四周扩散进行；用电动振平器把岩板振平整的同时，用靠尺确保瓷砖铺贴的大面整体水平度。

④岩板调平对缝：检验瓷砖平整度确认合格后，清理岩板边缘2cm以内的多余浆料；然后在已定位好的岩板边缘每20cm左右插入找平器底座；插入十字卡和找平楔子并夹紧找平器，将相邻岩板调至齐平，板间缝隙为2～3mm。超大岩板推荐采用机械板缝紧箍器进行缝隙调整和临时固定。

⑤岩板空鼓检查：铺贴1h后，可用小锤轻敲砖面，检查是否出现空鼓现象。超大岩板重新铺贴十分困难，应在一开始就要多用揉压＋振实的组合法提升满浆率。

⑥板面、板缝清洁：及时将残留在板面和板缝内的泥灰浆、砂土等杂物清理干净。

⑦饰面成品养护：施工结束后按照产品包装上的指导时间进行成品养护，一般在 24～48h 之间。

⑧其他注意事项。

a. 按照岩板的尺寸大小，通过搓、揉、压、振的组合手法来提高岩板背面的满浆率。

b. 为了防止阳角应力导致崩瓷，推荐做海棠角工艺。

c. 阴角需留 1～2mm 的缝隙，缝隙均匀。

d. 墙压地时的缝隙为 1.5～2mm，缝隙均匀。

e. 开关、插座边缘更要保护好，需填补实收干净。

f. 岩板铺贴刮胶随铺随刮，可用双人刮胶或单人流水上胶，防止结皮影响粘结强度。

11.2.8　清理验收保护

1. 工地清理

1）用橡皮锤或专用工具把板面上的找平器底座沿平行于板缝隙方向依次敲断。

2）清理清运工地上的垃圾，并做好水、电、门窗关闭等收尾工作。

2. 质量验收——岩板粘贴工程

1）岩板的品种、规格、图案、颜色和性能应符合设计要求及国家现行标准的有关规定。

检验方法：观察；检查产品合格证书、进场验收记录、性能检验报告和复验报告。

2）岩板粘贴工程的找平、防水、粘结和填缝材料及施工方法应符合设计要求及国家现行标准的有关规定。

检验方法：检查产品合格证书、复验报告和隐蔽工程验收记录。

3）岩板粘贴应牢固，不得有空鼓。

检验方法：空鼓锤检查，检查施工记录。

4）满粘法施工的岩板应无裂缝，大面和阳角应无空鼓。

检验方法：观察；用小锤轻击检查。

5）岩板表面应平整、洁净、色泽一致，应无裂痕和缺损。

检验方法：观察。

6）岩板接缝应平直、光滑，宽度和深度应符合设计要求。

检验方法：观察；尺量检查。

7）岩板粘贴的允许偏差和检验方法应符合表 11-2 和表 11-3 的规定。

3. 成品保护

用保护膜、护角、石膏板等对完成面进行保护，避免后续工序造成瓷砖损坏。

免责声明

　　本书列举的所有实战交付案例，都是根据项目的具体情况，按照现行国家标准、行业规范和应用准则的有关要求，通过实地勘察和技术分析，结合交付团队的施工经验、管理能力及装备水平而选用的当时最适合产品，根据这类产品技术体系的性能特点，综合衡量制定了系统方案。

　　考虑到建筑项目现场情况比较复杂，每个具体项目都有施工设计者了解和掌控范围之外的特殊之处，如实际的基层状况和应用环境可能与前期沟通有较大出入、不同的环境条件及操作方法也会影响产品的实际功效、产品的最优性能往往取决于施工队伍的专业能力和机具配备等。

　　所以本书中所有实战交付案例涉及到的产品型号、技术专利、案例照片和参考图集，最终都归具体厂家所有。所有案例资料仅作为相似项目的参考资料，不可作为项目进行实际系统设计、产业协作和专业交付时的依据。

　　请予以充分的理解和尊重。

参考文献

[1] 高延继，王桓.碳中和发展与绿色建筑 [M].北京：中国建材工业出版社，2022.

[2] 陈泓洁.国内外绿色建筑评价体系对比分析 [J].土木工程，2023，12（3）：633-645.

[3] 李录.文明、现代化、价值投资与中国 [M].北京：中信出版集团，2024.

[4] 郑小东.传统材料当代建构 [M].北京：清华大学出版社，2014.

[5] 张松榆，金晓鸥.建筑功能材料 [M].北京：中国建材工业出版社，2012.

[6] 贾润萍，徐小威.建筑功能材料 [M].上海：同济大学出版社，2023.

[7] 程建伟，周园.建筑防水设计与施工 [M].北京：中国建筑工业出版社，2021.

[8] 万丽，刘小雪，迟辛安.生生不息：绿色建筑科学之旅 [M].北京：清华大学出版社，
2023.